工信学术出版基金

新工科建设 · 智能化物联网工程与应用系列教材

无线定位技术
（第2版）

/ 梁久祯　　郇　战　　狄　岚 / 编著

电子工业出版社
Publishing House of Electronics Industry
北京 · BEIJING

内 容 简 介

本书内容涉及卫星定位技术、蜂窝定位技术、无线局域网定位技术和软件无线电定位技术，分别从空间卫星网、地面移动通信网、无线传感器网络、软硬件集成环境四个方面介绍了无线定位领域的最新成果和进展。其核心技术包括时间同步、测距算法、非测距算法、TOA、TDOA、位置指纹算法和 AOA/MIMO 等。

本书既可作为高等院校相关专业的教材，也可作为从事无线定位研究的研究生和技术人员的参考书。

图书在版编目（CIP）数据

无线定位技术 / 梁久祯，郇战，狄岚编著. —2 版. —北京：电子工业出版社，2022.6
ISBN 978-7-121-43633-8

Ⅰ. ① 无… Ⅱ. ① 梁… ② 郇… ③ 狄… Ⅲ. ① 无线电定位—高等学校—教材 Ⅳ. ① TN95

中国版本图书馆 CIP 数据核字（2022）第 094434 号

责任编辑：章海涛 特约编辑：李松明
印　　刷：北京虎彩文化传播有限公司
装　　订：北京虎彩文化传播有限公司
出版发行：电子工业出版社
　　　　　北京市海淀区万寿路 173 信箱　　　邮编：100036
开　　本：787×1092　1/16　　印张：16.75　　字数：435 千字
版　　次：2013 年 2 月第 1 版
　　　　　2022 年 6 月第 2 版
印　　次：2024 年 7 月第 3 次印刷
定　　价：59.00 元

凡所购买电子工业出版社图书有缺损问题，请向购买书店调换。若书店售缺，请与本社发行部联系，联系及邮购电话：（010）88254888，88258888。

质量投诉请发邮件至 zlts@phei.com.cn，盗版侵权举报请发邮件至 dbqq@phei.com.cn。

本书咨询联系方式：192910558（QQ 群）。

前　言

随着微电子技术、通信技术和计算机技术的快速发展，无线定位技术在传感网和物联网中的应用越来越受到人们的关注，与此相关的理论和技术也在学术界引起研究热潮。近年来，国内外出现了大量无线定位方面的研究文献，其研究方向主要围绕无线定位系统的精度、实时性、稳定性、低功耗、低成本等方面，并取得了一系列的重要研究成果。但是，在国内介绍这些研究成果与内容的图书较为少见，急需系统介绍无线定位技术方面的参考书。

2010 年，教育部为了应对国家发展新兴产业对人才方面的需求，批准在 35 所高校中率先开设物联网工程和传感网技术专业，同时对我国新一代信息技术人才培养提出了新的要求。作为教育部物联网工程专业"卓越工程师"培养示范单位教师，作者深感有义务和责任为物联网工程专业编写教材，因此，我们结合多年的研究成果编写了这本《无线定位技术》。

作为物联网技术应用的重要技术之一，无线定位技术有着极其现实的应用价值和市场需求。江南大学物联网技术应用教育部工程研究中心将无线定位技术作为一个重要研究方向，在研究中心的技术平台和各方面资源支持下，无线定位研究小组经过 3 年多深入细致的准备工作，包括内容选材、应用案例、实验验证、习题组织、统筹编排等，完成了本书的撰写工作。

无线定位技术可分为广域网定位技术和无线局域网定位技术两个方面。广域网定位主要包括卫星定位和基站蜂窝移动定位，无线局域网定位主要包括 Wi-Fi 定位、ZigBee 定位、UWB 定位、CSS 定位技术等。本书主要介绍了无线定位相关的技术，内容涉及卫星定位技术、蜂窝定位技术、无线局域网定位技术及软件无线电定位技术，分别从空间卫星网、地面移动通信网、无线传感器网络、软硬件集成环境四个方面介绍了无线定位领域的最新成果和进展，包括时间同步、测距算法、非测距算法、TOA、TDOA、位置指纹算法和 AOA/MIMO 等核心技术。

本书共 8 章。第 1 章由梁久祯编写，第 2 章由钱学忠编写，第 3 章由陈璟编写，第 4 章由李军飞编写，第 5 章由林浩编写，第 6 章由盛开元编写，第 7 章由郑栋编写，第 8 章由朱向军编写。全书由梁久祯负责统稿，钱学忠、郁战、狄岚负责审稿。

在本书编写过程中得到了江南大学物联网技术应用教育部工程研究中心、江南大学物联网工程学院传感器网络实验室、江南大学智能系统与网络计算研究所、无锡清华物联网研究中心、国家自然基金项目、江苏省科技厅基金项目、无锡市物联网专项、国家大学生创新实践项目、江南大学大学生创新实践项目等单位和项目的支持，在此一并表示感谢！

作　者

2022 年 2 月

目　录

第 1 章 绪 论

本章导读

✿ 无线定位技术概述
✿ 无线定位系统的基本分类
✿ 无线定位技术的主要研究内容

　　无线定位是指利用无线电波信号的特征参数来估计特定物体在某参考系中的坐标位置，最初是为了满足远程航海导航和军事领域精确制导等要求而产生的。20 世纪 70 年代，全球定位系统的出现使得定位技术产生了质的飞跃，定位精度可达到数十米范围。近年来，定位技术开始应用于蜂窝网系统设计、信道分配与切换、紧急援助、交通监控与管理等领域。随着数据业务和多媒体业务的快速增加，在短距离高速率无线通信的基础上，人们对位置信息感知的需求也日益增多。尤其在复杂环境（如机场大厅、展厅、仓库、超市、图书馆、地下停车场、矿井等）中，常常需要确定移动终端或其持有者、设施与物品的位置信息，用于满足监控管理、安全报警、指挥调度、物流、遥测遥控和紧急救援等需求。然而，信号极易受到遮挡和多路径等传播因素的影响，在城市密集城区和室内封闭空间无法保证有效覆盖，因此，对短距离高精度无线室内定位技术的研究和标准化工作可为最终实现室内外定位的平滑过渡和无缝连接提供有力的技术支持。

1.1 无线定位技术概述

1.1.1 无线定位的起源

　　自 20 世纪 80 年代以来，随着智能交通运输系统及蜂窝移动通信系统的出现，对无线电定位技术有了新的要求。美国在 1991 年开始实施的智能运输系统通信标准中提出了通过移动通信网提供定位业务的要求。1996 年，美国联邦通信委员会（Federal Communications Commission，FCC）强制要求所有无线业务提供商在移动用户发出紧急呼叫时，必须向公共安全服务系统提供用户的位置信息和终端号码，以便对用户实施紧急救援（E911）工作，并要求到 2001 年 10 月，67%的呼叫定位精度达到 125 m。该委员会于 1998 年和 1999 年两次对标准进行了修改与补充。在 1998 年提出了定位精度在 400 m 以内的概率不低于 90%的服务要求。

1999 年 12 月，FCC 99-245 将 E911 的需求做了进一步修改和细化，不仅对手机生产商、网络运营商等对定位技术在网络设备和手机中的实施与支持提出了明确的要求和目标，根据定位类型的不同，还对定位精度做出了更为明确的规定：基于蜂窝网络的定位，要求定位精度在 100 m 以内的概率不低于 67%，在 300 m 以内的概率不低于 95%；基于移动台的定位，要求定位精度在 50 m 以内的概率不低于 67%，在 150 m 以内的概率不低于 95%。

到 2001 年 10 月 1 日，由于技术实现的难度，相关产品的定位精度并没有达到美国 FCC 的定位精度要求，但是这一规定明确了提供 E911 定位服务将是今后各种蜂窝网络，特别是 3G 网络必备的基本功能。此外，欧洲和日本也做出了相应的要求。

由于政府的强制性要求和市场本身的驱动，各大公司均基于 GSM（Global System for Mobile Communications，全球移动通信系统）、IS-95 和第三代移动通信系统等网络开始制订各自的定位实施方案。特别是 3GPP（3rd Generation Partnership Project，第三代合作伙伴计划）和 3GPP2 对定位的要求更具体化，促使国际上出现了基于蜂窝网络无线定位技术的研究热潮。从国际最新研究资料检索结果来看，目前虽然出现了一些新的定位方法和技术，但若仅依赖于蜂窝网络资源，即不改变移动终端，要完全满足 E911 的定位需求还有一定差距，特别是要求在不影响系统其他主要性能指标的前提下，对移动通信提供高效、可靠的定位功能还有许多问题有待深入研究。

1.1.2 无线定位的发展现状

自 E911 定位要求颁布以来，移动通信定位技术在国外受到了高度重视。近年来，在 IEEE（Institute of Electrical and Electronics Engineers，电气与电子工程师协会）有关期刊和会议特别是 VTC 上发表了大量研究论文，也出现了不少定位技术的发明专利及一些专门从事定位技术研究与开发的公司。Motorola、Nokia、QUALCOMM、Samsung 等公司积极开展了对基于 GSM、IS-95 和第三代移动通信系统中的 WCDMA（Wideband Code Division Multiple Access，宽带码分多址）和 CDMA2000（Code Division Multiple Access 2000，码分多址 2000）等网络采用的定位技术研究。目前，研究的内容涉及蜂窝移动通信定位技术的各方面，更侧重于基本定位方法和技术的研究，定位算法的研究，TDOA（Time Difference Of Arrival，到达时间差）、TOA（Time Of Arrival，到达时间）检测技术的研究，抗非视距传播、多径和多址干扰技术的研究，数据融合技术的研究，定位技术实施方法的研究及定位系统的性能评估等。

尽管目前对 3G 技术的研究比较成熟，其各种标准和规范已达成协议且已开始商用，但 3G 技术仍存在一些不足之处。

① 缺乏全球统一标准。

② 3G 所运用的语音交换架构仍继承了 2G 的电路交换，并不是全 IP（Internet Protocol，互联网协议）形式。

③ 由于 3G 采用了 CDMA 技术，很难达到较高的通信速率，不能满足用户对高速多媒体业务的需求。

④ 3G 空中接口标准对核心网有所限制，因此很难提供具有多种 QoS（Quality of Service，服务质量）及性能的多速率业务。

⑤ 由于 3G 采用不同频段的不同业务环境，需要 MT（Media Text，媒介文本）配置有相应不同的软/硬件模块，而 3G MT 不能实现多业务环境的不同配置，也就无法实现不同频段、不同业务环境间的无缝漫游。

4G 移动通信系统可以对 MT 进行定位和跟踪，实现 MT 在不同系统或平台间的无缝连接，保证速率和高质量移动通信。5G 网络的主要目标是让终端用户始终处于联网状态，不但支持智能手机、计算机、电视等，而且可以应用于人们生活中的很多设备，如智能手表、家用电器、健身设备等。6G 的作用不仅是让终极用户始终处于联网状态，还可以用于人们探索未知世界。5G 相当于 4G 网络的升级版，其基本要求只是满足人们的生活要求，应用的技术还是有限的，而 6G 将打破这个传统，有可能运用量子计算、LiFi 甚至虫洞原理来研发。

近年来，世界各国都在无线定位方面积极开展研究，美国更是在这一领域占据先机。Hughes Aircraft（美国休斯飞机公司）、Litton Industries（利顿工业公司）和 Air Force Research Laboratory（AFRL，美国空军研究实验室）等在这一领域做了大量有效的研究工作，基本完成了定位与跟踪的理论基础研究，进入飞行试验和工程应用阶段，美国洛克希德·马丁公司的"沉默的哨兵"系统和英国防御研究局研究的利用信号的无源探测定位系统是其中的典型代表。"沉默的哨兵"系统自身不发射电磁信号，而是利用商业 FM（Frequency Modulation，调频）广播信号和电视信号对空中目标进行探测和定位，不仅消除了常规低频雷达在探测目标时受到电视广播、FM 无线电台和蜂窝电话发射台问题的干扰，还具有与 C 波段跟踪雷达相当的定位精度。英国防御研究局研究的无源探测定位系统是一种双基系统，利用 BBC（British Broadcasting Corporation，英国广播公司）的发射机发射的电视信号作为系统的照射源对空中目标进行探测和定位。该系统以常规方法用卡尔曼滤波器获得多普勒频移和方位信息，再用扩展卡尔曼滤波器根据所获信息对目标定位和测速，是与美国的"沉默的哨兵"系统完全不同的探测定位系统。此外，俄罗斯和以色列等军事强国在无源定位与跟踪技术方面也有很多突破。

按照探测目标的方式，定位技术可以分为有源定位和无源定位两种。有源定位系统通过主动发射电磁波来探测目标，定位精度高，但极易受到敌方的干扰和攻击，特别是反辐射导弹的出现和使用，对雷达等有源探测设备的战场生存提出了严峻的挑战。为了弥补有源定位方法的缺陷，人们在积极改进有源定位性能的同时，也开始了无源定位问题的探索和研究。因此，对辐射源的无源定位具有重要的军事意义，引起世界各国的重视。

在无线定位系统中，AOA（Angle Of Arrival，到达角度）定位技术、TOA（Time Of Arrival，到达时间）定位技术、TDOA（Time Difference Of Arrival，到达时间差）定位技术、FDOA（Frequence Difference of Arrival，到达频差）定位技术、AOA/TDOA 联合定位技术及 TDOA/FDOA 联合定位技术等都是常用的基本定位技术。另外，卡尔曼滤波作为重要的最优估计理论，也被经常用于动态目标的跟踪系统中。

当前，基于无线传感器网络的定位系统所采用的定位方法主要有基于测距和不需测距两种。不需测距的系统的硬件成本和功耗较低，但是以牺牲定位精度为代价，在很多精度需求较高的项目中难以应用。基于测距的定位方法目前主要有 RSSI（Received Signal Strength Indication，接收信号的强度指示）、TOA、TDOA、AOA 等。RSSI 是一种理论上比较理想的算法，其原理是根据理论和经验模型，将传播损耗转化为距离。国内外均有不少基于 RSSI 定位系统的研究，定位误差为 0.5～1.5 m，但多为模拟，实际可用的系统较少。TOA 是利用无线信号在两个节点间的传播时延来计算物理距离的一种方法，但是没有改进过的算法对节点间的时钟同步有着苛刻的要求，而且微小的时钟漂移（Clock Drift）都会转化成为很大的测量误差，所以一直未被广泛应用。AOA 和 TDOA 分别利用多个信号到达目标节点的时间差和角度来计算其位置信息，但是硬件系统设备复杂，成本较高，不适合广泛的实际应用。

UWB（Ultra Wide Band，超宽带）是一种无线载波通信技术，利用纳秒至微微秒级的非正弦波窄脉冲传输数据。有人称它为无线电领域的一次革命性进展，认为它将成为未来短距离无线通信的主流技术。UWB 在早期被应用在近距离高速数据传输中，近年来，国外开始利用其亚纳秒级超窄脉冲来做近距离精确室内定位，如 Local Sense 无线定位系统。UWB 脉冲由于具有极高的带宽，持续时间短至纳秒级，因而具有很强的时间分辨能力。为了充分利用这个特点，使用基于信号到达时间估计的测距技术是最适合 UWB 无线定位的。

角度定位在 20 世纪 40 年代就应用于电子对抗领域。当时，人们利用简单的测向设备对目标进行多次测向，然后运用人工作图的方式来确定目标位置。一般来说，辐射源的角度变化慢、范围小，是最可靠的测量参数之一，特别是在现代战争高强度、复杂电磁环境下，角度测量参数几乎成为唯一可靠的辐射源参数。因此，角度定位一直是定位方法研究的主要内容，人们在角度定位原理、定位算法、定位精度分析、最佳布站分析、跟踪滤波及虚假定位消除等方面都做了大量的工作，并取得了一定的成果。但是，由于角度定位方法对测向精度极其敏感及虚假定位消除等方面的不足，目前很少单独使用，通常与其他定位技术联合使用，以提高定位精度。

时差定位的研究源于 20 世纪 60 年代，并在许多方面取得了令人瞩目的成就，已成为现代高精度无线定位技术中的主要方法之一。时差定位技术利用至少三个已知位置的观测站接收到的辐射源信号来确定辐射源的位置，任意两个观测站采集到的信号到达时间差确定了一个双曲面线，多个双曲面线相交即可确定目标的位置。由于测时精度的缘故，现有的无源时差定位要达到相对定位精度，一般采用基线距离长达数十千米的长基线系统。已知的此类系统有捷克的"塔马拉"（TAMARA）系统及其改进型"维拉"（VERA）系统、俄罗斯的 VEGA85V6-A 三坐标无源定位系统、美国的 AN/TRQ-109 移动式无源定位系统、乌克兰的"铠甲"空情监视系统等。以上系统既可用来对机载、地面和海面电磁脉冲辐射源目标进行定位与跟踪，也可用作空情监视和航管系统的备份设备。

频差定位是通过收集接收机与目标之间因相对运动而产生的多普勒频移数据来对目标进行定位的一项新技术。任何具有相对运动的辐射源之间都会产生多普勒频移，这为频差定位提供了先决条件。对于运动目标而言，可以利用目标运动所引起的多普勒频移来确定目标的运动特性和位置；对于静止目标而言，可以人为移动接收机，使其与目标产生相对运动，利用运动产生的多普勒频移来确定目标的位置。频差受很多因素的影响，如载频、接收机平台和辐射源之间的相对位置、相对速度和速度方向等。

基于模式匹配的定位技术和基于指纹信息的定位技术已有大量研究，在这些定位技术中，相关信息对位置较为敏感，即这些信息可反映位置特征。通常，在训练阶段（离线阶段）采集信息后送入数据库存储，在定位阶段（在线阶段）用于估计节点位置坐标。指纹数据库通常由来自不同参考节点和不同终端节点的接收信号强度构成，当然也可以由诸如平均附加时延、均方根时延扩展、最大附加时延、总接收功率、多径等参数构成。该技术面临的主要问题是随着信道和环境的变化，指纹数据库存在不可靠因素，需要不断更新。

1.1.3 无线定位技术的应用

自 20 世纪 40 年代无线定位技术初步应用于测绘和军事领域以来，经过多年的应用，特别是海湾战争的实践，人们越来越认识到无线定位技术的重大作用：对于军用系统而言，无线定位技术有助于提高武器的打击精度，为最终摧毁敌方提供有力的保障；对于民用系统而言，先进的无线定位技术可以为目标提供可靠的服务，对生产、生活起到安全保障作用。目前，无线定位技术已经广泛应用于社会生活的众多领域，成为各国在军事、国防、科技等领域较量的一个主要场所，也成为衡量一个国家综合实力的重要指标之一。

在军事领域，以目标被动式精确跟踪与定位为主要研究方向的辐射源无源定位技术正受到越来越广泛的重视。所谓无源定位，是指在不发射照射目标的电磁波条件下获取目标的位置。通过对辐射源信号的截获和测量，并利用相应的算法求解，无源定位系统即可获得目标的位置和轨迹。相对于雷达等有源探测系统，无源定位系统具有隐蔽性好、抗干扰能力强、作用距离远等优点，这对于提高侦察探测系统在现代化高强度电子战环境下的生存能力具有重要意义，被广泛应用于被动声呐、红外跟踪及空间飞行器系统的导航和定位。另外，辐射源无源定位技术也因其在电子对抗中的巨大作用而备受重视，是各国重要的研究项目。

在民用领域，无线定位技术广泛应用于海洋、陆地和空中交通运输的导航，并在地质勘探、资源调查、海洋测绘与海上石油作业、地震预测、气象预报等领域得到广泛应用。近年来，随着蜂窝移动通信技术的迅速发展，蜂窝无线定位技术越来越受到人们的重视。可以预见，基于无线定位技术的移动增值业务将越来越多地走进普通人的生活。

我国定位服务的起步晚。2001 年，北京移动首开位置服务先河，在国内率先推出手机位置服务业务。随后，中国联通于 2004 年在"定位之星"统一品牌下推出基于高精度定位的业务。2001 年至 2004 年，基于位置服务（Location-Based Service，LBS）在中国的发展始终处于缓慢的增长阶段。2005 年至 2007 年是曾被认为"中国 LBS 年"的高速发展年，但实际情况却再次让人失望，市场并没有出现人们想象中的"井喷"。直到 2010 年，我国才真正步入 LBS 稳定发展期。目前，国内的 LBS 应用如下。

1．面向公众的位置信息服务

位置信息服务的巨大价值在于通过移动和固定网络发送基于位置的信息与服务，使这种服务应用到任何人、任何位置、任何时间和任何设备。对于个人用户来说，位置信息服务可用于个人的紧急救援、老人及小孩的定位报警、旅游安全的自主定位、查找周围信息，以及亲友跟踪定位、游艇定位、移动气象和移动黄页等。用户如果在陌生区域迷了路，可以通过手机查询详细的步行或乘车方案；如果用户要去一家陌生的饭店参加一个宴会，只要查询相关的位置信息，手机用户就可以轻松获得饭店的位置、到达的途径和乘车费用等信息，居民则可以通过手机接收附近超市每日的折扣商品信息；用户可通过手机获得当前距离用户最近的火车、飞机等售票点位置，以及各个类别的售票班次、价格、时间等信息。

2．面向企业的位置信息服务

位置信息服务对于企业而言也有着广泛的应用前景。位置信息服务不仅可以帮助企业在内部进行管理评估、业务核算、成本核算，还可以帮助企业在产业协同交易过程中，开展采购、仓储、供应、物流及风险评估和产能的重组分配。

3．面向社会的位置信息服务

LBS 最为典型的应用在智能交通领域方面，如智能公交和智能出租车。智能公交是在定位服务的基础上，将各种应用添加到一个大的系统平台之上。例如，公交调度监控管理系统可实时根据定位信息生成最优化的行车计划，调度车辆和管理车辆，也可根据预先设置好的各种数据库中的行车状况，向车辆发出调度指令，如加速、慢行、绕道或发车等。

4．面向国防军事的位置信息服务

随着无线互联技术和移动定位技术的不断发展，将位置信息服务技术应用于军事，为作战指挥提供实时、精确的信息服务是军事作战领域的一大趋势。位置信息服务的军事应用可覆盖全军指挥控制、武器平台、训练值勤、综合保障和新型武器研制等多个领域，特别是在作战指挥中，可实现对部队行动监控、机动载体导航及辅助精确打击等。战场位置信息服务不仅能为军队用户提供实时、精确的定位信息，也能实现对战场环境和态势信息的感知、融合、分发和处理，提升军队的联合作战能力，对于提高军队的指挥控制能力、快速反应能力，以及多兵种协同作战指挥和作战指挥的一体化具有十分重要的意义。

1.2　无线定位系统的基本分类

按照所能覆盖的范围，无线定位系统主要分为 3 种，即卫星定位系统、基站蜂窝定位系统（GPS+基站）和无线局域网定位系统。

1.2.1　卫星定位系统

卫星定位系统有美国的全球定位系统（Global Positioning System，GPS）、中国的北斗卫星导航系统。以 GPS 为例，卫星定位系统是一个由覆盖全球的 24 颗卫星组成的卫星系统。这个系统可以在任意时刻、地球上任意一点同时观测到 4 颗卫星，以保证卫星可以采集到该观测点的经纬度和高度，实现导航、定位、授时等功能。这个系统可以用来引导飞机、船舶、车辆及个人安全、准确地沿着选定的路线，准时到达目的地。

美国的 GPS 由三部分组成，即空间部分——GPS 星座、地面控制部分——地面监控系统、用户设备部分——GPS 信号接收机。

GPS 技术具有高精度、高效率和低成本的优点，使其在各类大地测量控制网的加强改造和建立及在公路工程测量和大型构造物的变形测量中得到了较为广泛的应用。

GPS 的前身为美军研制的一种子午仪卫星定位系统（Transit），该系统于 1958 年研制，1964 年正式投入使用。其用 5~6 颗卫星组成星座，每天最多绕地球 13 次，但是无法给出高度信息，在定位精度方面也不尽如人意。然而，子午仪系统使得研发部门对卫星定位取得了初步的经验，并验证了由卫星系统进行定位的可行性，为 GPS 的研制做了铺垫。由于卫星定位显示出其在导航方面的巨大优越性及子午仪系统存在对潜艇和舰船导航方面的巨大缺陷，美国海陆空三军及民用部门都迫切需要一种新的卫星导航系统。为此，美国海军研究实验室（United States Naval Research Laboratory，NRL）提出了名为 Tinmation 的用 12~18 颗卫星组成 10000 km 高度的全球定位网计划，并于 1967 年、1969 年和 1974 年各发射了 1 颗试验卫星，在这些卫星上初步试验了原子钟计时系统，这是 GPS 系统精确定位的基础。而美国空军提出了 621-B 的以每星群 4~5 颗卫星组成 3~4 个星群的计划，这些卫星中除了 1 颗采用同步轨道，其余都使用周期为 24 小时的倾斜轨道。该计划以伪随机码（Pseudo Random Code）为基础传播卫星测距信号，其强大的功能使其在信号密度低于环境噪声的 1%时也能将结果检测出来。伪随机码的成功运用是 GPS 取得成功的一个重要基础。海军的计划主要用于为舰船提供低动态的二维定位，空军的计划能提供高动态服务，然而系统过于复杂。由于同时研制两个系统会造成巨大的费用，而且两个计划都是为了提供全球定位而设计的，所以美国国防部在 1973 年将两者合二为一，并由国防部牵头的卫星导航定位联合计划办公室（Joint Program Office，JPO）领导，将办事机构设立在洛杉矶的空军航天处。该机构成员众多，包括美国陆军、海军、海军陆战队、交通部、国防制图局，以及北约和澳大利亚的代表。GPS 是在 20 世纪 70 年代由美国陆海空三军联合研制的新一代空间卫星导航定位系统。经过 20 余年的研究实验，耗资 300 亿美元，到 1994 年 3 月，全球覆盖率高达 98% 的 24 颗 GPS 卫星星座已布设完成，并应用于陆、海、空三大领域，提供实时、全天候和全球性的导航服务，还用于情报收集、核爆监测和应急通信等一些军事目的。

1.2.2　基站蜂窝定位系统

要在蜂窝网建立能提供位置服务的全套定位系统，不仅需要可获取用户位置信息的定位系统，还需要包括实现位置信息传输、管理和处理的功能实体及服务提供商的软硬件接口。完整的位置服务解决方案应建立在定位系统的基础上，是能开展定位增值业务的一整套软硬件系统，其主要功能模块如下。

① 位置获取和确定单元：GSM 规范中称为服务移动定位中心（Serving Mobile Location Center，SMLC），CDMA 规范中称为位置定位实体（Position Determining Entity，PDE），SMLC/PDE 与 LMU（Location Measurement Unit，位置测量单元）连接，获得定位参数并计算定位结果。

② 位置信息传输和接口单元：GSM 规范中称为网关移动位置中心（Gateway Mobile Location Center，GMLC），CDMA 规范中称为移动定位中心（Mobile Positioning Center，MPC），通过标准的软硬件接口，将 SMLC/PDE 接收到的定位数据传送到提供定位服务或有定位需求的实体进行处理。

③ 基于位置信息的应用服务：定位服务客户机（LCS Clients），主要与 GMLC 或 MPC 连接，提供基于位置信息的各种服务。

④ 业务承载平台：如地理信息系统集成，定位结果通常以图形化方式显示，这部分功能由本地电子地图、相关地理信息及相应软件完成。

不同的定位解决方案需要由不同的系统软/硬件提供支持，通常采用以下指标衡量定位方案。

① 提供完整的端到端位置服务能力。

② 对未来移动通信系统的升级能力，包括核心网的接口升级能力及空中接口标准的兼容能力。

③ 对定位技术的支持能力、定位精度及定位响应时间。

④ 与现有业务平台的集成能力。

⑤ 系统对未来业务的适应能力。

⑥ 系统软/硬件实现的复杂度。

⑦ 系统成本。

⑧ 对网络负载的影响。

蜂窝网络基础设施的完善、移动终端功能的增强、互联网内容的丰富和无线应用的推广极大充实了人们的日常生活，也逐渐改变了人们的生活方式和消费习惯。作为未来移动数据的主要应用之一，基于位置信息的移动数据应用因能提供个性化服务而在世界范围内迅速发展。目前，应用于蜂窝定位系统的各种定位技术和定位解决方案不断涌现，但移动通信系统网络结构的复杂性、多种空中接口标准并存的现状和无线电波传播环境的复杂性都增加了实现高精度定位的难度。由于各种定位技术都有不足，如何寻找精度更高、对网络和终端影响最小的定位技术仍是蜂窝定位研究领域的重要课题。

1.2.3 无线局域网定位系统

无线局域网定位系统目前主要有 ZigBee 定位技术、Wi-Fi 定位技术、UWB 定位技术和 CSS 定位技术。

1．ZigBee 定位技术

ZigBee 是 IEEE 802.15.4 协议的代名词，这一名称来源于蜜蜂的 "8" 字舞。这个协议规定的技术是一种短距离、低功耗的无线通信技术，特点是近距离、低复杂度、低功耗、低数据速率和低成本，适用于自动控制和远程控制领域，可以嵌入各种设备。简而言之，ZigBee 是一种低成本、低功耗的近距离无线局域网通信技术。

2．Wi-Fi 定位技术

Wi-Fi 是一种可以将个人计算机、手持设备（如 PDA、手机）、智能终端等终端设备以无线方式互相连接的技术。Wi-Fi 是一个无线网络通信技术的品牌，由 Wi-Fi 联盟（Wi-Fi Alliance）所持有，目的是改善基于 IEEE 802.11 标准的无线网络产品之间的互通性。基于两套系统密切相关，也常有人把 Wi-Fi 当作 IEEE 802.11 标准的同义词术语。本书也将混用 Wi-Fi 和 IEEE 802.11 这两个名词，请读者注意区分。

3．CSS 定位技术

CSS（Chirp Spread Spectrum，啁啾扩频）技术，即线性调频扩频技术，以前主要用于脉冲压缩雷达，能够很好地解决冲击雷达系统测距长度和测距精度不能同时优化的矛盾。CSS 技术于 1962 年应用于通信领域。Winkler 首先提出把 Chirp 信号应用到通信领域的想法。1966 年，Hata 和 Gott 利用 CSS 技术对多普勒频移免疫的特性，独立地提出了基于 CSS 的 HF（High Frequency，高频）传输系统。1973 年，Bush 首次提出了使用 SAW（Surface Acoustic Wave，声表面波）产生 Chirp 信号的方法。由于 SAW 是模拟设备，成本低廉，故被 CSS 通信的研究者们广泛采用。

4．UWB 定位技术

UWB 技术是一种使用 1 GHz 以上带宽且无须载波的最先进的无线通信技术，不需要价格昂贵、体积庞大的中频设备，因此系统的体积小、成本低。UWB 系统发射的功率谱密度可以非常低，甚至低于 FCC 规定的电磁兼容背景噪声电平，所以短距离 UWB 无线电通信系统与其他窄带无线电通信系统可以共存。因此，UWB 通信技术受到越来越多的关注，并成为通信技术的一个热点。

作为室内通信用途，FCC 已经将 3.1～10.6 GHz 频带向 UWB 通信开放。IEEE 802 委员会已将 UWB 作为个人局域网（Personal Area Network，PAN）的基础技术候选对象来探讨。UWB 技术被认为是无线电技术的革命性进展，巨大的潜力使得它在无线通信、雷达跟踪及精确定位等方面有着广阔的应用前景。

1.3 无线定位技术的主要研究内容

目前，无线定位系统研究的热点主要集中在无线定位方法及性能评价、无线传感器网络定位系统和无线定位技术应用研究三方面。

1.3.1 无线定位方法及性能评价

1．基本方法

对移动台位置的估计通常需要两步：第一步，测量并估计 TOA、TDOA、AOA 或 SS（Spread Spectrum，扩频）等参数；第二步，利用估计的参数，采用相应的定位算法计算移动台的位置。根据所用参数的不同，无线定位可分为圆周定位、双曲线定位和方位角定位 3 种。

2．影响精度的因素

移动通信系统的通信环境复杂多变，因此各种依赖于通信信号测量的定位技术都受到各种因素的干扰，严重影响了定位精度。影响定位精度的主要因素包括：多径传播问题，非视距（Non Line of Sight，NLOS）传播问题，CDMA 多址接入干扰及参与定位的基站数的限制。

3．衡量定位算法的性能指标

除了通用的估计精度指标，如均方误差（Mean Square Error，MSE）、均方根误差（Root Mean Square Error，RMSE）、累积分布函数（Cumulative Distribution Function，CDF）等，针对定位技术领域对定位结果的评价也有特殊的评价指标，如克拉默－拉奥下界（Cramer-Rao

Lower Bound)、圆概率误差（Circular Error Probability，CEP）、精度几何因子（Geometric Dilution of Precision，GDOP）、相对定位误差（Relative Position Error）等。

1.3.2　无线传感器网络定位系统

无线传感器网络定位系统研究无线定位技术的实现架构、协议及应用环境和适用对象，主要包括以下 5 方面。

1．基于 ZigBee 技术的无线定位系统

基于 IEEE 802.15.4 的 ZigBee 技术具有功耗低、可靠性高、时延短、网络容量大、安全性高等特点。以 CC2430/CC2431 芯片为核心的无线定位系统以低成本、高分辨率（0.25 m）和非常高的定位精度（小于 3 m）广泛地应用于矿井定位和无线跟踪等领域。ZigBee 是一种新兴的短距离、低速率无线网络技术，是一种介于无线标记和蓝牙之间的技术方案，其基础是 IEEE 802.15.4，这是 IEEE 无线 PAN 工作组的一项标准。

2．基于 Wi-Fi 技术的无线定位系统

Wi-Fi 是当前流行的一种无线局域网技术，又称 IEEE 802.11 标准，是 IEEE 定义的一个无线网络通信的工业标准，具有覆盖范围广、可靠性高、传输速度快、有效距离长等特点，并与已有的各种 IEEE 802.11 DSSS（Direct Sequence Spread Spectrum，直接序列扩频）设备兼容。IEEE 802.11b 标准在 2.4 GHz 频段上工作，根据环境的不同，传输速率会分别在 11 Mbps、5.5 Mbps、2 Mbps 或 1 Mbps 上自动转换。在 IEEE 802.11 系列标准中，物理层决定了数据传输的信号特征和调制方式，但各标准的调制方式不同。用户可通过 MAC（Media Access Control，媒体介入控制）层访问 CSMA/CA（Carrier Sense Multiple Access with Collision Avoid，载波侦听多路访问/冲突避免）协议，实现网络共享。IEEE 802.11 标准不但可以利用现有的无线网络环境，节省硬件建设成本，而且在缩短响应时间的同时提高了定位精度。

3．基于 UWB 技术的无线定位系统

UWB 技术是一种高速率、低成本和低功耗的无线通信技术，不用载波，而采用时间间隔极短（纳秒或纳秒级以下）的非正弦波窄脉冲进行通信，也称为脉冲无线电、时域或无载波通信。由于 UWB 系统的脉冲持续时间极短，具有较强的时间和空间分辨率，不但可以有效地对抗多径衰落，而且可以在测距、定位和跟踪方面实现很高的精度，在无线定位中具有突出的特点和优势。

UWB 定位技术属于无线定位技术的一种，其定位原理按测量参数可分为基于接收信号强度法、基于接收信号角度法和基于接收信号时间法三种。基于接收信号强度法是利用接收信号强度与待测目标至接收基站距离成反比的关系，通过测出接收信号的场强值、已知的信道衰落模型和发射信号的场强值估算收发信号机之间的距离，根据多个距离值即能估计出待测目标

的位置。基于接收信号角度法是通过信号到达的方向来确定信号的位置，一般利用两个或多个参考节点，通过测量接收信号的到达方向来估计目标节点的位置。基于接收信号时间法依赖节点间信号传输时间的测量，如果两个节点共用一个时钟，那么接收信号的节点可以通过参考节点的时间信息来确定接收信号的到达时间。对于一个单路径的加性高斯白噪声信道来说，基于接收信号时间的技术非常适合 UWB 无线定位系统，这主要因为其带宽非常宽。

4．基于 CSS 技术的无线定位系统

若将 Chirp 信号的线性扫频特性应用于无线通信系统中，用以表达数据元符号，可达到扩展频谱的效果，这种通过扫频形式进行频谱扩展，利用上下线性扫频 Chirp 信号进行空中通信即 CSS，也称线性扩频通信。

基于 CSS 的无线通信技术具有很多优点，如抗干扰能力强、对多普勒频移不敏感、通信距离长、多径分辨率高等，在世界范围内已经得到了越来越多的关注。在工业界，作为 CSS 技术的主要推广者和相关专利持有者，德国 Nanotron 公司分别提交了基于 CSS 技术的 IEEE 802.15 TG4a 短距离无线通信标准提案和 ISO（International Organization for Standardization，国际标准化组织）/IEC（International Electro Technical Commission，国际电工委员会）24730 实时定位系统实现技术标准提案。2006 年，IEEE 802.15 TG4a 工作组将 IR-UWB（Impulse Radio-Ultra Wide Band，脉冲超宽带）和基于 CSS 的无线宽带技术列为技术标准，ISO/IEC 24730 实时定位系统标准中也将 CSS 定位技术作为 RTLS（Real Time Locating Systems，实时定位系统）实现的可选技术标准，定义了 2.4 GHz 频段的 CSS 技术空中接口。

IEEE 802.15.4a CSS PHY 可认为是 MDMA（Multi-Dimensional Multiple Access，多维多址）技术的一种简化实现与应用，为电池供电的无线传感器网络等应用场景特别优化，能在低功耗的情况下提供高可靠性的链路性能，同时提供较高的通信速率（最高 2 Mbps）。

5．基于软件无线电技术的无线定位系统

软件无线电技术最早由军事通信技术发展而来。在 1991 年的海湾战争中，由于联军部队使用了多种不同制式的通信装备，使得不同国家甚至不同兵种之间的通信变得复杂与困难，严重影响了联军部队的协同作战能力。这些问题引起了美国军方的高度重视，美国国防部高级研究计划局（Defense Advanced Research Projects Agency，DARPA）开始寻找一种互通性、兼容性远远好于现行无线电台的全新电台。在这种环境下，1992 年 5 月的美国国家电信会议上，Joe Mitola 提出了软件无线电（Software Radio）这一全新的概念。

软件无线电的基本设计思路是让宽带 D/A 转换器、A/D 转换器与天线最大限度地相互靠近，在模块化、标准化、通用化的硬件支持平台上利用软件技术来实现各种所需要的无线通信功能。因此，软件无线电拥有着使用灵活、通用性强、便于升级和系统联网的优势。

软件无线电中的软件应该具有良好的开放性，采用模块化、结构化设计，方便升级，以便最大限度地满足未来无线通信系统多模式、多制式的需求。其软件体系结构包括总线式体系结

构、分层体系结构和 SLATS（Software Libraries for Advanced Solution，先进解决方案软件库）体系结构，它们的共同点是结构的分层化和功能的模块化，不同之处在于层次的具体划分、功能模块之间的接口等。

1.3.3　无线定位技术应用研究

无线定位技术应用研究方面的问题很多，以室内定位系统为例，主要涉及以下几方面。

1．光跟踪技术

光跟踪技术要求所跟踪目标和探测器之间线性可视，这就局限了应用范围。在视频监视系统中，往往在环境中安装多台摄像设备，连接到一台或几台视频监控器上，对观察对象进行实时动态地监控，甚至可以进行必要的数据存储。光定位技术也被应用于机器人系统，通过红外线摄像机和红外线发光二极管的一系列协同配合，达到定位的目的，但是要实现高精度的光跟踪技术，配备要求比较复杂。

2．超声波定位技术

超声波定位系统由若干应答器和一个主测距器组成，主测距器放置在被测物体上，在微机指令信号的作用下向位置固定的应答器发射同频率的无线电信号，应答器在收到无线电信号后同时向主测距器发射超声波信号，得到主测距器与各应答器之间的距离。当同时有 3 个或以上不在同一直线上的应答器做出回应时，可以根据相关计算确定出被测物体所在的二维坐标系下的位置。但是这类系统需要大量的底层硬件设施投资，成本太高，无法大面积推广。

3．射频识别技术

典型的射频识别（Radio Frequency IDentification，RFID）系统包括读卡器（Reader）、电子标签（Tag）、主机（Host）和数据库。当系统进行物体识别工作时，主机通过有线或无线方式下达控制命令给读卡器，读卡器接收到控制命令后，其内部的控制器会通过 RF（Radio Frequency，射频）收发器发送出某一频率的无线电波能量，当标签内的天线感应到无线电波能量时，会传回含有自身种类的识别码标志、制造商标志的识别资料给读卡器，最后传回主机进行识别与管理。RFID 用活性参考标签替代离线数据采集，其动态参考信息能够实时捕捉环境变化，提高定位精度和可信度。活性参考标签的应用免去了每个测试点数百次的人工数据采集，且能更好地适应室内环境的波动，提高定位精度。

4．蓝牙技术

蓝牙技术是一种短距离、低功耗的无线传输技术，支持点到点的语音和数据业务。在室内安装适当的蓝牙局域网接入点，把网络配置成基于多用户的基础网络连接模式，就可以获得用户的位置信息，实现蓝牙技术定位的目的。蓝牙技术用于室内短距离定位，优点是容易发现设备，且信号传输不受视距的影响；缺点是目前蓝牙设备比较昂贵。

5．传感器融合技术

现在有很多定位系统，如何能在已有基础上得到单个系统不能达到的定位精度，就需要传感器融合。例如，如果将几个基于不同误差分布的系统结合起来，就能够获得更高的定位精度，它们之间的关联性越小，所获得的效果可能越明显。举一个具体的应用例子，机器人的定位包括超声波、激光及摄像头，使用传感器融合组合定位，运用统计技术和多遥控设备配合来达到传感器融合。这些技术对普适计算中的定位系统有很大的参考意义。

6．Ad Hoc 定位感知技术

Ad Hoc 在网络方面的研究贡献是不用基础设施和控制等方式来实现定位。在一个纯粹的定位系统中，所有的移动台都是网络的节点。通过与附近的移动台交互测量数据来补偿测量的方式，一组 Ad Hoc 终端就趋向于精确定位附近的所有节点的位置。这一组终端中，每个节点都能得到自己与其他节点的相对位置，如果其中某些节点的绝对位置是可以知道的，那么所有的节点都能借此计算自己的绝对位置。三角定位法、场景分析和近邻定位法是室内定位采用的主要的技术方式。系统采用廉价的定位标签，每个标签可以通过感知无线信号的衰减程度来估计彼此之间的距离。

习 题 1

1．简述无线定位的起源。

2．无线定位中有哪些常用定位技术？

3．简述北斗系统的应用。

4．说说你所了解的无线定位技术的应用。

5．无线定位分为哪 3 类？无线局域网定位又有哪几种常见的定位技术？

6．无线定位技术的主要研究内容是什么？

7．以室内定位系统为例，有哪些相关定位技术？

参考文献

[1] 毕晓伟. 无线定位技术研究[D]. 重庆：重庆大学，2011.

[2] 叶蔚. 室内无线定位的研究[D]. 广州：华南理工大学，2010.

[3] 蒙静. 基于 IR-UWB 无线室内定位的机理研究[D]. 哈尔滨：哈尔滨工业大学，2010.

[4] 徐日明. 基于 RSSI 的室内无线定位方案研究[D]. 南京：南京航空航天大学，2010.

[5] 高鹏. 移动通信中混合定位技术的研究[D]. 兰州：兰州理工大学，2008.

[6] 陈朝. 蜂窝网无线定位技术的分析和研究[D]. 合肥：合肥工业大学，2008.

[7] 李兴伟. 无线定位系统关键算法研究[D]. 南京：南京理工大学，2010.

[8] 卢翔. 基于无线传感器网络定位系统的分析和实现[D]. 上海：复旦大学，2009.

[9] 丁锐. 基于 UWB 信号时延估计的无线定位技术研究[D]. 长春：吉林大学，2009.

[10] 徐晓忻. 无线定位技术及位置服务应用的研究[D]. 杭州：浙江大学，2012.

[11] 陈明权. 室内移动物体的无线定位研究与设计[D]. 广州：广东工业大学，2011.

[12] 肖竹，王勇超，田斌，等. 超宽带定位研究与应用：回顾和展望[J]. 电子学报，2011，39 (1): 133-141.

[13] 刘林. 非视距环境下的无线定位算法及其性能分析[D]. 成都：西南交通大学，2007.

[14] 刘林，范平志. 多径环境下多终端协作高精度定位算法[J]. 西南交通大学学报，2011，46 (4): 676-680.

[15] 张岩. 基于 UWB 的无线定位技术研究[D]. 济南：山东大学，2010.

[16] 张杰. ZigBee 无线定位跟踪系统的研究与设计[D]. 武汉：武汉理工大学，2010.

[17] 廖丁毅. UWB 无线定位系统研究及 FPGA 实现[D]. 桂林：桂林电子科技大学，2010.

[18] 郝明. 一种混合的无线定位技术的研究[D]. 成都：电子科技大学，2011.

[19] 孙博. 基于直扩序列的多普勒无线定位技术研究[D]. 哈尔滨：哈尔滨工业大学，2008.

[20] 梁久祯. 无线定位系统[M]. 北京：电子工业出版社，2013.

[21] 万群，郭贤生，陈章鑫. 室内定位理论、方法和应用[M]. 北京：电子工业出版社，2012.

[22] 田孝华，周义建. 无线电定位理论与技术[M]. 北京：国防工业出版社，2011.

[23] 杨恒，魏丫丫，李彬，等. 定位技术[M]. 北京：电子工业出版社，2013.

[24] YU K G, SHARP I, GUO Y J. 地面无线定位技术[M]. 崔逊学，汪涛，译. 北京：电子工业出版社，2012.

[25] FIGUEIRAS J, FRATTASI S. 移动定位与跟踪：从传统型技术到协作型技术[M]. 赵军辉，译. 北京：国防工业出版社，2013.

[26] 杨铮，吴陈沭，刘云浩. 位置计算：无线网络定位与可定位性[M]. 北京：清华大学出版社，2014.

[27] 鲁郁. 北斗/GPS 双模软件接收机原理与实现技术[M]. 北京：电子工业出版社，2016.

[28] 陈向东，郑瑞锋，陈洪卿，等. 无北斗授时终端及其检测技术[M]. 北京：电子工业出版社，2016.

[29] 胡青松，李世银. 无线定位技术[M]. 北京：科学出版社，2020.

[30] 范录宏，皮亦鸣，李晋. 北斗卫星导航原理与系统[M]. 北京：电子工业出版社，2021.

[31] 刘琪，冯毅，邱佳慧. 无线定位原理与技术[M]. 北京：人民邮电出版社，2022.

第 2 章　卫星定位系统

本章导读

✿　卫星定位测量基础
✿　卫星信号及测量原理
✿　卫星定位方法及定位误差
✿　北斗卫星导航系统介绍
✿　卫星定位应用实例
✿　北斗与 GPS 的远程监控车载系统

　　1957 年 10 月 4 日，世界上第一颗人造地球卫星发射成功，标志着空间科学技术进入了一个崭新的时代。随着人造地球卫星不断入轨运行，利用人造地球卫星进行定位测量已成为现实。卫星定位系统以全天候、高精度、自动化、高效率等显著特点，及其独具的定位导航、授时校频、精密测量等方面的强大功能，已被引入众多的应用领域，从而引发了测绘和交通运输等行业的深刻变革。

　　卫星定位系统有极高的实用性和可靠性，可提供适用于多种需要的定位精度，拥有广泛的应用领域，并使得卫星定位技术成为重要、有效且成熟的一种定位技术。本章将以 GPS 和北斗卫星导航系统为例，讲述卫星定位系统的测量基础、测量原理、定位方法及误差等内容。

2.1　卫星定位测量基础

2.1.1　卫星定位系统概述

1. 卫星定位系统发展历程

　　20 世纪 60 年代，卫星定位测量技术问世，并逐渐发展成为利用人造地球卫星解决大地测量问题的一项空间技术。卫星定位技术的发展历程大致可分为三个阶段，即卫星三角测量阶段、卫星多普勒定位测量阶段和 GPS 卫星定位测量阶段。

1966 年至 1972 年，美国国家大地测量局在美国与联邦德国测绘部门的协助下，应用卫星三角测量方法，测量了具有 45 个测站的全球三角网，并获得了 5m 的定位精度。但是，卫星三角测量的资料处理过程复杂，定位精度难以提高，不能获得待定点的三维地心坐标。

1958 年 12 月，美国海军开始研制美国海军导航卫星系统，采用多普勒定位技术，并于 1964 年建成投入使用，在军事和民用方面取得了极大的成功。该系统的研制成功是导航定位史上的一次飞跃。我国曾引进了多台多普勒接收机，应用于海岛联测、地球勘探等领域。但由于多普勒卫星轨道高度低、信号载波频率低，轨道精度难以提高，使得定位精度较低，难以满足大地测量、工程测量和天文地球动力学研究的要求。

为了提高卫星定位的精度，美国从 1973 年开始筹建全球定位系统 GPS。在经过方案论证、系统试验阶段后，于 1989 年开始发射正式工作卫星，并于 1994 年全部建成并投入使用。GPS能在全球范围内向任意多用户提供高精度、全天候、连续、实时的三维测速、三维定位和授时。

2．卫星定位系统组成

卫星定位系统一般由空间、地面监控和用户设备三部分组成，如图 2-1 所示。

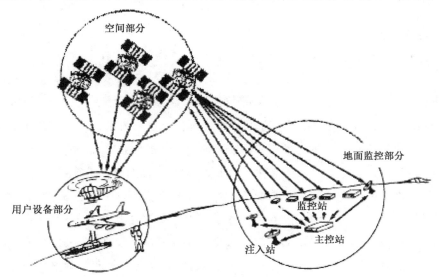

图 2-1　卫星定位系统

1）空间部分

GPS 的空间部分是指 GPS 卫星星座。GPS 由 24 颗卫星组成，包括 21 颗工作卫星、3 颗备用卫星，均匀分布在 6 个轨道上。卫星轨道平面相对于地球赤道面的倾角为 55°。各轨道平面的升交点（当卫星轨道平面与地球赤道平面的夹角即轨道倾角不等于零时，轨道与赤道面有两个交点，其中卫星由南向北飞行时的交点称为升交点）的赤经相差 60°，轨道平均高度 20200 km，卫星运行周期为 11 h 58 min（恒星时），同一轨道上各卫星的升交角距为 90°。

GPS 卫星的上述时空配置保证了在地球上的任何地点、任何时刻均至少可以同时观测到 4 颗卫星（如图 2-2 所示），以便满足精密导航和定位的需要。

图 2-2　GPS 卫星分布

2）地面监控部分

GPS 的地面监控部分目前由 1 个主控站、5 个全球监测站和 3 个地面注入站（或控制站）组成。

GPS 的主控站是设在美国科罗拉多州斯平士的联合空间执行中心（Consolidated Space Operation Center，CSOC）。除了协调、管理所有地面监控系统的工作，主控站还根据各监测站提供的观测数据推算编制各卫星的星历、卫星钟差和大气层修正参数，提供全球定位系统的时间基准，调整偏离轨道的卫星，启用备用卫星以取代失效的工作卫星等。

注入站的主要任务是在主控站的控制下，将主控站推算和编制的卫星星历、钟差、导航电文和其他控制指令等信息注入相应卫星的存储系统，并监测注入信息的正确性。

监测站的主要任务是为主控站编算导航电文提供观测数据。整个 GPS 地面监控部分，除主控站外均无人值守，各站间用现代化的通信系统联系，在原子钟和计算机的驱动与精确控制下，各项工作实现了高度的自动化和标准化。

3）用户设备部分

GPS 的用户设备部分由 GPS 接收机、相应的数据处理软件、微处理机和终端设备组成。GPS 接收机硬件包括接收机主机、天线和电源，主要功能是接收 GPS 卫星发射的信号，以获得必要的导航和定位信息及观测量，并经简单的数据处理而实现实时导航和定位。GPS 软件是指各种处理软件包，通常由厂家提供，主要作用是对观测数据进行精加工，以便获得精密定位结果。

3．卫星定位系统应用概述

目前，主要的卫星定位导航系统，如 GPS 和 GLONASS（Global Navigation Satellite System，格洛纳斯），都是军用产物。GPS 是美国国防部影响最为深远的计划之一，对战略战术产生了巨大的影响，其孕育到发展的整个过程都是为军事目的服务的，从单兵定位、弹道测量、靶场监测到空间防务和核爆探测，都发挥了巨大的作用。

民用航空是卫星定位导航系统重要的民用用户，卫星定位导航系统在民航各方面的应用研究和试验几乎与卫星导航系统本身的发展同步进行。卫星导航的全球、全时、全天候、精密、实时和近于连续的特点，使其具有其他系统无法比拟的优点，并且彻底改变了传统的概念和方式。卫星定位系统可对民航飞机提供从导航到着陆、从地面到高空的一体化服务：用于航路导航，作为空中交通管制的一部分，可以改变航路上交通拥挤状况、改善高度分层、对飞机全程监视；用于进场着陆，不仅可使着陆设备简单，还可实现可变下滑道、曲线进场、多跑道同时工作；用于机场场面监护，可代替场面雷达管理各种机动车辆和飞机。

卫星定位系统是航天飞机等航天领域中最理想的定位导航系统，能提供航天飞机的位置、速度和姿态参数，可以为航天飞机的起飞、在轨运行、再入过程及进场着陆提供连续服务。卫星定位系统还常用于低轨卫星和空间站的定轨，用差分 GPS 技术完成飞船的交会和对接。我国对 GPS 在航天领域的应用从 20 世纪 80 年代初就已开始跟踪研究，包括方案探讨、算法研究、仿真及硬件设备的改进等工作。通过利用国内外现有的设备对航天器进行定轨、制导及测控等，GPS 等卫星定位系统可以获得其他方法无法达到的精度和便利性。

海洋也是卫星定位系统的重要应用领域之一。在军事方面，除了可以为各类舰艇导航，卫星定位系统还可以完成海上巡逻、舰队调动与会合、海上军事演习和协同作战、武器发射、航空母舰的定位与导航及对舰载飞机的导引等。在民用方面，卫星定位系统可以进行船只定位、海洋测量、石油勘探、海洋捕鱼、浮标设立、管道铺设、浅滩测量、暗礁定位、海港领航和水上交通管理等。卫星定位系统在航海方面拥有最早、最多的用户，自 1980 年以来，美国、日本、英国、德国、法国等就已经进行了大量实验。在航海方面，美国的 GPS 和中国的北斗是比较先进的定位导航系统，其开发和应用受到了各国极大的重视。除了一般应用，卫星定位系统的各种精密定位方法可用于港口船舶监控、狭窄航道的船舶导航、海洋地球物理勘探、海上平台定位、航标和浮标等的设立，以及与声呐系统一起为水下物体定位。

卫星定位系统可在一个点上采用长时间观测、多点联测或者事后处理的方法达到厘米级的观测精度，这为研究地球动力学、地壳运动、地球自转和极移、大地测量和地震监测等提供了新的观测手段。另外，一些特殊的处理方法，如卫星源射电干涉法、多次差分法、载波相位观测、双频接收机、平滑和滤波技术等，为大地测量特别是公路、铁路、桥梁等设计施工提供了准确又简便的测量手段。

陆地定位导航对卫星系统的要求最低，使用低动态、单或双通道接收机处理即可，对卫星系统的完善性要求比较低，并可利用地标、地形随时修正，还可以利用航位推算等附加信息。

目前，卫星定位系统已经广泛应用于车辆定位导航、行业车辆管理、列车监控、野外作业等领域，并与蜂窝网络、无线网络等通信和定位技术相结合，其定位速度和精度都在不断提高，应用范围也在不断拓宽。

2.1.2　卫星定位空间与时间系统

在卫星定位系统中，卫星作为高空已知点，其位置是随时间不断变化的，利用这些卫星进行测量定位时，必须给出卫星在一瞬时时刻的确切位置，这就需要确定描述位置的空间系统和描述时刻的时间系统。本节讲述的空间和时间参考系与2.1.3节讲述的卫星轨道是描述卫星运动、处理导航定位数据、表示飞行器运动状态的数学和物理基础。

1．卫星定位空间系统

GPS定位导航会涉及多种坐标系。坐标系的适当选用在很大程度上取决于任务要求、完成过程的难易程度、计算机的存储量和运算速度、导航方程的复杂性等。

坐标系可分为两类：一类是惯性坐标系，在空间固定，与地球自转无关，对于描述各种飞行器的运动状态极为方便。严格来说，卫星和其他飞行器的运动理论是根据牛顿引力定律在惯性坐标系中建立起来的，而惯性坐标系在空间的位置和方向应保持不变或仅做匀速直线运动。但是，实际上严格满足这一条件是很困难的，在导航和制导中，惯性参考系一般是通过观察星座近似定义的。另一类是与地球固连的坐标系，对于描述飞行器相对于地球的定位和导航尤为方便。

此外，还可能用到轨道坐标系、体轴系和游动方位系等。坐标轴的指向具有一定的选择性，因此常用"协议坐标系"指明通过国际协议确定的某些全球性坐标轴指向。

GPS建立在全球大地系统（World Geodetic System，WGS）的基础上，它是一种以地球质心为圆点与地球固连的坐标系，属于协议地球坐标系。WGS的精度既受技术水平的限制，也因相应的任务精度要求而定。1960年，美国推出了WGS60，又相继推出了WGS66和WGS72，其精度在不断提高。1984年，美国国防制图局（Defence Mapping Agency，DMA）对地球进行了新的测量和定义，推出了WGS-84，被GPS采用，成为GPS定位测量的基础。

不同的国家或地区根据本地区的地表情况，按椭球面与本地区域大地水准面最吻合的原则，建立起了自己的大地系统，供本国或本地区使用。由于受观测资料的局限，定义的椭球参数不尽相同。我国大地坐标系经历了几次重要变化。中华人民共和国成立初期，在天文大地网边布设边平差的基础上建立了1954北京坐标系。20世纪80年代，在全国天文大地网整体平差的基础上建成了1980西安坐标系。20世纪末至21世纪初，在中国地壳运动观测网络、全国UPS（Uninterruptible Power Supply，不间断电源）一/二级网和全国UPS A/B级网等整体平差的基础上又建成了新一代国家大地坐标系——2000中国大地坐标系。

在航空导航应用中，经常需要把定位结果与地图相比较，如机场的调度管理、地形匹配系统等。地图投影是通过把椭球面的点投影到一个平面上形成的，也是地图绘制的基础。地图投影的方式很多，我国采用的是高斯·克吕格投影，它是一种横轴、椭圆柱面的等角投影。一个椭球柱面与地球椭球在某一子午面上相切形成的切线称为投影轴子午线，也就是高斯·克吕格投影直角坐标系的纵轴或横轴，地球的赤道面与椭圆柱面相交成一条直线，这条直线与轴子午线正交，就是平面直角坐标系的横轴或纵轴，把椭圆柱面展开，就得到以(x,y)为坐标的平面直角坐标系，如图 2-3 所示。

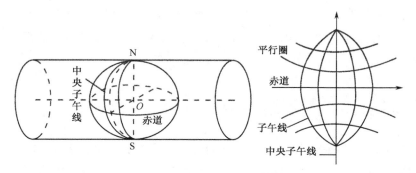

图 2-3　高斯·克吕格投影原理

WGS-84 是美国国防部研制确定的全球大地坐标系，其坐标系的几何定义是：原点在地球质心，Z 轴指向 BIH 1984.0 定义的协议地球极（Conventional Terrestrial Pole，CTP）方向，X 轴指向 BIH 1984.0 定义的零子午面和 CTP 赤道的交点。Y 轴与 Z、X 轴构成右手坐标系，如图 2-4 所示。

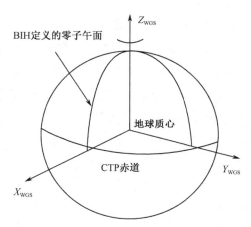

图 2-4　WGS-84 全球大地坐标系

2. 卫星定位时间系统

GPS 定位是建立在测定无线电信号传播延迟基础上的，把时间转换为距离量时，纳秒级的时间误差都可能引起米级的距离误差，这就要求时钟高度稳定和同步。理论上，任何一个周期运动，只要它的周期是恒定且可观测的，都可以作为时间的尺度。实际上，我们所能得到的时间尺度只能在一定精度上满足这一理论要求。

为了保证导航和定位精度，GPS 建立了专门的时间系统（GPS Time，GPST）。GPS 时间系统是由 GPS 星载原子钟和地面监控站原子钟组成的一种原子时系统，与国际原子时保持 19s 的常数差，并在 GPS 标准历元 1980 年 1 月 6 日零时与 UTC（Universal Time Coordinated，协调世界时）保持一致。

北斗的时间基准为北斗时（BeiDou Time，BDT），BDT 采用国际单位制（Système International d'Unités，SI）秒为基本单位连续累计，起始历元为 2006 年 1 月 1 日协调世界时 00 时 00 分 00 秒。采用周和周内秒计数。BDT 通过国家授时中心（National Time Service Center，NTSC）与国际 UTC 建立联系，BDT 与 UTC 的偏差保持在 100 ns 以内。BDT 与 UTC 之间的闰秒信息在导航电文中播报。

2.1.3　卫星运行轨道及受摄运动

应用卫星定位系统进行导航和定位，首先要知道卫星轨道参数，进而确定卫星在空间的位置坐标。对于单个接收机定位，定位误差与卫星轨道误差密切相关。在相对定位中，按照经验，相对基线误差等价于相对轨道误差。卫星轨道参数是作为卫星广播电文的一部分由卫星发送的，这些参数是在地面跟踪站对卫星观测几天后，由地面主控制站进行预报计算得到后再经注入站加载到卫星的，所以是预报值。在讨论卫星正常轨道运动时，通常进行以下假设。

① 地球是一个质点或是一个具有均匀密度分布的球，其引力场是对称的。

② 卫星的质量与地球相比可以忽略。

③ 假定卫星在真空中运动，即没有大气阻力和太阳辐射压力作用在卫星上。

④ 没有太阳、月球和其他天体引力作用在卫星上（仅讨论二体问题）。

然而，卫星轨道运动是地球引力和其他许多作用在卫星上的力产生的总结果，如太阳和月球引力及太阳辐射在卫星上的压力。对于低轨道卫星，大气阻力也是不可忽略的。要想获得卫星运动的精密轨道，就不能只考虑地球的质心引力作用，而必须顾及卫星运动中受到的地球非质心引力及其他各种作用力的综合影响，这些力被称为摄动力。卫星在地球质心引力和各种摄动力综合影响下的轨道运动称为卫星的受摄运动，相应的卫星运动轨道被称为摄动轨道或瞬时轨道。摄动轨道偏离正常轨道的差异被称为卫星的轨道摄动。

卫星受到的摄动力来源有以下几种。

① 地球体的非球性及其质量分布不均，即地球的非中心引力。

② 太阳的引力和月球的引力。

③ 太阳的直接与间接辐射影响压力。

④ 大气的阻力。

⑤ 地球潮汐的作用力。

⑥ 磁力等。

在摄动力加速度的影响下，卫星运行的多普勒轨道参数不再为常数，而变为时间的函数。在上述各种摄动力中，大气阻力的影响主要取决于大气的密度、卫星的断面与质量之比和卫星的速度。由于 GPS 卫星所处的高空，大气密度甚微，以致其对卫星的阻力影响可以忽略。地球受日月引力的影响产生潮汐现象，而地球的潮汐又将对卫星的运动产生影响，所以地球潮汐的影响可以认为是日月引力对卫星运动的一种间接影响。理论分析表明，对 GPS 卫星来说，这种影响并不明显。

2.2 卫星信号及测量原理

由卫星发射的卫星信号包含以下信息。

① 卫星星历及卫星钟校正参量。

② 测距时间标记，大气附加时延校正参量。

③ 与定位和导航有关的其他信息。

用户在接收和处理所接收的上述信号后，提取所需要的信息，完成定位和导航的各种计算，并给出用户需要的结果。

2.2.1 卫星信号成分与调制技术

1. 卫星信号成分

用户接收机从卫星信号的时间标记上提取传播时延（距离信息），从卫星信号载波的多普勒频移提取速度信息，而星历、时钟、大气校正参量及时间标记等则由卫星以通信方式传输给用户。在 GPS 中将信息变成编码脉冲以数字通信方式来完成。考虑到保密通信和提高抗干扰能力，各卫星发射信号的区分选择及精密测距，将编码脉冲先调制到伪随机码上，即经伪随机码扩频，再对 L 波段的载频进行双相调制，或称为二进制相移键控（Binary Phase Shift Keying，BPSK），然后由卫星天线发射。由稳定钟频 5.115 MHz 经倍频产生的两个载波 L_1 和 L_2，频率各为 154×10^{23} MHz 和 120×10^{23} MHz，由此便可以对电离层产生的时延进行双频校正。

每个卫星分配不同的 C/A 码（Coarse Acquisition Code，粗捕获码），分配 P 码（Precise Code，精码）中各不相同周期的部分段，C/A 码和 P 码的作用相当于测距中的定时信号，可用来接收多个卫星的信号，解释 C/A 码和 P 码就可以得到导航电文和星历等参数。

2. C/A 码与 P 码

GPS 卫星发射的测距码信号包括 C/A 码和 P 码，它们都是二进制伪随机噪声序列，具有特殊的统计性质。GPS 采用的是伪随机噪声（Pseudo Random Noise，PRN）码，简称伪随机码或伪码，其主要特点是不仅具有类似随机码的良好自相关特性，还具有某种确定的编码规则，是周期性的、可人工复制的码序列。

GPS 卫星发射的测距码信号原理如图 2-5 所示。C/A 码由两个 10 级反馈移位寄存器相组合产生，两个移位寄存器于每星期日子夜零时，在置"1"脉冲作用下全处于 1 状态。在频率 $f_1 = f_0 / 10 = 1.023\,\text{MHz}$ 时钟脉冲驱动下，两个移位寄存器分别产生码长为 $2^{10}-1=1023$ 位、周期为 1 ms 的 m 序列 $G_1(t)$ 与 $G_2(t)$。这时，$G_2(t)$ 序列的输出不是在该移位寄存器的最后一个存储单元，而是选择其中两个存储单元进行二进制相加后输出，由此得到一个与 $G_2(t)$ 平移等价的 m 序列 $G_{2i}(t)$，再将其与 $G_1(t)$ 进行模二相加，得到 C/A 码。由于 $G_{2i}(t)$ 可能有 1023 种平移序列，因此其分别与 $G_1(t)$ 相加后，将可能产生 1023 种不同结构的 C/A 码。C/A 码不是单纯的 m 序列，而是由两个具有相同码长和数码率但结构不同的 m 序列相乘所得到的组合码，将其称为戈尔德（Gold）序列。

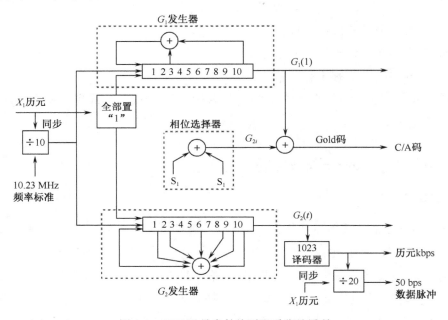

图 2-5　GPS 卫星发射的测距码信号原理

C/A 码的码长度为 $2^{10}-1=1023$ 位，码元宽度为 0.97752 μs，相应长度为 293.1 m，周期为 1 ms，数码率为 1.023 Mbps。各 GPS 卫星所使用的 C/A 码的上述 4 项指标都相同但结构相异，这样既便于复制又容易区分。

P 码分为两组，各由两个 12 级反馈移位寄存器的电路发生，其基本原理与 C/A 码相似，但其线路设计细节远比 C/A 码复杂并且严格保密。P 码的码长约为 6.19×10^{12} 位，数码率为 10.23 Mbps，若仍采用搜索 C/A 码的办法来捕获 P 码，即逐个码元依次搜索，当搜索速度仍为 50 码元每秒时，约需 10631250 天，这是无法实现的。因此，一般是先捕获 C/A 码，再根据导航电文中给出的有关信息，便可容易地捕获 P 码。

3. 信号调制

带有导航信息的编码脉冲 $D(t)$ 先调制到伪码（P 码和 C/A 码）上，然后对 L 波段的载频 L_1 和 L_2 进行 BPSK。在载频 L_2 只调制了一种伪码（P 码），而在载频 L_1 调制了两种伪码（P 码和 C/A 码），并且是采用正交调制方式进行的，以便分别对 P 码和 C/A 码解调。由于对载波信号采用了 BPSK 调制技术，使其频带变宽，对应 P 码和 C/A 码的频带宽度分别为 20.46 MHz 和 2.016 MHz。

将 $D(t)$ 调制到伪码 $P(t)$ 上，即将二者模二相加或波形相乘，乘积码为 $D(t)P(t)$。编码脉冲 $D(t)$ 的频带被扩展，称为扩频。频谱展宽后，使单位频带内信号功率下降，从而减小了信号被检测和被窃听的可能性。另外，要将扩频信号恢复成编码脉冲信号，即解扩，必须在接收机中设置同样结构的伪码作为跟踪伪码。

2.2.2 导航电文格式

GPS 卫星的导航电文主要包括卫星星历、时钟改正、电离层时延校正、卫星工作状态信息和由 C/A 码转换到捕获 P 码的信息。导航电文以二进制码的形式播送给用户，因此又称数据码或 D 码。

导航电文的基本单位是"帧"。一帧导航电文长 1500 位，含 5 个子帧。每个子帧又分别含有 10 个字，每个字含 30 位电文，故每个子帧共含 300 位电文。

电文的播送速率为 50 bps，所以报送一帧电文的时间为 30 s，而子帧电文的持续播发时间为 6 s。为了记载多达 25 颗 GPS 卫星的星历，规定子帧 4、5 各含有 25 页，子帧 1、2、3 与子帧 4、5 的每页均构成一帧电文。每 25 个子帧导航电文组成一个主帧。在每帧电文中，子帧 1、2、3 的内容每小时更新一次，而子帧 4、5 的内容仅在给卫星注入新的导航数据后才得以更新。

每个子帧的开头第 1 个字码是遥测字，作为捕获导航电文的前导。其中，第 1~8 位为同步码（10001000），为各子帧编码脉冲提供同步起点；第 9~22 位为遥测电文，包括地面监控系统注入数据时的状态信息、诊断信息和其他信息，以指示用户是否选择该颗卫星；第 23~24 位无实际意义；第 25~30 位为奇偶校验码。

每个子帧的第 2 个字码为交换字，主要作用是向用户提供捕获 P 码的 Z 计数。Z 计数位于交换字的第 1~17 位，表示自星期日 0 时至星期六 24 时，P 码子码 X_1 的周期重复数 X_1 的周期为 1.5 s，因此 Z 计数的量程是 0~403200。知道了 Z 计数，也就知道了观测瞬间在 P 码周期中所处的准确位置，这样便可以迅速捕获 P 码。交换字的第 18 位表明卫星注入电文后是否发生滚动动量矩缺载现象；第 19 位指示数据帧的时间是否与子码 X_1 的时钟信号同步；第 20~22 位为子帧识别标志；第 23~24 位无意义；第 25~30 位为奇偶校验码。

数据块 I 位于第 1 子帧的第 3~10 字码，内容主要包括卫星的健康状况、数据周期、星期序号、卫星时钟校正参数和电离层校正参数等信息。

数据块Ⅱ包含第 2 子帧和第 3 子帧，其内容表示 GPS 卫星星历，这些数据为用户提供了有关计算卫星运行位置的信息。

数据块Ⅲ包括第 4 子帧和第 5 子帧，向用户提供了 GPS 卫星的历书数据，包括卫星的概略星历、卫星钟概略改正数、码分地址和卫星运行状态信息。根据这些信息，用户可以选择工作正常和位置适当的卫星，构成最佳观测空间几何图形，以此提高导航和定位的精度，并可根据已知的码分地址，较快地捕获所选择的观测卫星。

2.2.3　卫星星历

GPS 向用户提供卫星星历的方式有两种：一种是通过导航电文中的数据块Ⅱ直接发射给用户接收机，通常称为预报星历；另一种是由 GPS 系统的地面监控站通过磁带、网络、电传等通信媒体向用户传递，称为后处理星历。

预报星历是指相对参考历元的外推星历，参考历元瞬间的卫星星历（参考星历），由 GPS 的地面监控站根据大约一个周期的观测资料计算而得。由于摄动力的影响，卫星的实际轨道会逐渐偏离参考轨道，且偏离的程度取决于观测历元与参考历元间的时间间隔。因此，为了保证预报星历的精度，采用限制外推时间间隔的方法。GPS 卫星的参考星历每小时更新一次，参考历元选在两次更新星历的中央时刻，这样由参考历元外推的时间间隔限制为 0.5 h。

GPS 卫星的广播星历包含外报误差，因此它的精度受到限制，不能满足某些精密定位工作的要求。后处理星历是不含外推误差的实测精密星历，由地面监测站根据实际精密观测资料计算而得，可向用户提供用户观测时刻的卫星精密星历，其精度目前为米级，将来可望达到分米级。但是，用户不能实时通过卫星信号获得后处理星历，只能在事后通过磁带、网络、电传等通信媒体向用户传递。

2.2.4　卫星信号接收机基本工作原理

GPS 信号接收机是用来接收、处理和测量 GPS 卫星信号的专门设备。GPS 卫星信号的应用范围非常广泛，而信号的接收和测量有多种方式，因此 GPS 信号接收机有多种类型。

GPS 信号接收机主要结构大体相同，包括天线单元和接收单元两大部分，如图 2-6 所示。天线单元的主要功能是将非常微弱的 GPS 卫星信号的电磁波能转化为电流，并对这种电流信号进行放大和变频处理，而接收单元的主要功能是对经过放大和变频处理的电流信号进行跟踪、处理和测量。

1．天线单元

GPS 信号接收机的天线单元由接收天线和前置放大器两部分组成。接收天线是把来自卫

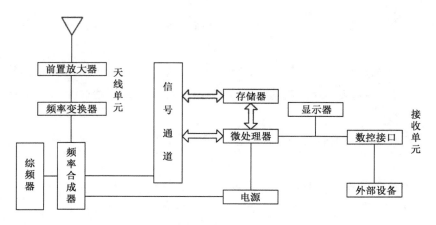

图 2-6 GPS 信号接收机的工作原理

星的微量能量转化为相应的电流；前置放大器将 GPS 信号电流予以放大，并进行变频，即将中心频率为 1575.42 MHz（L_1 载波）和 1227.66 MHz（L_2 载波）的高频信号变换为低一两个数量级的中频信号。

通常，GPS 信号接收机天线应满足以下基本要求。

① 接收天线与前置放大器应密封为一体，以保障在恶劣的气象环境下也能正常工作，并减少信号损失。

② 天线的作用范围应为整个上半天球，并在天顶处不产生死角，以保证能接收到来自天空任何方向的卫星信号。

③ 天线需有适当的防护和防屏蔽措施，以尽可能减少来自各方向反射信号的干扰。

④ 天线的相位中心应保持高度稳定，并与其几何中心偏差尽可能小。

2．接收单元

GPS 信号接收机的接收单元主要由信号通道、存储单元、计算和显示控制单元、电源 4 部分组成。

信号通道是接收单元的核心部分，由硬件和软件组合而成。每个通道在某一时刻只能跟踪一颗卫星，当某颗卫星被锁定后，该卫星占据这一通道直到信号失锁为止。因此，目前大部分接收机均采用并行多通道技术，可同时接收多颗卫星的信号。对于不同类型的接收机，信号通道数目不等。信号通道有平方型、码相位型和相关型三种，分别采用不同的调制技术。

GPS 信号接收机内部的存储单元用于存储所翻译的 GPS 卫星星历、伪距观测量和载波相位观测量及各种观测站数据。在存储单元内通常还装有许多工作软件，如自测试软件、天空卫星预报软件、导航电文解码软件、GPS 单点定位软件等。

计算和显示控制单元由微处理器和显示器构成。微处理器是 GPS 信号接收机的控制部件，GPS 信号接收机的一切工作都是在微处理器的控制下自动完成的，其主要工作如下。

① 开机后立即对各信号通道进行检查，并显示结果，检测、校正和存储各信号通道的时延值。

② 根据各通道跟踪环路所输出的数据码，解译出卫星星历，并根据实际测量得到卫星信号到达接收天线的传播时延，计算测站的三维地心坐标，并按预置的位置更新率不断更新测站坐标。

③ 根据已经测得的测站近似坐标和卫星星历，计算所有在轨卫星的升降时间、方位和高角度。

④ 记录用户输入的测站信息，如测站名、天线高、气象参数等。

⑤ 根据预先设置的航路点坐标和测得的测站点近似坐标计算导航参数。

GPS 信号接收机一般都配备液晶显示屏，向用户提供接收机工作状态信息，并配备控制键盘，用户可通过键盘控制接收机工作。

GPS 信号接收机一般采用蓄电池作为电源，机内往往配备锂电池，用于为 RAM (Random Access Memory，随机存取存储器) 供电，以防止关机后数据丢失。机外另配外接电源，通常为可充电的 12 V 直流镍镉电池，也可采用普通汽车电瓶。

2.3　卫星定位方法及定位误差

原理上，GPS 观测的是距离，通过所测量到的距离与位置之间的关系反推出所要确定的位置在 WGS84 坐标系中的三维坐标。对于距离的测量是通过测量信号的传输时间，或者测量所收到的 GPS 卫星信号与接收机内部信号的相位差而导出的。GPS 使用单向 (One Way) 方法，需要使用两台时钟：一台在卫星上，另一台在接收机内部。两台时钟存在误差，所测得的距离也有误差，因此这种距离称为伪距 (Pseudo Range)。GPS 提供的信息不仅可以测量伪距，还可以进行载波相位测量和积分多普勒测量，并进行定位。载波相位测量具有很高的定位精度，广泛用于高精度测量定位。积分多普勒测量所需观测时间一般较长，精度并不很高，故未获广泛应用。

应用 GPS 卫星信号进行定位的方法可以按照用户接收机天线在测量中所处的状态，分为静态定位和动态定位；或者按照参考点的位置，分为绝对定位和相对定位。

2.3.1　静态定位

如果在定位过程中，用户接收机天线处于静止状态，即待定点在协议地球坐标系中的位置被认为是固定不动的，那么确定这些待定点位置的定位测量就称为静态定位。进行静态定位时，待定点位置固定不动，因此可通过大量重复观测来提高定位精度。正是由于这一原因，静态定位在大地测量、工程测量、地球动力学研究和大面积地壳形变监测中获得了广泛的应用。随着快速解算整周待定值技术的出现，快速静态定位技术已在实际工作中大量使用，静态定位作业时间大为减少，从而在地形测量和一般工程测量领域内也获得广泛的应用。

根据参考点的不同位置，GPS 定位测量可分为绝对定位和相对定位。绝对定位是以地球质心为参考点，确定接收机天线（待定点）在协议地球坐标系中的绝对位置。由于定位作业仅需使用一台接收机工作，因此又称为单点定位。单点定位工作和数据处理都比较简单，但其定位结果受卫星星历误差和信号传播误差影响较为显著，所以定位精度较低，适用于低精度测量领域，如船只、飞机的导航、海洋捕鱼、地质调查等。如果选择地面某个固定点为参考点，确定接收机天线相对于参考点的位置，则称为相对定位。相对定位至少要使用两台以上接收机，同步跟踪 4 颗及以上 GPS 卫星，因此相对定位所获得的观测量具有相关性，并且观测量中所包含的误差同样具有相关性。采用适当的数学模型可消除或削弱观测量所包含的误差，使定位结果达到相当高的精度。

静态绝对定位是指在接收机天线处于静止状态下，确定测站的三维地心坐标。定位所依据的观测量是根据码相关测距原理测定的卫星至测站间的伪距。定位仅使用一台接收机，具有速度快，灵活方便，且无多值性问题等优点，因此广泛用于低精度测量和导航。GPS 静态绝对定位的精度受两类因素影响：一类是影响伪测距精度的因素，如卫星星历精度、大气层折射等，另一类是卫星的空间几何分布。用两台接收机分别安置在基线的两端点，其位置静止不动，同步观测 4 颗及以上在轨卫星，确定基线两端点的相对位置。这种定位模式称为静态绝对定位。

在实际工作中，常常将接收机数目扩展到 3 台以上，同时测定若干条基线，这不仅提高了工作效率，还增加了观测量，提高了观测成果的可靠性。静态绝对定位由于受到卫星轨道误差、接收机时钟不同步误差、信号传播误差等多种因素的干扰，其定位精度较低，$2\sim3\text{ h}$ 的 C/A 码伪距绝对定位精度为 $\pm20\text{ m}$，远不能满足大地测量精密定位的要求。

静态相对定位采用载波相位观测量为基本观测量，载波的波长短、测量精度远高于码相关伪距测量的测量精度，并且采用不同载波相位观测量的线性组合，可以有效地削弱卫星星历误差、信号传播误差及接收机时钟不同步误差对定位结果的影响。天线长时间固定在基线两端点上，可保证取得足够多的观测数据，从而可以准确确定整周未知数。上述优点使得静态相对定位可以达到很高的精度。实践证明，在通常情况下，采用广播星历，定位精度可达 $10^{-6}\sim10^{-7}$；如果采用精密星历和轨道改进技术，那么定位精度可以提高到 $10^{-9}\sim10^{-10}$。如此高的定位精度是常规大地测量望尘莫及的。静态相对定位由于采用载波相位观测量及相位观测量的线性组合技术，极大地削弱了上述各类定位误差的影响，其定位相对精度高达 $10^{-6}\sim10^{-7}$，是目前 GPS 定位测量中精度最高的一种方法，广泛应用于大地测量、精密工程测量及地球动力学等的研究。

当然，静态相对定位也存在缺点，即定位观测时间过长。在跟踪 4 颗卫星的情况下，通常要观测 1～1.5 h，甚至更长的观测时间。长时间观测影响了 GPS 定位测量的功效，因此近年来发展出一种整周未知数快速逼近技术，可以在短时间内快速确定整周未知数，使得定位测量时间缩短到几分钟，为 GPS 定位技术开辟了更广阔的应用前景。

2.3.2　动态定位

与静态定位相反，如果在定位过程中，用户接收机天线处于运动状态，这时待定点位置将随时间变化，确定这些运动的待定点的位置，称为动态定位。例如，为了确定车辆、舰船、飞机和航天器运行的实时位置，就可以在这些运动的载体上安置 GPS 信号接收机，采用动态定位方法获得接收机天线的实时位置。如果所求的状态参数不仅包括三维坐标参数，还包括物体的三维速度、时间及方位等参数，这种动态定位也称导航。

GPS 动态定位方法主要有单点动态绝对定位法和实时差分动态定位法。随着 GPS 定位技术（包括仪器设备和数据处理）的不断完善，实时差分动态定位从精度为米级的位置差分和伪距差分，发展到具有厘米级精度的实时动态（Real Time Kinematic，RTK）定位技术，以及可以在较大区域范围内实现实时差分动态定位的广域差分法、增强广域差分法。因此，GPS 动态定位技术有着极其广阔的应用领域。

GPS 绝对定位主要是以 GPS 卫星和用户接收机天线之间的距离为基本观测量，利用已知的卫星瞬时坐标来确定接收机天线对应的点位在协议地球坐标系中的位置。动态绝对定位是确定处于运动载体上的接收机在运动的每一瞬间的位置。接收机天线处于运动状态，故天线点位是一个变化的量，确定每一瞬间坐标的观测方程只有较少的多余观测，甚至没有多余观测，且一般常利用测距码伪距进行动态的绝对定位。因此，其精度较低，一般只有几十米的精度，在美国政府选择可用性（Selective Availability，SA）政策影响下，其精度甚至低于百米，通常这种定位方法只用于精度要求不高的飞机、船舶及陆地车辆等运动载体的导航。

虽然动态绝对定位作业简单，易于快速地实现实时定位，但是由于定位过程中受到卫星星历误差、钟差及信号传播误差等诸多因素的影响，其定位精度不高，限制了其应用范围。由于 GPS 测量误差具有较强的相关性，可以采用在 GPS 动态定位中引入相对定位的作业方法，即 GPS 动态相对定位。该作业方法实际上使用两台 GPS 接收机：一台安置在基准站上固定不动，另一台安置在运动的载体上。两台接收机同步观测相同的卫星，通过在观测值之间求差，消除具有相关性的误差，提高定位精度。而运动点位置是通过确定该点相对基准站的相对位置实现的，这种定位方法也称差分 GPS 定位。

动态相对定位分为以测距码伪距为观测值的动态相对定位和以载波相位伪距为观测值的动态相对定位。测距码伪距动态相对定位，由安置在点位坐标精确已知的基准接收机测量出该点到 GPS 卫星的伪距 D_0，该伪距中包含了卫星星历误差、钟差和大气折射误差等各种误差的影响。此时，由于基准接收机的位置已知，利用卫星星历数据可以计算基准站到卫星的距离 D_1，

伪距 D_0 同样包含相同的卫星星历误差。如果将两个距离求差，即 $D=D_0-D_1$，则 D 中包含钟差和大气折射误差，当运动的信号接收机与基准站相距不太远时，两站的误差具有较强的相关性。因此，如果将距离差值作为距离改正参数传递给用户信号接收机，用户便得到一个伪距修改值，该值可以有效地消除或削弱一些公共误差的影响，可以大大提高定位的精度。载波相位测量的精度要高于测距码伪距测量的精度，可用于实时 GPS 动态相对定位。

载波相位动态相对定位，是通过将载波相位修正值发送给用户站来改正其载波相位实现定位，或是通过将基准站采集的载波相位观测值发送给用户站进行求差解算坐标实现定位。高精度的 GPS 测量必须采用载波相位观测值，RTK 定位技术就是基于载波相位观测值的实时动态定位技术，能够实时地提供测站点在指定坐标系中的三维定位结果，并达到厘米级精度。在 RTK 作业模式下，基准站通过数据链将其观测值和测站坐标信息一起传送给流动站。流动站不仅通过数据链接收来自基准站的数据，还要采集 GPS 观测数据，并在系统内组成差分观测值进行实时处理，同时给出厘米级定位结果，历时不到 1 s。流动站可处于静止状态，也可处于运动状态；可在固定点上先进行初始化后再进入动态作业，也可在动态条件下直接开机，并在动态环境下完成周模糊度的搜索求解。在整周未知数解固定后，即可进行每个历元的实时处理，只要能保持 4 颗以上卫星相位观测值的跟踪和必要的几何图形，则流动站可随时给出厘米级精度定位结果。常规的测量方法，如静态、快速静态、动态测量都需要事后进行解算才能获得厘米级的精度，而 RTK 是能够在野外实时得到厘米级定位精度的测量方法，为工程放样、地形测图和各种控制测量带来了曙光，极大地提高了外业作业效率。其定位精度在小区范围内（少于 30 km）最低可达 1 cm，是一种快速且高精度的定位法。

2.3.3 定位误差

正如其他测量工作一样，卫星测量同样不可避免地存在测量误差。按误差性质来讲，影响卫星测量精度的误差主要是系统误差和偶然误差。其中，系统误差的影响远大于偶然误差，相比之下，后者的影响可以忽略不计。从误差来源分析，测量误差大致可以分为与卫星有关的误差、与卫星信号传播有关的误差、与卫星信号接收机有关的误差三类。

与卫星有关的误差主要来自 GPS 卫星轨道描述和卫星钟模型的偏差。卫星轨道参数和卫星钟模型是由 GPS 卫星广播的导航电文给出的，但实际上卫星并不确切地位于广播电文所告知的位置。卫星钟，即使用广播的钟模型校正，也并非完全与 GPS 系统时间同步。这些误差在卫星之间是不相关的，它们对码伪距测量和载波相位测量的影响相同，而且这些偏差与地面跟踪台站的位置和数目、描述卫星轨道的模型及卫星在空间的几何结构有关。

与卫星信号传播有关的误差包括与卫星信号传输路径和观测方法有关的误差，如电离层和对流层延迟、载波相位周期模糊度等。

与卫星信号接收机有关的误差主要是接收机钟偏差和测站坐标不确定性引起的偏差，后一种偏差针对非定位应用，如 GPS 时间传输和卫星轨道跟踪。在非定位应用情况下，接收机的位置假设是完全已知的或有某种不确定性（理论上，后者更合适），因为地面站的位置不可能完全已知，所以通常是把位置作为非定位参数待估计的。显然，要更准确地预测轨道，地面站的位置就应该更精确。

误差通常与某些变量（如时间、位置和温度等）有函数关系，因此偏差的影响可以用对偏差源建模的方法进行消除或抑制。

此外，地球自转和相对论效应会带来定位误差。卫星在协议地球坐标系中的瞬间位置是根据信号发送的瞬时时刻计算的，当信号到达测站时，由于地球自转的影响，卫星在上述瞬间的位置也产生了相应的旋转变化，应加地球自转改正。根据相对论原理，处在不同运动速度中的时钟振荡器会产生频率偏移，引力位不同的时钟之间会产生引力频移现象。在进行 GPS 定位测量时，由于卫星钟和接收机钟所处的状态不同，即它们的运动速度和引力位不同，二者的时钟会产生相对钟差，称为相对论效应。

2.4 北斗卫星导航系统介绍

2.4.1 北斗系统简介

1. 概述

北斗卫星导航系统（BeiDou Navigation Satellite System，BDS）是中国自行研制的全球卫星导航系统，也是继美国 GPS、俄罗斯 GLONASS 之后的第三个成熟的卫星导航系统，简称北斗系统。北斗系统和 GPS、GLONASS、欧盟 GALILEO 是联合国卫星导航委员会已认定的供应商品。

北斗系统由空间段、地面段和用户段三部分组成，可在全球范围内全天候、全天时为各类用户提供高精度、高可靠定位、导航、授时服务，并且具备短报文通信能力，已经初步具备区域导航、定位和授时能力，定位精度为分米、厘米级别，测速精度为 0.2 m/s，授时精度为 10 ns。

2020 年 7 月 31 日上午，北斗三号全球卫星导航系统正式开通。全球范围内已经有 137 个国家与 BDS 签下了合作协议。随着全球组网的成功，北斗系统未来的国际应用空间将不断扩展。

2020 年 12 月 15 日，北斗导航装备与时空信息技术铁路行业工程研究中心成立。

2. 发展进程

中国高度重视北斗系统建设发展，自 20 世纪 80 年代开始探索适合国情的卫星导航系统发展道路，形成了"三步走"发展战略：2000 年年底，建成北斗一号系统，向中国提供服务；2012 年年底，建成北斗二号系统，向亚太地区提供服务；2020 年，建成北斗三号系统，向全球提供服务。

第一步，建设北斗一号系统。1994 年，启动北斗一号系统工程建设；2000 年，发射 2 颗地球静止轨道卫星，建成系统并投入使用，采用有源定位体制，为中国用户提供定位、授时、广域差分和短报文通信服务；2003 年发射第 3 颗地球静止轨道卫星，进一步增强系统性能。

第二步，建设北斗二号系统。2004 年，启动北斗二号系统工程建设；2012 年年底，完成 14 颗卫星（5 颗地球静止轨道卫星、5 颗倾斜地球同步轨道卫星和 4 颗中圆地球轨道卫星）发射组网。北斗二号系统在兼容北斗一号系统技术体制基础上，增加无源定位体制，为亚太地区用户提供定位、测速、授时和短报文通信服务。

第三步，建设北斗三号系统。2009 年，启动北斗三号系统建设；2018 年年底，完成 19 颗卫星发射组网，完成基本系统建设，向全球提供服务；2020 年年底前，完成 30 颗卫星发射组网，全面建成北斗三号系统。北斗三号系统继承北斗有源服务和无源服务两种技术体制，能够为全球用户提供基本导航（定位、测速、授时）、全球短报文通信、国际搜救服务，中国及周边地区用户还可享有区域短报文通信、星基增强、精密单点定位等服务。

截至 2019 年 9 月，北斗系统的在轨卫星已达 39 颗。从 2017 年年底开始，北斗三号系统建设进入了超高密度发射。北斗系统正式向全球提供 RNSS（Radio Navigation Satellite System，卫星无线电导航业务）服务。

2020 年 6 月 23 日，北斗三号最后一颗全球组网卫星在西昌卫星发射中心点火升空。6 月 23 日 9 时 43 分，我国在西昌卫星发射中心用长征三号乙运载火箭，成功发射北斗系统第 55 颗导航卫星即北斗三号最后一颗全球组网卫星。2020 年 7 月 31 日上午 10 时 30 分，北斗三号全球卫星导航系统建成，北斗三号全球卫星导航系统正式开通。

3．建设原则

北斗系统的建设与发展，以应用推广和产业发展为根本目标，不仅要建成系统，更要用好系统，在保障质量、安全、应用和效益的基础上，要遵循以下建设原则。

① 开放性。北斗系统的建设、发展和应用将对全世界开放，为全球用户提供高质量的免费服务，积极与世界各国开展广泛而深入的交流与合作，促进各卫星导航系统间的兼容与互操作，推动卫星导航技术与产业的发展。

② 自主性。中国将自主建设和运行北斗系统，可独立为全球用户提供服务。

③ 兼容性。在全球卫星导航系统国际委员会（International Committee on Global Navigation Satellite Systems，ICG）和国际电信联盟（International Telecommunication Union，ITU）框架下，使北斗系统与世界各卫星导航系统实现兼容与互操作，使所有用户都能享受到卫星导航发展的成果。

④ 渐进性。中国将积极稳妥地推进北斗系统的建设与发展，不断完善服务质量，并实现各阶段的无缝衔接。

4．服务

北斗系统包括北斗一号、北斗二号和北斗三号 3 个系统。如果从北斗一号开始计算，实际上一共发射了 59 颗北斗卫星。其中，北斗一号为 4 颗试验卫星，北斗二号由 14 颗组网卫星加 6 颗备份卫星组成，北斗三号由 30 颗组网卫星加 5 颗试验卫星组成。

截至 2021 年 12 月，从实际发射卫星数量来看，北斗系统从开始建设到全面组网，一共发射了 59 颗卫星；如果从实际工作，以提供无源导航信号的数量来计算，则是 55 颗卫星。

北斗系统致力于向全球用户提供高质量的定位、导航和授时服务，包括开放服务和授权服务两种方式。开放服务是向全球免费提供定位、测速和授时服务。授权服务是为有高精度、高可靠卫星导航需求的用户，提供定位、测速、授时和通信服务及系统完好性信息。北斗系统当前基本导航服务性能指标如表 2-1 所示。

表 2-1　北斗系统当前基本导航服务性能指标

服务区域	定位精度	测速精度	授时精度	服务可用性
全球	水平 10 m 高程 10 m（95%）	0.2 m/s （95%）	20 ns （95%）	优于 95% 在亚太地区，定位精度水平 5 m、高程 5 m（95%）

2.4.2　北斗系统技术特点

北斗系统的建设实践实现了在区域快速形成服务能力、逐步扩展为全球服务的发展路径，丰富了世界卫星导航事业的发展模式。一是北斗系统空间段采用 3 种轨道卫星组成的混合星座，与其他卫星导航系统相比，高轨卫星更多，抗遮挡能力强，尤其低纬度地区性能特点更为明显。二是北斗系统提供多个频点的导航信号，能够通过多频信号组合使用等方式提高服务精度。三是北斗系统创新融合了导航与通信能力，具有实时导航、快速定位、精确授时、位置报告和短报文通信服务五大功能。

截至 2018 年年底，北斗三号系统建成并提供全球服务，包括"一带一路"国家和地区在内的世界各地均可享受到北斗系统服务。系统特点表现在以下两方面。

1．工程建设方面

（1）空间段实现全球组网

当前，北斗一号系统已退役；北斗二号系统 15 颗卫星连续稳定运行；北斗三号系统正式组网前，发射了 5 颗北斗三号试验卫星，开展在轨试验验证，研制了更高性能的星载铷原子钟（天稳定度达到 10^{-14} 量级）和氢原子钟（天稳定度达到 10^{-15} 量级），进一步提高了卫星性能与寿命；后成功发射了 19 颗组网卫星（其中，18 颗中圆地球轨道卫星已提供服务，1 颗地球静止轨道卫星处于在轨测试状态），构建了稳定可靠的星间链路，基本系统星座部署圆满完成。

（2）地面段实施了升级改造

北斗三号系统建立了高精度时间和空间基准，增加了星间链路运行管理设施，实现了基于星地和星间链路联合观测的卫星轨道和钟差测定业务处理，具备定位、测速、授时等全球基本导航服务能力；同时，开展了短报文通信、星基增强、国际搜救、精密单点定位等服务的地面设施建设。

2．系统运行方面

① 健全稳定运行责任体系。完善北斗系统空间段、地面段、用户段多方联动的常态化机制，完善卫星自主健康管理和故障处置能力，不断提高大型星座系统的运行管理保障能力，推动系统稳定运行工作向智能化发展。

② 实现系统服务平稳接续。北斗三号系统兼容北斗二号系统，能够向用户提供连续、稳定、可靠的服务。

③ 创新风险防控管理措施。采用卫星在轨、地面备份策略，避免和降低卫星突发在轨故障对系统服务性能的影响；采用地面设施的冗余设计，着力消除薄弱环节，增强系统可靠性。

④ 保持高精度时空基准，推动与其他卫星导航系统时间坐标框架的互操作。北斗系统溯源于协调世界时，采用 SI 秒为基本单位连续累计，不闰秒，起始历元为 2006 年 1 月 1 日 UTC 00 时 00 分 00 秒。BDT（BeiDou Time，北斗时）通过 NTSC（National Time Service Center，中国科学院授时中心）保持的 UTC（Universal Time Coordinated，协调世界时）与国际 UTC 建立联系，与 UTC 的偏差保持在 50 ns 以内（模 1 s）。BDT 与 UTC 之间的跳秒信息在导航电文中发播。北斗系统采用北斗坐标系（BeiDou Coordinate System，BDCS），坐标系定义符合国际地球自转服务（International Earth Rotation Service，IERS）组织规范，采用 2000 中国大地坐标系（China Geodetic Coordinate System 2000，CGCS2000）的参考椭球参数，对准于最新的国际地球参考框架（International Terrestrial Reference Frame，ITRF），每年更新一次。

⑤ 建设全球连续监测评估系统。统筹国内外资源，建成监测评估站网和各类中心，实时监测评估包括北斗系统在内的各大卫星导航系统星座状态、信号精度、信号质量和系统服务性能等，向用户提供原始数据、基础产品和监测评估信息服务，为用户应用提供参考。

2.4.3　未来发展

目前，北斗三号系统提供 7 种服务，自 2020 年 7 月正式建成开通以来，持续稳定运行，服务性能世界领先。经全球连续监测评估系统实施测试表明，北斗三号 GNSS 定位、测速、授时精度，以及服务的可用性、连续性等均满足指标要求。这意味着北斗三号 GNSS 的系统服务能力步入世界一流行列。

北斗三号系统具备导航定位和通信数传两大功能，可提供定位导航授时服务、全球短报文服务、国际搜救服务、区域短报文服务、精密单点定位服务、星基增强服务和地基增强服务。

① 定位导航授时服务。北斗系统为全球用户提供服务，空间信号精度将优于 0.5 m；全球定位精度将优于 10 m，测速精度优于 0.2 m/s，授时精度优于 20 ns；亚太地区定位精度将优于 5 m，测速精度优于 0.1 m/s，授时精度优于 10 ns，整体性能大幅提升。

② 全球短报文服务。通过 14 颗 MEO（Medium Earth Orbit，地球中轨道）卫星，北斗系统可为全球用户提供试用服务，最大单次报文长度为 560 位，约 40 个汉字。

③ 国际搜救服务。6颗MEO卫星搭载搜救载荷，在符合国际标准的基础上，能够提供北斗特色的B2b反向链路确认功能，为全球用户提供遇险报警服务。目前，国际搜救服务检测概率优于99%，具备反向链路确认特色能力，能够显著增强遇险人员的求生信心。

④ 区域短报文服务。区域短报文最大单次报文长度为14000 bits，约1000个汉字，既能传输文字，还能传输语音和图片。当前，北斗短报文通信服务已在减灾救灾、自动驾驶、通用航空等领域得到了充分的应用。

2022年年底，具有区域短报文功能的智能手机将进入市场，在没有手机基站信号的地方，手机设备仍然可以通过与BDS连接、通过卫星信号收发短报文，可以有效解决某些特殊地方和特殊时刻的通信需求。

⑤ 精密单点定位服务。通过3颗同步地球轨道（Geosynchronous Earth Orbit，GEO）卫星播发的精密单点定位信号，定位精度实测水平方向优于0.20 m，高程优于0.35 m，为用户提供公开、免费的高精度服务。精密单点定位技术可以达到广域分米级的定位精度，不会受到基站距离、差分数据完整性和质量等因素的限制，能够在一些RTK服务无法覆盖或覆盖不稳定的环境和场景中提供高精度服务，解决戈壁、矿山、海上等区域连续运行参考站系统（Continuously Operating Reference System，CORS）服务无法覆盖且基站架设困难等问题。

⑥ 星基增强服务。星基增强系统可以向用户播发星历误差、卫星钟差、电离层延迟等多种修正信息，实现对于原有卫星导航系统定位精度的改进。星基增强服务支持单频及双频多星座两种增强服务模式，可以满足国际民航组织技术验证要求。目前，星基增强系统服务平台已基本建成，正面向民航、海事、铁路等高完好性用户提供试运行服务。

⑦ 地基增强服务。北斗地基增强系统由基准站网络、数据处理系统、运营服务平台、数据播发系统和用户终端5部分组成。当前，已在中国全境内建设框架网基准站和区域网基准站，可以面向行业和大众用户提供实时厘米级、事后毫米级定位增强服务。随着北斗地基增强系统建设工作的完善，北斗地基增强系统能够为用户提供更多、更可靠和稳定的服务。

按照计划，我国将在2035年前建成更加泛在、更加融合、更加智能的国家综合定位导航授时体系，构建覆盖天空地海、基准统一、高精度、高安全、高智能、高弹性、高效益的时空信息服务基础设施。

2.4.4　北斗系统的兼容性

北斗系统、GPS、GALILEO和GLONASS的兼容性比较如表2-2所示。

表2-2　北斗系统、GPS、GALILEO和GLONASS的兼容性比较

参　数	BDS	GPS	GALILEO	GLONASS
组网卫星数	5GEO＋（24～30）MEO	（24～30）MEO	30MEO	24MEO
卫星轨道/km	GEO MEO 21500	MEO 20230	MEO 23222	MEO 19100
轨道平面数	3	6（3）	3	3
轨道倾角	55°	55°	54°	64.8°

参　数	BDS	GPS	GALILEO	GLONASS
时间系统	BDT	GPST	GPST	GLONASST
运行周期	12h 55min	11h 58min	13h	11h 15min
星历数据表达方式	卫星轨道的开普勒根数	卫星轨道的开普勒根数	开普勒根数	直角坐标系中位置速度时间
测地坐标系	中国 2000	WGS-84	WGS-84	PZ-90
使用频率/MHz	B_1: 1561.098 B_2: 1207.140	L_1: 1575.42 L_2: 1227.6 L_5: 1176.45	L_1: 1575.42 E5b: 1207.140 E5a: 1176.45	L_1: 1602.5625～1615.5 L_2: 1240～1260
卫星识别	CDMA	CDMA	CDMA	FDMA
码钟频/Mbps	2.046	1.023	1.023	0.0511
电波极化	右旋圆极化	右旋圆极化	右旋圆极化	右旋圆极化
调制方式	QPSK+BOC	QPSK+BOC	BPSK+BOC	BPSK
数据速率/bps	50.500	50	50.1000	50

2.4.5　北斗一号的组成与定位原理

1．系统组成

北斗一号由以下 3 部分组成。

① 空间卫星部分。2 颗地球静止卫星、1 颗在轨备份卫星，这 3 颗卫星的登记位置为赤道面东经 80°、140° 和 110.5°（备份星星位）。卫星遥测遥控分系统在 ITU 登记的频段为卫星无线电定位业务频段。

② 地面控制与标校系统。一个配有电子高程图的地面中心定位控制站，几十个分布于全国的参考标校站。

③ 用户设备。

2．定位原理

（1）系统组成部分在定位解算中的作用

北斗一号采用双星定位体制，由两颗 GEO 卫星对用户双向测距，由一个配有电子高程图的地面中心站进行位置解算。定位由用户终端向中心站发出请求，中心站对其进行位置解算后将定位信息发送给该用户。

（2）定位原理的几何解释

北斗一号采用的定位原理基于三球交会原理，即以两颗卫星的已知坐标为圆心，各以测定的本星至用户机距离为半径，形成两个球面，用户机必然位于这两个球面交线的圆弧上。中心站电子高程地图库提供的是一个以地心为球心、以球心至地球表面高度为半径的非均匀球面。求解圆弧线与地球表面交点，并已知目标在赤道平面北侧，即可获得用户的二维位置。

（3）定位解算的工作过程

北斗一号的具体定位解算工作过程如下。

① 由中心控制系统向卫星1和卫星2同时发送询问信号，经卫星转发器向服务区内的用户广播。

② 用户响应其中一颗卫星的询问信号，并同时向两颗卫星发送响应信号，经卫星转发回中心控制系统。

③ 中心控制系统接收并解调用户发来的信号，然后根据用户的申请服务内容进行相应的数据处理。对定位申请，中心控制系统测出两个时间延迟，即从中心控制系统发出询问信号，经某颗卫星转发到达用户，用户发出定位响应信号，经同一颗卫星转发回中心控制系统的延迟。

④ 中心控制系统和两颗卫星的位置均是已知的，因此由上面两个延迟量可以算出用户到第二颗卫星的距离，从而知道用户处于两颗卫星为球心的一个球面。另外，中心控制系统从存储在计算机内的数字化地形图查寻到用户高程值，又可知道用户处于某一与地球基准椭球面平行的椭球面上。

从而，中心控制系统可最终计算用户所在点的三维坐标，这个坐标经加密由出站信号发送给用户。

2.4.6 北斗系统的应用

根据北斗系统用户机的应用环境和功能的不同点，北斗系统用户机可以分为5类。

① 基本型用户机：适合一般车辆、船舶及便携等用户的导航定位应用，可接收和发送定位信息，可与中心站及其他用户终端双向通信。

② 通信型用户机：适合野外作业、水文测报、环境监测等各类数据采集和数据传输用户，可接收和发送短信息与报文，可与中心站及其他用户终端进行双向或单向通信。

③ 授时型用户机：适合授时、校时、时间同步等用户，可提供数十纳秒级的时间同步精度。

④ 指挥型用户机：适合小型指挥中心的指挥调度、监控管理等应用，具有鉴别、指挥下属其他北斗系统用户机的功能。可与下属北斗系统用户机及中心站进行通信，接收下属用户的报文，并向下属用户播发指令。

⑤ 多模型用户机：既能接收北斗系统卫星定位和通信信息，又能利用GPS系统或GPS增强系统导航定位，适合对位置信息要求比较高的用户。

1．北斗系统在民用方面的应用

北斗系统具有定位和短信功能，所以尤其适合特殊应用，如海上、边远与人口稀少地区、沙漠荒原、高山密林、内陆水路、长途运输等特定地区和特殊行业应用，适合普通的无线网络无法覆盖的地区或跨区域应用。目前，有关部门正在积极准备，为向民用开放创造条件和环境。

北斗系统有以下应用模式。

① 小型集团监控应用。移动目标配置基本型北斗系统用户机，集团监控中心配置指挥型用户机和相应的计算机设备及监控软件，快速构建实用的监控管理应用系统。

② 大型集团监控应用。移动目标配置北斗系统基本型用户机，集团监控中心配置北斗系统天基指挥所设备，通过地面网络接入北斗系统运营服务中心，完成大规模、跨区域的移动目标监控管理和指挥调度。

③ 自主导航应用。利用北斗系统基本型用户机、多模型用户机进行车辆、船舶等的自主导航。

④ 通信应用。利用北斗通信终端，实现点对点和一点对多点的通信。这种应用模式适合各类数据采集和数据传输用户，如水文观测、环境监测等。

⑤ 授时应用。利用北斗系统授时终端，进行通信、电力和铁路等网络的精确授时、校时、时间同步等应用。

2. 北斗系统在公务车监管中的应用

广州市公务用车使用管理信息系统是全国首个北斗系统民用终端大规模应用项目和全国首个大规模公务用车使用管理应用系统，具有创新性、引导性和战略示范意义。该系统利用北斗卫星导航定位等先进的信息化手段，有效解决了公务车监管问题，包括车辆轨迹和用车人管理，规范了节假日、非公务用车和违规用车的管理，并实现了公务用车信息的公示管理，取得了良好的社会效益和经济效益。

公务用车使用管理信息系统通过为车辆安装北斗卫星定位车载终端设备和身份识别装置，搭建监控中心管理平台，建立北斗车辆监控系统，从而实现了"一个中心""三种监管模式""五种主要功能"，为加强公务车辆使用管理提供了强有力的信息化保障手段。其具体内容包括：

(1) 建立车辆管理监控中心，落实有关人员和设备，对车辆的使用情况实施实时监控。

(2) 建立多级监管模式，根据组织架构采用"上级监控下级，同级数据保密"的监控模式，建设市监管平台、市直单位和区县监管平台、车属单位监管平台三级监管平台。

建立公务用车使用管理信息系统的目标为实现5种主要功能：

① 身份识别功能。车载身份识别设备可直接读取公务用车使用证，实时记录用车人的身份信息。

② 实时监管功能。系统将对公务用车的使用人员、使用状态、行驶路线和行驶里程进行实时监管与记录，可随时在电子地图查询车辆运行现实状况或历史轨迹，可在线查询一年内数据，并长期保存轨迹数据。

③ 区域管理功能。系统可以根据各车属单位工作性质及辖区范围，事先在系统地图上设置车辆行驶电子围栏（限行区域），公务用车超过限行区域，可自动后台报警，确保规范使用。

④ 应急保障功能。在发生突发事件时，应急部门可以通过系统及时调度各类公务车辆，就近指挥调度，以便及时处理突发事件。

⑤ 后台管理功能。系统提供丰富的统计报表功能，可按统计对象和统计内容分别进行统

计分析，方便车辆运行情况的信息合成和公示，方便系统管理员工作。

公务用车使用管理信息系统采用北斗系统/GPS 兼容型车载终端设备，以北斗卫星导航定位系统为主、GPS 为辅，支持单系统和组合定位的定位方式。其定位方式可通过系统平台进行灵活设置，有效保证了定位的可靠性和系统的可用性。

北斗系统在公务车管理中的成熟应用，验证了该卫星导航系统的可用性，具备了规模化应用的条件，为其在行业的推广应用起到了良好的示范作用。

3．北斗系统在铁路方面的应用

目前，我国铁路在列车行车安全、铁路沿线灾害、基础设施监测和基础设施建设等领域，凡涉及卫星导航系统应用技术的产品一般都采用 GPS。由于 GPS 完全受控于美国，而且一直存在人为干扰，只有打破对 GPS 的单一依靠才能从战略上解决系统的安全性问题，全面提升基础支撑系统的安全性和可靠性。

随着我国既有线列车提速和客运专线建设步伐的加快，开展基于北斗卫星导航系统的相关技术研究，研发具有自主知识产权的北斗卫星导航系统应用，为铁路行业提供全面的技术支撑和配套解决方案已具备基本条件。

（1）列车监控、调度管理系统

利用高精度卫星导航接收模块，通过 RTK 差分法或精密单点定位（P3）方法，解算得到精确三维坐标和运行速度、方向等，并通过数传电台或移动通信网络发送给控制中心，控制中心利用应用软件得到所需相关数据，并将相关的调度信息发送给列车或调度人员，确保列车安全行驶并提高线路的运输效率。

（2）铁路沿线地质灾害监测

铁路沿线地质灾害监测主要包括灾情监测、灾情分析预报和综合信息服务平台等。

① 灾情监测。灾情监测系统主要包括传感器或数据采集终端（高精度卫星导航接收终端及配合使用的其他传感器，如雨量计、位移计、侧斜仪、沉降仪、渗压计、分层沉降仪、摄像机、水位计等）和后台数据中心部分，以及必要的无线或有线通信网络（也可利用 BD 的短报文功能上传数据）。传感器主要负责采集灾害在时空域的变形信息和诱发因素信息。

② 灾情分析预报。灾情监测系统获取到灾情监测数据后，通过特征提取、数据融合等方式对灾害灾情进行分析预报，判断灾情信息和发展演变趋势，为应急救援和指挥调度提供决策支持。

③ 综合信息服务平台。基于二维和三维的地理信息系统（Geographic Information System，GIS）平台，对空间基础数据、铁路信息数据、列车实时监测数据、灾情实时监测数据等进行统一管理，以地图方式进行展示，提供查看、查询、空间分析、模拟运行、鹰眼等基础功能，对重要区域可提供三维展示与分析。

（3）铁路综合应急指挥调度

基于应急指挥终端和服务平台，通过救援人员的指挥终端获取现场位置信息和险情信息，同时根据预案、决策支持等功能，提供指挥调度信息，将指挥调度命令发送到救援人员携带的终端上，同时也可为公众提供灾情、险情信息服务。应急指挥终端具体功能包括卫星定位、移动通信、嵌入式 GIS、现场多模式数据采集与上报、指挥调度命令接收、路径导航等功能。

（4）铁路关键基础设施监测

在桥梁、隧道、钢轨、路基、输电线路等铁路基础设施，以及需要监测地质灾害（滑坡、泥石流、沉降等）的每一个形变监测点上配备一套基于北斗卫星导航系统的多频接收设备，并在远离监测点的合适位置（如稳固的基岩）上建立基准点。根据这些观测点精确的三维坐标，通过建立安全监测模型，结合形变矢量及整体倾斜角相应的计算和多项式拟合方法，对形变量进行数学建模、分析总结，从而分析形变及其趋势，达到基础设施和地质灾害监测的目的。

（5）铁路工程测量

利用 BDS 在铁路基础建设期间，提供精确的工程测量（主要是坐标）信息。

（6）重要货物跟踪

利用 BDS 实现对重要运输物资/车辆的定位跟踪。

（7）人员定位

利用 BDS 实现对铁路关键工位及作业人员的定位跟踪。

2.5　卫星定位应用实例

目前，卫星定位技术仍然处于蓬勃发展时期，新的方法和新的理论不断被提出，各种应用和创新也不断地在各行各业发挥着重要作用，下面就以某车辆调度系统为例讲述卫星定位技术的应用。

2.5.1　系统总体设计方案

在本案例中，车辆调度系统建立的目的是对公用车辆进行全程监控和调度，保证公用过程的安全；提高公用车辆的利用率和单位工作效率，实现上下级单位的统一管理，使公用车辆使用更加规范。

该单位下属有 14 个部门，分布于各区县，需要调度的公用车辆约 200 辆（其中 20 辆车在本单位，其他车辆分布于下属 14 个部门），车辆运动的范围主要为华东六省一市，偶尔去国内其他城市。在下属部门中有一个部门已建立了卫星定位的车辆调度系统。

根据上述单位的组织架构、管理模式和需求，系统的设计应满足以下需求。

① 可实时监控车辆的行动路线，24 小时不断监测目标位置、速度和方向等数据。

② 集团具有最高权限，可以对各单位进行统一的管理，可实现下属所有车辆的实时跟踪和调度，并满足车辆运行范围的覆盖。

③ 系统设置多级权限控制，将原先存在的旧系统设置为普通权限，可独立运行，但同

时受集团的控制，改变原先的服务器配置，新增总调度服务器，保留原硬件设备作为二级服务器。

④ 在实时监控中，车辆目标和监控中心服务器之间的无线数据交换过程中需要严格的数据加密措施，包括行程路线定位、紧急状况指令等，应采用数字信息合成加密和解密技术。

⑤ 具有手动报警、防盗报警、区域限制报警等功能，当车辆有报警信号时，中心计算机将自动显示报警信号，并实时监控，显示其运行轨迹和车辆相关信息。

⑥ 调度中心对车辆进行监控和调度时，可向车辆终端发送文字指令或语音通信，提供车辆运行轨迹存储和通话录音，以备调用。

⑦ 应用的计算机操作程序界面友好，便于操作。

⑧ 系统可靠性高。

基于以上需求，系统整体结构设计如下。

① 各分控中心登录总监控中心服务器获取相关权限，通过中心通信模块实时处理本地中心所属车辆的数据，并控制、记录存储数据。

② 各分控中心服务器通过 TCP/IP 方式，处理来自本分控中心客户端的并发请求，为各客户端提供控制车辆、提供车辆当前状态信息、代理发送和接收调度信息等功能。

③ 各分控中心服务器通过数据专线或者 Internet，以 TCP/IP 方式与来自最高权限的总控服务器进行实时数据交换，按照总控和应急优先处理的原则，实现对总控指令的即时处理。

④ 总控服务器通过 TCP/IP 方式，实现对所属分控中心的统一调度管理。

⑤ 总控中心机房可以在大屏幕电视墙实时调度管理所有车辆状态，分控中心机房电视墙可以实现本分控中心所属车辆的调度管理。

系统结构如图 2-7 所示。

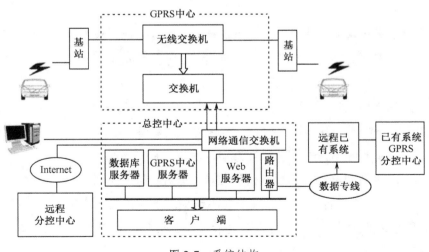

图 2-7　系统结构

系统各功能及其流程设计如下。

① 车辆按照分控独立的原则分组，各车辆实时接收北斗定位信息，按照设定频率，通过 GSM 无线网 GPRS（General Packet Radio Service，通用分组无线业务）中心，向总控中心汇报当前状态信息。

② 总控中心数据库服务器接收并存储来自车辆终端的定位状态信息，同时处理来自各分控中心的并发 TCP/IP 服务请求，并按照权限为各分控中心提供具体编号目标车辆的查询和发送调度信息等功能。

③ 各分控中心通过 Internet，以 TCP/IP 方式，与总控中心数据库服务器保持实时数据交换，保证总控和应急最高权限的要求。

④ 保留原有系统的设备和配置，独立接收和管理原先所管理的车辆，同时接收总控中心的车辆调度和查询等指令。

系统功能流程如图 2-8 所示。

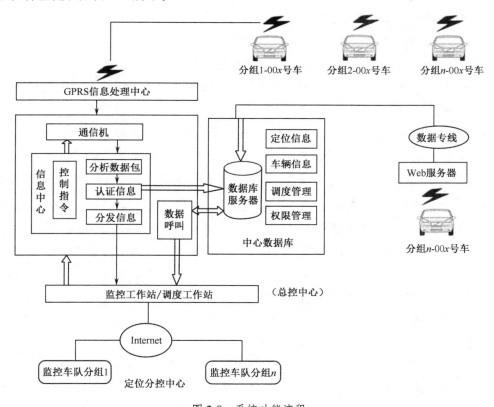

图 2-8　系统功能流程

2.5.2　车辆调度中心设计

车辆调度中心是整个系统的核心，是系统运转的枢纽。车辆调度中心在设计中应充分考虑运营系统的各种应用环境要求，在网络中心设计、数据传输结构和移动智能终端功能上留有较大的扩展空间。

车辆调度中心主要由中心服务器、GSM 调度监控站、北斗定位/GIS 工作站、录音录时器、接警席、通信管理平台、网管软件和计算机网络等组成，其主要任务如下。

① 车辆调度中心可以按照任务需要向移动智能终端发布文字调度命令。

② 车辆调度中心接收移动智能终端发回的信息，并按照要求存档和转发。

③ 北斗定位监控所有运行车辆，显示车辆运行轨迹，对重点车辆能实时跟踪。

④ 历史资料检索和历史轨迹回放，满足日后查询。

⑤ 对需要存档的地图和轨迹进行打印与备份。

⑥ 车辆空驶/执行任务状态下用不同标志显示。

⑦ 车辆始发/回程轨迹以不同颜色区分显示。

⑧ 防盗自动报警。驾驶员离车时，其他人开启车门，引发报警器工作，5 分钟内未撤防，移动智能终端自动向车辆调度中心发出报警信息。

⑨ 车辆调度中心可划定车辆行驶路线，运行轨迹偏离路线时，自动报警提示。

⑩ 车辆调度中心可划定车辆行驶区域，运行轨迹越界，自动报警提示。

⑪ 监听/录音功能。驾驶员可按下报警开关，车辆调度中心自动开启遥控监听单元，并对录音进行存储。

车辆调度中心是有线和无线、计算机网络和 PSTN（Public Switched Telephone Network，公共电话交换网）及 GSM 网、集群系统信息交换的枢纽，负责转换、处理和传输各种公共、调度和控制信息，完成各种调度、报警和管理中心与移动智能终端之间的双向、多址信息流动。

车辆调度中心通信模块主要在后台运行，采用 C/S（Client/Server，客户机/服务器）架构的 Socket 网络通信技术，在完成信息包处理转发的同时记录并显示网络信息流量及走向，结合路由状态显示、广域网联通和移动智能终端登录记录等，提供图形化的网络管理系统。

网络设备监控通过定时或者实时的方式，向网络上的其他设备（如服务器、路由器、交换机、HUB 及 GIS 工作站、GSM 调度工作站等）发送测试信息，接收并实时显示这些设备的响应，对整个网络系统、通信系统进行监控，使系统管理员能够及时了解设备的工作情况，确保系统的正常运行。同时，管理所有注册车辆的登录、脱网记录，实时反映车辆整体运营情况。

北斗定位/GIS 工作站的主要功能是实时查询和显示被监控的移动目标的位置与轨迹。按照建筑物、交通、地形等，分层显示国道、高速公路、车辆运行轨迹等信息，并可以实时监控车辆的运行状态，如车辆的编号、速度、定位信息、方向角、BDT 等。

同时，工作站提供地图编辑功能，用户可以根据城市建设情况对其进行及时刷新，可以建立电子地图自身的数据库，也可以用大型数据库与电子地图相关联。

地图分层显示，用户可以根据需要选择所要显示的图层和显示方式。

2.5.3　智能终端设计

北斗定位/GSM 车辆终端采用 HQ6006 车辆终端，操作简化，面板简洁明了，终端软件的在线编程和远程动态下载功能，使终端的维护和升级更快捷方便，时时跟踪用户的功能需求；监控范围广，依托运营商可实现全国范围漫游监控；数据传输速率高、误码率低、稳定可靠；使用 GSM 短消息信令/GPRS 信令，保证通信顺畅及运作费用低廉；系统应用范围广，监控数量大，数话兼容，可漫游通话。

车辆终端由显示操作屏单元、GSM 无线通信单元、北斗定位信息接收模块、通话手柄、遥控小键盘、GSM/GPRS 天线、计价器和防盗报警器接口模块等部分组成。GSM 无线通信单元和北斗定位信息接收模块全部安装在显示操作屏单元内。

移动智能终端的主要功能如下。

① 系统自检功能，即液晶故障等信息上传监控中心。

② 语音翻译支持功能。

③ 终端软件在线编程、动态下载功能。

④ 车辆紧急求助功能。当驾驶车辆遇到需要紧急救援的事件时，可操作显示屏菜单，向中心发送紧急求助信号、业务援助等。

⑤ 车辆定位信息的发送与接收监控中心信息。终端通过北斗定位接收模块实时接收车辆当前北斗定位信息，通过 GSM 平台向中心发送定位信息，同时，终端实时接收中心下发的控制指令、调度信息和公共信息等，从而实现双向信息交换。

⑥ 可自动启动区分由于失去信号或技术故障导致的不能发送、呼叫无应答等情形。

⑦ 接收的信息能长期保存在存储器中，最少保留 100 条掉电不丢失信息记录。

⑧ 接收并显示调度中心的广播消息，如天气预报、道路状况及通知等。

⑨ 通过显示屏操作向中心发送车辆运营过程中的固定信息。

⑩ 终端装有隐藏声音传感器，在车辆报警时自动启动监听。

⑪ 通过车载手柄，驾驶员可与中心直接语音通话，得到调度中心的指引和援助。

⑫ 车辆位置及轨迹信息可以通过中心点名自动提取、终端定时上传、司机按键随时上传方式获取。

⑬ 终端配有设置接口，在功能升级及维护中不用拆装设备。

⑭ 终端预留电子地图自导仪接口。

⑮ 车辆具有自动预警功能，在特定车辆偏离线路、区域预警、停留时间过长时自动预警。

⑯ 主动监控菜单提供主动刷新功能，被动监控菜单提供被动刷新功能，将固定区域经纬度信息存放于终端中，当车辆接近该区域时上传预警，以实现固定点刷新。

车载智能终端结构如图 2-9 所示。

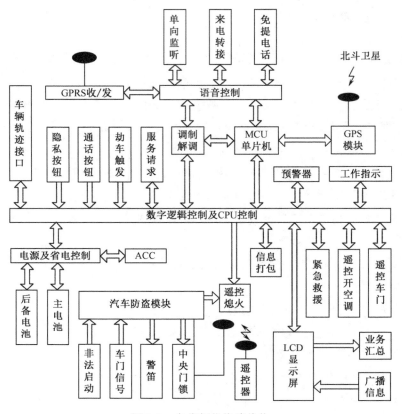

图 2-9　车载智能终端结构

2.6　北斗系统与 GPS 的远程监控车载系统

随着全国快递业务量的迅猛增长，货运车辆迅速增加，目前我国大部分物流公司对货运车辆的定位监控普遍基于美国的 GPS，车辆信息安全得不到保障。因此，我国开始大力建设北斗系统（BDS）。以前，北斗系统的卫星轨道主要分布在低纬度，其在高纬度地区的信号较差，还需要与其他卫星定位系统相结合，以此增加远程监控车载系定位的可靠性。在车辆定位时，优先使用北斗定位，在定位要求不能满足的情况下，切换到 GPS 定位，可以最大化地满足定位需求且保障信息安全。物流运输行业利用 GNSS 和网络地理信息系统（Web Geographic Information System，WebGIS），可以实现车辆位置信息的实时采集，并将地理信息显示在地图上，方便物流运输行业管理人员的查询，从而大大提高了管理效率。

2.6.1　系统总体设计方案

远程监控车载系统分为基于 BDS/GPS 定位的远程监控车载终端和 Web 端车辆信息管理

系统两个部分。远程监控车载终端可以利用卫星定位实时采集车辆位置信息，再通过 GPRS 将数据传输给服务器，Web 端车辆信息管理系统可以查询车辆坐标、行驶速度、行驶状态等相关信息，然后利用 WebGIS 技术显示在地图界面，图 2-10 所示为远程监控车载系统结构。

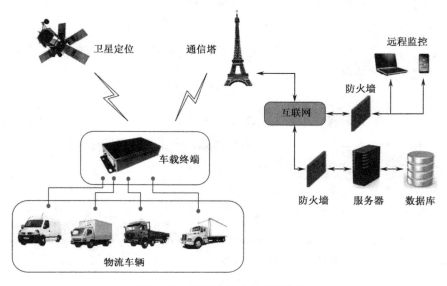

图 2-10　远程监控车载系统结构

本系统采用模块化的设计理念，远程监控车载终端包括电源处理及转换模块、卫星定位模块、通信与接口模块及数据存储模块；Web 端车辆信息管理系统包括用户登录模块、车辆基本信息查询模块、车辆位置信息查询模块、运单受理和签收录入模块及权限管理模块，图 2-11 所示为远程监控车载系统功能模块。

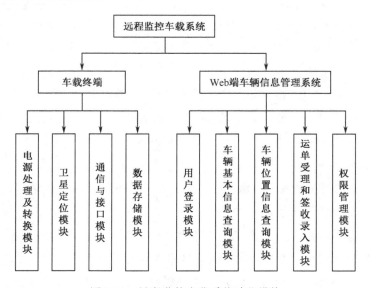

图 2-11　远程监控车载系统功能模块

2.6.2　车载终端系统

物流车内经常会载有各种各样的货物，且行车地点较为复杂，对远程监控车载终端的影响较大。因此，对远程监控车载终端的工作环境要求做了指标量化要求。

（1）温度环境要求

物流车辆会行驶于各种特殊环境，因此远程监控车载终端对温度环境有较高要求，正常运行时，温度范围为-40℃～+80℃。

（2）电源环境要求

远程监控车载终端的电源包括输入电源和输出电源。输入电源一般由车辆提供，一般额定电压为 24 V。输出电源是车载终端的内部供电电源，一般额定电压为 5 V。输出电源给车载终端的每个模块供电，保证模块的正常运行。

远程监控车载终端的主要功能包括以下几点。

① 自检功能。远程监控车载终端具备自检功能。通过信号灯或显示屏表明车载终端当前的工作状态，包括电源工作状态、卫星定位模块工作状态、通信模块工作状态等。如果远程监控车载终端出现故障，将故障信息通过通信模块上传至监控中心或保存至存储模块，方便维修人员检修。

② 定位功能。远程监控车载终端具备卫星定位功能，包括北斗定位和 GPS 定位。通过定位模块提供实时的时间、经度、纬度、高程、方向等定位信息，同时通过通信模块上传至监控中心或保存至存储模块，在通信盲区过后将保存的数据再次上传。

③ 通信功能。远程监控车载终端支持 GPRS 通信。在无线网络传输过程中，优先选择分组数据传输方式，当传输地不支持分组数据传输时，可使用短消息方式传输数据。

④ 存储功能。远程监控车载终端支持 Flash 存储和 SD 卡（Secure Digital Memory Card，安全数码卡）存储。可以随时保存车载终端工作时得到的有效数据，如定位信息、车载终端工作状态信息等。

⑤ CAN（Controller Area Network，控制器局域网）总线通信。远程监控车载终端支持 CAN 总线通信采集。车载终端通过两路 CAN 总线接口采集车辆运行状态信息，如设备运行温度和转速，然后将数据上传至监控中心，维修人员可以远程进行车辆诊断。

远程监控车载终端可正常工作的时间需大于 3 年，数据可保存时间大于 1 年，定位最大速度需大于 40 m/s，定位经度精确到 3 m 内，捕捉灵敏度为-146 dBm，跟踪灵敏度为-160 dBm，冷启动时间平均为 33 s，温启动时间平均为 30 s，热启动时间平均为 1 s。

车载终端需要具有车辆位置信息采集、车辆运行状态信息采集、无线通信、数据存储等功能，采用模块化的设计理念，对各功能模块进行单独设计。远程监控车载终端系统设计中各功能模块主要以微控制单元（Micro Control Unit，MCU）为主控单元进行设计，各功能模块都需要与 MCU 进行信息通信，其中电源处理和转换模块包含针对不同工作环境下设计的保护电路，如果某模块电源环境异常，会将对应模块自动断电，以此保证各模块的正常工作。

除了 MCU，远程监控车载终端分为四大模块：电源处理及转换模块、卫星定位模块、通信与接口模块及数据存储模块。图 2-12 为远程监控车载终端整体组成框图。

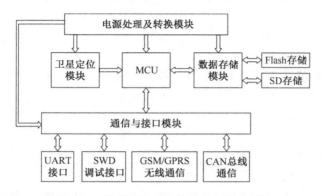

图 2-12 远程监控车载终端整体组成框图

主控芯片选型为 ARM 32 位 Cortex-M3 内核的 STM32F105RBT6 微处理器。远程监控车载终端各模块的正常工作电压范围是 4.75～5.25 V，最大峰值电流可达到 2 A，选用了一款型号为 LM43603-Q1 的稳压电源芯片。

我国物流车辆的定位模块一般采用北斗定位或 GPS 定位。出于信息安全考虑，企业会优先选用北斗定位，若 BDS 在部分地区的信号较差，还需要与 GPS 定位相结合，因此选择 BDS/GPS 双模定位为最优方案。综合定位芯片的成本、体积、定位精度、功耗、电源环境、抗干扰能力等，本系统的定位模块最终选择 BD-86A9 GPS/BeiDou 双模定位芯片，如图 2-13 所示。

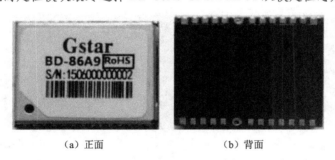

（a）正面 　　　　（b）背面

图 2-13 BD-86A9 GPS/BeiDou 双模定位芯片外观

双模定位芯片支持单 GPS 定位、单北斗定位和 BDS/GPS 同时定位三种工作模式。远程监控车载终端会优先使用北斗定位，在定位要求不能满足的情况下，切换到 GPS 定位，可以最大化满足定位需求并保障信息安全。芯片体积小巧，不占空间，满足物流车辆安装小型车载终端的需求。同时，BD-86A9 GPS/BeiDou 双模定位芯片采用新一代 ARK669 低功耗设计，能降低物流公司的运营成本，具备超高灵敏度，大大提高了物流车辆的定位精确度，车辆即使被盗，仍然能快速找回，从而保障物流公司的财产安全。

远程监控车载终端通信模块采用华为 SIM800C 无线通信芯片，支持 4 频 GSM/GPRS，包括

PCS 1900 MHz、EGSM900、GSM850、DCS1800。芯片尺寸非常小巧，为 17.6 mm×15.7 mm×2.3 mm，完全满足本系统的设计要求。SIM800C 无线通信芯片有多种数据传输接口，使得开发应用非常方便。

2.6.3　Web 端管理系统开发环境

Web 端管理系统包含 5 个功能模块：用户登录模块、车辆基本信息管理模块、车辆位置信息查询模块、运单受理和签收录入模块及权限管理模块。

1．用户登录模块

用户在界面中输入登录账号和密码，登录模块通过查询数据库，检验是否匹配唯一账户，同时根据不同用户对应的权限，匹配相应的操作。

系统只对物流公司内部员工开放，对普通用户没有注册功能，最高级管理员可以在数据库中直接添加登录账号和密码，然后分配给不同用户。

2．车辆基本信息管理模块

查询车辆的相关信息，包括车辆型号、车牌号、车辆使用年限、驾驶员信息等。

高级管理员还可以修改、删除或添加车辆基本信息，包括物流区域、驾驶员信息、货物标准、车辆规格、货物收派时间等。

车辆基本信息管理模块只能拥有高权限的管理员可以使用，用来管理车辆的基本信息，包括车辆型号、线路名称、车牌号、承运商、司机、司机电话。

除了保存车辆基本信息，高级管理员还可以修改或删除车辆基本信息，包括物流区域、驾驶员信息、货物标准、车辆规格、货物收派时间等。

3．车辆位置信息查询模块

根据卫星定位实时查询车辆的位置信息、行驶速度、行驶方向等，然后通过 WebGIS 相关技术显示在地图上。

在车辆位置信息查询模块中含有地图显示功能，地图显示涉及 WebGIS 技术。系统采用百度地图 API（Application Programming Interface，应用程序接口），获得更加丰富的地图功能。

4．运单受理和签收录入模块

该模块记录运单的寄件人信息、收件人信息、货物信息、寄件时间、签收时间、签收人信息等。

物流车辆在行驶过程中会装载不同的货物，考虑到物流公司对物流车辆及物流货物的管理需求，还开发了运单受理和签收录入模块，方便管理人员录入相关信息。相关信息包括运单号信息、寄件人信息、收件人信息、货物信息、包装信息、计费信息、配送信息等。在没有输入相应的字段时，页面会提示请填写此字段，且"保存"按钮不可单击，防止将空的信息保存至数据库。

5. 权限管理模块

高级管理员可以管理一般用户信息的添加、修改和删除，以及用户万方数据的权限；一般用户只能进行部分数据的查询，不能修改数据，这样可以保障企业信息的安全。

习 题 2

1. 说明 GPS 卫星定位系统的组成和结构，以及各部分的主要功能。
2. 简述 GPS 卫星定位系统伪随机码测距的工作原理及工作过程。
3. 尝试收集我国北斗卫星定位系统的相关信息，并比较其与 GPS 的异同。
4. 尝试收集一款 GPS 接收机的相关信息，并给出其结构和功能说明。
5. 设计一个 GPS 定位的应用系统，并给出总体设计方案。

参考文献

[1] 张勤，李家权. 全球定位系统（GPS）测量原理及其数据处理基础[M]. 西安：西安地图出版社，2001.

[2] 刘基余. GPS 卫星导航定位原理与方法[M]. 北京：科学出版社，2003.

[3] 魏二虎，黄劲松. GPS 测量操作与数据处理[M]. 武汉：武汉大学出版社，2004.

[4] 方群，袁建平，郑谔. 卫星定位导航基础[M]. 西安：西北工业大学出版社，1999.

[5] 胡伍生，高成发. GPS 测量原理及其应用[M]. 北京：人民交通出版社，2004.

[6] 周建郑. GPS 测量定位技术[M]. 北京：化学工业出版社，2004.

[7] 熊志昂，李红瑞，赖顺香. GPS 技术与工程应用[M]. 北京：国防工业出版社，2005.

[8] 倪金生，董宝青，官小平. 导航定位技术理论与实践[M]. 北京：电子工业出版社，2007.

[9] 王勇智. GPS 测量技术[M]. 北京：中国电力出版社，2007.

[10] 胡鹤民. 上海市高级人民法院 GPS 车辆调度系统的设计[O]. 大连：大连海事大学，2007.

[11] 谭述森. 北斗卫星导航系统的发展与思考[J]. 宇航学报，2008，29 (2): 391-396.

[12] 杨鑫春，徐必礼，胡杨. 北斗卫星导航系统的星座性能分析[J]. 测绘科学，2013，38 (2): 8-11, 31.

[13] 曹劲舟. 基于北斗卫星定位系统的移动社交网络平台设计[J]. 企业技术开发（学术版），2012，31 (6): 40-42.

[14] 于天泽. 北斗卫星导航定位技术在我国铁路应用探讨[J]. 中国铁路，2013 (4): 4-7.

[15] 刘春宝. 国外卫星导航系统近期发展[J]. 国际太空，2013 (4): 33-38.

[16] 张磊，杨少华，姜京福. 浅谈 GPS 卫星定位的误差[J]. 中国新技术新产品，2012 (6): 30.

[17] 张东普. 北斗卫星定位技术在车联网的应用[J]. 零部件论坛，2012 (6): 35.

[18] 许周祥. 基于北斗与 GPS 的远程监控车载系统研究[D]. 武汉：武汉工程大学，2018.

[19] 张文德. BDS/GPS 双模定位算法研究[D]. 广州：广东工业大学，2019.

[20] 杨旭东，刘博文，王淼，等. 基于 GPS-BD2 的组合定位精度分析[C]//2020 中国卫星导航定位协会. 卫星导航定位技术文集. 北京：测绘出版社，2020.

第 3 章　蜂窝通信网络定位

本章导读

✿　蜂窝技术概述
✿　蜂窝移动通信技术中的定位方法
✿　蜂窝定位的误差来源

近年来，随着蜂窝移动通信技术的快速发展，用户数量迅速增加，蜂窝无线定位技术也越来越受到人们的重视。各种基本定位技术虽然在不同领域，特别是车辆定位与导航系统、智能交通系统中得到了广泛应用和深入研究，但在蜂窝网络中实施定位技术有其特殊性，还有许多亟待解决的实际问题。

3.1　蜂窝技术概述

自 E911 定位需求颁布以来，蜂窝定位技术在国外受到高度重视和深入研究。近年来，IEEE 的期刊和会议，特别是 VTC 上发表了大量研究论文，也出现了不少定位技术的发明专利及一些专门从事定位技术研究与开发的公司，如 Celloeate、Trueposition 等。

各公司（如 Motorola、Nokia、Ericsson 和 Samsung 等）也积极开展了对基于 GSM、IS-95 和第三代（WCDMA 和 CDMA2000 等）网络采用的定位方法和技术及其在第四代移动通信系统中的具体实施方法研究。目前，研究的内容涉及蜂窝通信网络定位技术的方方面面，并且侧重于：基本定位方法和技术的研究，定位算法的研究，TDOA/TOA 检测技术的研究，抗非视距定位算法、多径和多址干扰抑制定位算法、数据融合技术的研究，定位技术实施方法的研究，定位系统的性能评估等。

我国对蜂窝通信网络定位技术的研究起步较晚。从近年来各主要核心刊物的检索情况来看，公开发表的研究性论文数量相当有限，对定位技术的研究大部分都是针对 GPS 或差分 GPS 技术及其应用，而对基于蜂窝通信网络定位技术的研究报道甚少，对基于 CDMA 蜂窝通信网络定位技术的研究则只有少量研究结果被发表。

3.1.1　蜂窝网络定位的发展

无线电定位技术的起源可以追溯到 20 世纪初，由于军事需求和 20 世纪 80 年代末开始推广的数字蜂窝移动通信系统，使该项技术在军事和民用领域得到快速发展。GPS 和 Loran C 系统是典型的定位系统，它们采用无线电定位方法满足不同的定位精度要求。随着 CDMA 等原属于军事应用领域的先进技术快速民用化及蜂窝网络的迅猛发展，国外早已开始研究蜂窝移动通信系统的定位技术。1996 年，FCC 颁布了 E911 法规，要求从 2001 年 10 月 1 日起蜂窝网络必须能对发出紧急呼叫的移动台提供精度在 125 m 内、准确率达到 67% 的位置服务。FCC 的规定加速了该技术的进步及基于无线电定位技术的位置服务（Location Service，LCS）在全球的发展。

针对 E911 呼叫应急服务功能，各国主要大公司均就 GSM、IS-95CDMA 及第三代移动通信系统开始制订各自的定位实施方案。特别是 3GPP 和 3GPP2 上对定位的要求更加具体化，这也是对蜂窝无线定位市场潜力的肯定。快速增长的移动通信市场为开展和普及移动定位系统在中国的建设奠定了坚实的基础。北京移动采用摩托罗拉公司的蜂窝无线 LCS 解决方案，在移动网中为个人和企业用户提供各种位置服务，主要包括亲友位置查询、用户位置授权及城市信息查询。从 2001 年年初开始，福建移动、山西和云南的移动运营商先后与诺基亚签订了移动定位商用合同。联通国脉与日本著名的位置服务内容解决方案提供商 NAVITIME 签订了合作协议，共同开发出基于 CDMA2000 1x 的位置服务。基于蜂窝网络的无线定位技术的研究已经取得了很大的进展，基于蜂窝网络定位技术的移动业务得到了迅猛的发展。

1．第一代移动通信技术

第一代移动通信技术（1G）是指最初的模拟和仅限语音的蜂窝电话标准。该标准制定于 20 世纪 80 年代，完成于 20 世纪 90 年代初，如 NMT（Nordic Mobile Telephone，Nordic 移动电话）和 AMPS（Advanced Mobile Phone System，高级移动电话系统）等。1G 采用频率调制，是基于模拟传输的，其特点是业务量小、质量差、安全性差、没有加密和速度低。1G 主要基于蜂窝结构组网，直接使用模拟语音调制技术，传输速率约 2.4 kbps。1G 无线系统只能传输语音流量，并因受到网络容量的限制而难以满足向人们普及的需要，现在已经被淘汰，不再使用了。

2．第二代数字移动通信技术

从 20 世纪 80 年代到 90 年代，在短短的 20 年时间内，移动通信网迅速地从第一代模拟移动通信向第二代数字移动通信系统发展。以数字语音传输技术为核心的第二代移动通信技术（2G）代替了 1G，其代表为 GSM。GSM 是由欧洲主要通信运营商和制造商组成的标准化委员会在 20 世纪 80 年代设计，并于 1992 年在欧洲各国投入运行的第二代蜂窝移动通信系统。

GSM 最初是作为欧洲数字移动通信标准发展起来的，后来在世界各地得到广泛使用。GSM 是世界上第一个对数字调制、网络层结构和业务做了规定的蜂窝系统，而在 GSM 之前，欧洲各国采用不同的蜂窝标准，用户不可能用一种制式的手机在整个欧洲进行通信。GSM 可分为 GSM900、GSM-PCS1900（北美 GSM）和 GSM-DCS1800（数字通信系统 1800）3 种。从定位的角度看，这 3 种系统的特性是相似的，主要不同点是系统载波频率不同，因此本书将这 3 种系统统称为 GSM 系统。

GSM 系统体系结构主要包括 3 个相关子系统：基站子系统（Base Station Sub-system，BSS）、网络子系统（Network Sub-System，NSS）和操作支持子系统（Operation Support Sub-system，OSS）。这些子系统通过一定的网络接口互相连接，并与用户连接。实际上，移动台（Mobile Station，MS）也是一个子系统，但通常被认为是 BSS 的一部分。GSM 中的设备和业务都支持这些特定子系统的一个或多个。BSS 提供并管理移动台和移动业务交换中心（Mobile Services Switching Center，MSSC）之间的无线传输通道，也称无线子系统，BSS 还管理着移动台与所有其他 GSM 子系统的无线接口，每个 BSS 包括多个基站控制器（Base Station Controller，BSC）。BSC 经由 MSC 将移动基站连接到 NSS。NSS 管理系统的交换功能，供系统工程师对 GSM 系统的各方面进行监视、诊断和检修。该子系统与其他 GSM 子系统内部相连，仅提供给负责网络业务设备的 GSM 运营公司。

GSM 手机定位方式通常可分为基于网络方式和基于终端方式两种。从技术上可分为到达 TOA、增强测量时间差（Enhanced Observed Time Difference，E-OTD）和辅助全球定位系统 3 种。

TOA 定位的过程是，移动台在业务信道上发出接入突发信号，LMU 接收到信号到达的绝对时间后，得到相对时间差（Relative Time Difference，RTD），SMLC 计算突发信号 TDOA，得到精确位置。当移动台要获得某个移动台的位置时，向 SMLC 发出移动台号码和定位精度请求，SMLC 根据测量的 TOA 参数及其误差值可计算移动台的位置，再将位置信息和误差范围发回请求的移动台。

E-OTD 是从测量时间差（Observed Time Difference，OTD）发展而来的，OTD 指测量所得的时间量，E-OTD 指测量的方式。采用 E-OTD 方式，手机无须附加任何硬件便可得到测量结果。对于同步网，手机测量几个 BTS（Base Transceiver Station，基站收发台）信号的相对到达时间；对于非同步网，信号同时需要被一个位置已知的 LMU 接收。确定了 BTS 到手机的信号传输时间，则可确定 BTS 与手机之间的几何距离，再根据此距离进行计算，最终确定手机的位置。手机收到各基站发来的信号，得到 TOA 参数，LMU 得到 RTD 参数，手机将 TOA 和 RTD 参数传送到 GSM 网。OTD 测量需要用同步、标准且模拟的脉冲。当 BTS 发送的帧未被同步时，网络需要测量 BTS 之间的 RTD。为了进行精确的三角测量，OTD 测量和 RTD 测量（非同步 BTS 时）均需要 3 个 BTS。获得 OTD 参数后，手机位置既可在网络中计算，也可在终端计算（要求手机具备各种必要信息）。前者称为手机辅助方式，后者称为手机自主方式。通过手机或网络中的位置计算功能模块，实现位置计算。

辅助全球定位系统（Assisted Global Positioning System，A-GPS）是 GPS 广泛应用的一个重要手段，特别是对手机和其他便携设备。A-GPS 融合了 GPS 和通信工具，并利用低功耗的 GPS 芯片和数以千计的相关器件。A-GPS 通过单独的通信信道可以提供重要的信息，从而极大地提高了 GPS 接收机的处理能力，使接收机可以成功地工作在诸如建筑物内部、森林和山丘等地区与环境。这些地区与环境中的 GPS 可能被部分减弱，对信号接收不利。A-GPS 克服了信号微弱和首次定位时间长的弊端。

3．第三代移动通信技术

2009 年 1 月，工业和信息化部为中国移动通信集团公司、中国电信集团公司和中国联通网络通信集团有限公司发放 3 张第三代移动通信技术（3G）牌照的举措，标志着我国正式进入 3G 时代。3G 是面向高速的宽带数据传输，能够将语音通信和多媒体通信相结合的新一代移动通信系统，增值服务包括图像、音乐、网页浏览、电话会议及其他一些信息服务。最高可提供 2Mbps 的数据传输速率，主流技术为 CDMA 技术。3G 有三大制式：GSM 升级后的 WCDMA，CDMA 升级后的 CDMA2000，以及我国自主开发的 TD-SCDMA（Time Division Synchronous Code Division Multiple Access，时分同步的码分多址技术）。随着 3G 技术的不断发展，移动定位业务普遍被业界看好，已成为众多移动增值业务中的一个亮点。

4．第四代移动通信技术

随着数据通信与多媒体业务需求的发展，适应移动数据、移动计算及移动多媒体运作需要的第四代移动通信技术（4G）开始兴起。2013 年 12 月 4 日，工业和信息化部根据相关企业申请，向中国移动通信集团公司、中国电信集团公司和中国联通网络通信集团有限公司颁发了"LTE/第四代数字蜂窝移动通信业务"即 TD-LTE（Time Division Long Term Evolution，分时长期演进）经营许可，这意味着 4G 商用的正式启动。4G 牌照的正式发放对芯片、终端、设备厂商、行业应用等整个产业链产生了巨大影响，改变了通信运营商的运营方式，推动了宽带中国的建设，进一步促进了信息消费增长。

4G 是多功能集成的宽带移动通信系统，在业务上、功能上、频带上都与第三代移动通信系统不同，在不同的固定和无线平台及跨越不同频带的网络运行中提供无线服务，比 3G 更接近于个人通信。4G 把上网速度提高到超过 3G 的 50 倍，可实现三维图像高质量传输。4G 的信息传输级数要比 3G 的信息传输级数高一个等级，对无线频率的使用效率比 2G 和 1G 系统都高得多，并且信号抗衰落性能更好。4G 还包括高速移动无线信息存取系统、安全密码技术及终端间通信技术等，具有极高的安全性。4G 终端还可用于诸如定位、告警等。

从移动通信行业发展来看，4G 对定位技术巨大推动了移动终端定位技术的飞速发展。从整体市场来看，我国移动终端定位市场处于发展初期，其发展潜力巨大。从产业结构上看，移动定位包括系统集成商、软件商、电信运营商和终端制造商等因素。其中，电信运营商是该产业的主导者。从发展趋势分析，移动定位服务将会以多媒体服务为主。移动定位服务与其他增值服务的融合渗透不可避免。从移动定位用户需求和特征分析，不同的用户对定位的要求各不相同，因此，需要针对不同用户推出不同的服务内容。

移动终端定位技术发展历史不长，我国的定位技术目前主要还处于研究阶段，到真正完全达到实际应用还有一定的距离，而国外移动定位技术的应用已达到了一定的水平，如把移动终端定位技术用于导航、监控及各种应用服务方面。虽然我国在定位方面已取得了很大的发展，但由于起步较晚，加上我国 GIS 上的某些因素，如数据未实现共享等，限制了定位技术的发展及应用。

5. 第五代移动通信技术

第五代移动通信技术（5G）是具有高速率、低时延和大连接特点的新一代宽带移动通信技术，是实现人机物互联的网络基础设施。

ITU 定义了 5G 的三大类应用场景，即增强移动宽带（enhanced Mobile Broadband，eMBB）、超高可靠低时延通信（ultra-Reliable & Low-latency Communication，uRLLC）和海量机器类通信（massive Machine Type of Communication，mMTC）。eMBB 主要面向移动互联网流量爆炸式增长，为移动互联网用户提供更加极致的应用体验；uRLLC 主要面向工业控制、远程医疗、自动驾驶等对时延和可靠性具有极高要求的垂直行业应用需求；mMTC 主要面向智慧城市、智能家居、环境监测等以传感和数据采集为目标的应用需求。

为满足 5G 多样化的应用场景需求，5G 的关键性能指标更加多元化。ITU 定义了 5G 八大关键性能指标，其中高速率、低时延、大连接成为 5G 最突出的特征，用户体验速率达 1 Gbps，时延低至 1 ms，用户连接能力达每平方千米 100 万个连接。

深圳从 2017 年 10 月开通首个 5G 试验站点以来，5G 产业链发展快速。

2018 年 6 月，3GPP 发布了第一个 5G 标准（Release-15），支持 5G 独立组网，重点满足增强移动宽带业务。2020 年 6 月，Release-16 版本标准发布，重点支持低时延、高可靠业务，实现对 5G 车联网、工业互联网等应用的支持。Release-17（R17）版本标准将重点实现差异化物联网应用，实现中高速大连接，计划于 2022 年 6 月发布。

6. 第六代移动通信技术

第六代移动通信技术（6G）网络是面向 2030 年及以后的网络，虽然目前处于研究的初级阶段，但仍然可以从业务及技术的演进趋势初步窥探，6G 网络需要支持未来业务的更高带宽、更严格的确定性，以及更广、更深程度的覆盖，同时考虑提供更智能、更安全、更灵活的网络服务。

尽管目前 6G 路线尚不明确，潜在方向也存在理论、物理实现和组网等方面的问题，但随着科研的不断投入和产业界持续推进，相信 6G 系统将带来更多维度的改变和更深层次的颠覆。6G 的传输能力可能比 5G 提升 100 倍，网络延迟也可能从毫秒级降到微秒级。

2019 年 11 月 3 日，我国科技部会同发展改革委、教育部、工业和信息化部、中国科学院、自然科学基金委在北京组织召开6G技术研发工作启动会。

2021年11月16日，工业和信息化部发布《"十四五"信息通信行业发展规划》，将开展6G基础理论及关键技术研发列为移动通信核心技术演进和产业推进工程。

3.1.2 蜂窝定位技术应用

蜂窝网络基础设施的完善、移动终端功能的增强、互联网内容的丰富及无线应用的推广充实了人们的日常生活，也逐渐改变着人们的生活方式和消费习惯。蜂窝定位技术能够获取移动台地理位置等信息，利用移动台的定位信息，运营商可以为用户提供各种增值业务，如位置环境信息查询、紧急救援、智能交通、广告发布等，同时移动台的定位信息可以作为移动通信网络运行、维护和管理的辅助数据。

从不同的商业服务角度，移动终端定位技术的应用可以分为个人定位应用和企业级定位应用两类。个人定位应用一般是指面向移动台用户提供定位服务，主要包括基于位置的信息查询和发布、导游导航、跟踪监控及紧急援助。企业级定位应用是指一种面向集团手机或专用终端客户提供的定位服务，如交通监控和车辆调度、防盗安保、城市观光、基于位置差别收费和欺诈管理等。

1. E911

1996年，FCC公布了E911定位需求，要求在2001年10月1日前，各种无线蜂窝网络必须能对发出E911紧急呼叫的移动台提供精度在125 m内的LCS，而且满足此定位精度的概率应不低于67%；2001年以后，系统必须提供更高的定位精度及三维位置信息。1999年12月，FCC99-245对E911的需求进一步细化，对网络设备和手机生产厂商、网络运营商对定位技术在网络设备和手机中的实施与支持提出了明确要求和日程安排。在定位精度要求方面规定，基于蜂窝网络的定位方案，要求对67%的呼叫精度不低于100 m，95%的呼叫精度不低于300 m；基于移动台的定位方案，要求对67%的呼叫精度不低于50 m，95%的呼叫精度不低于150 m。FCC的这一规定明确了提供E911 LCS将是今后各种蜂窝网络，特别是3G网络必备的基本功能。对于无线E911呼叫，定位信息要求即使在不知呼叫方来源，呼叫方不能通话，或者不知道其位置的情况下都有快速的反应。此外，欧洲电信标准化协会(European Telecommunications Standards Institute, ETSI) 和日本无线工业及商贸联合会 （Association of Radio Industries and Businesses, ARIB) 等组织也做出了相应的要求，并在很多方面达成了一致。

2. 移动黄页查询

移动网络首先得到移动用户的位置信息，然后根据互联网提供的信息通过短消息或电子地图的方式为用户提供其所处位置及附近的相关信息，如导航地图、交通状况、天气预报，以及离用户最近的餐厅、酒店、商场、邮局、电信局、银行、医院、景点、加油站、停车场等移动用户需要获得的环境信息。

3．智能交通、汽车导航与车辆监控调度

利用蜂窝定位技术，只需在车辆上安装移动电话（或其收发模块）就能够方便地实现 ITS（Intelligent Transportation Systems，智能交通系统），提供动态交通流分配、定位导航、车辆监控/调度（用于出租车、公交车、长途车、特种用车等）、物流管理、事故应急、安全防范等功能。车辆跟踪和调度服务尤其适用于全国范围的物流管理。目前，在国内公路上行驶的货车空载率很高，且安全难以得到保证。若在货车上安装移动定位终端，通过移动通信网络将目标车辆定位信息或警告信息上传至调度中心，则调度中心可以知道每部货车的位置，卸货后可就近安排装货，在紧急情况下，中心也可采取相应的应急措施。另一种特别有用的业务是移动导航业务。当驾车外行时，若车上配备有 GPS 导航终端，或者外出时手中有一款导航手机，凭借终端屏幕上的导航电子地图就能够方便地行走。

4．基于移动台位置的灵活计费

根据移动台所在不同位置采取不同的收费标准，如在呼叫频率高的区域收取较高的通话费，而在呼叫频率低的区域收取较低的费用，以达到调节蜂窝系统容量、提高系统整体利用率的目的。这有利于运营商扩大业务、增加收入，实现移动通信网络资源的经济效益最大化。

5．增强蜂窝性能

在蜂窝系统中提供对移动台的定位服务后，微观上能准确地监测移动台的移动，使网络方面能更好地决定什么时候进行小区间的切换。宏观上，移动台的位置数据对蜂窝的规划具有很好的参考价值。同时，可以根据其位置动态分配信道，提高频谱利用率，对网络资源进行有效管理。

6．蜂窝系统设计和资源管理

蜂窝网络具备定位能力后，网络设计者能改进对蜂窝系统的设计规划能力。通过对呼叫移动台的定位，网络方面可根据其位置分配相应信道，从而提高频谱利用率，对网络资源进行更有效的管理。经营多种业务的公司在任何时间、任何位置都能让用户自由选择最适合其需要的服务载体。

7．信息服务

对移动台和旅行者定位并向其提供所在区域的信息及其他服务。近年来，由于移动用户的爆炸性增长，蜂窝系统中移动用户的报警呼叫和求助呼叫的数量也在急剧增加。在很多情况下，移动用户并不能准确地说出其所在的位置，因此能自动提供呼叫者的位置信息显得尤其重要。这会使有关应急部门能及时找到呼叫者，采取响应的救助措施，从而保障用户的安全。

3.2　蜂窝移动通信技术中的定位方法

目前，在蜂窝网络中对移动台的定位主要是提供移动台的位置坐标信息及定位精度估计、时间戳等辅助信息，对速度、运动方向等信息还没有明确要求。定位功能的实施应充分利用蜂窝网络已有的系统资源和 GPS 等可以利用的资源，并尽可能少地影响网络的原有功能，选择适当的定位系统类型、相应的定位技术及实施方案。

在蜂窝网络中要定位的移动台通常是静止或慢速移动的手机，因此，蜂窝网络通常采用无线电定位，根据需要也可以利用卫星参与辅助定位。无线定位系统是通过检测移动台和多个固定位置的收发机之间传播信号的特征参数（如电波场强、传播时间或时间差、入射角等）来估计目标移动台的几何位置的。在蜂窝网络中，根据进行定位估计的位置、定位主体及采用设备的不同，移动台的无线定位方案可以分为基于移动台的定位方案、基于网络的定位方案及 GPS 辅助定位方案，与之对应的有以下定位系统。

1．基于移动台的定位系统

基于移动台的定位系统又称移动台自定位系统或前门链路定位系统。其定位过程是移动台根据接收到的多个已知位置发射机发射信号，通过信号携带的某种与移动台位置有关的特征信息（如场强、传播时间、时间差等）来确定其与各发射机之间的几何位置关系，再由集成在移动台中的位置计算功能，根据有关定位算法计算移动台的估计位置。

2．网络辅助定位系统

网络辅助定位系统采用一种移动台自定位系统。此过程中，多个网络中位置固定的接收机对移动台所发出的信号同时进行检测，并将接收信号中所包含的位置相关信息经过空中接口传送至移动台，并利用移动台中的 PCF 计算得到最终估计位置。

3．移动台辅助定位系统

移动台辅助定位系统采用的也是基于网络的定位方案，其定位过程是由移动台检测网络中多个固定位置发射机同时发射的信号，将各接收信号携带的某种与移动台位置有关的特征信息由空中接口传送回网络，由集成在网络 MLC 中的 PCF 计算移动台的估计位置。

4．基于网络的定位系统

基于网络的定位系统又称远距离定位系统或反向链路定位系统。其定位过程是由多个位置固定的接收机同时检测移动台发出的信息，并将各接收信号携带的某种与移动台位置有关的特征信息传送到网络中的移动定位中心（Mobile Location Centre，MLC）进行处理，由集成在MLC 中的 PCF（Packet Control Function，分组控制功能）计算移动台的估计位置。

5．GPS 辅助定位系统

GPS 辅助定位系统采用的是 GPS 定位方案，由集成在移动台上的 GPS 接收机和网络中的 GPS 辅助设备利用 GPS 系统实现对移动台的自定位。对基于移动台的定位方案和 GPS 辅助定位方案来说，移动台知道其自身位置，但网络方面并不知道，对基于网络的定位方案来说，网络方面知道移动台的估计位置，但移动台自身并不知道。要使这两种定位系统中没有进行定位估计计算的一方掌握移动台的位置，还必须利用空中接口在移动台和网络之间建立一条数据链路，进行有关的数据传递。从现有的技术和设备情况来看，采用基于移动台的定位方案或全球卫星定位辅助定位方案是较好的选择，如果在现有蜂窝系统中采用基于移动台的定位方案或全球卫星定位辅助定位方案为移动用户提供 LCS 功能，就必须对现有移动台进行适当修改，增加必要的软/硬件设备，如集成北斗定位接收机或能同时接收多个基站信号进行自定位处理的软/硬件，还必须通过空中接口将定位信息传送回蜂窝网络。因此，这两种方案在蜂窝网络中得到了广泛应用。

另外，基于网络的定位方案只需要对蜂窝网络设备作适当扩充、修改，不需要对现有移动台进行任何修改，能充分利用现有各种蜂窝系统的庞大资源，保护用户已有投资，实现相对容易，并且能达到一定精度。

在各种无线定位系统中采用的基本定位方法和技术都是相同或相似的，都是通过检测某种信号的特征测量值实现对移动台的定位估计。定位的基本原理是利用无线信号的参数来确定移动的距离和方向。这些信号的测量值包括信号 TOA、AOA、TDOA、到达强度等。

3.2.1 Cell ID 定位技术

Cell ID（Identity Document，身份标识号）定位技术是目前无线定位技术中最简单，且能被现有的所有蜂窝网络所支持的一种定位技术。它利用待定位物体所在的服务基站（即蜂窝小区的 ID）来估计待定位物体所在的位置，蜂窝网络中的小区 ID 是全世界唯一的。待定位物体所在的位置主要由蜂窝小区的 ID 和小区覆盖范围决定。如果小区为全向覆盖方式，那么待定位物体在全小区内；如果小区为扇形覆盖方式，那么待定位物体在该扇形区域内。Cell ID 实现原理简单，无须终端改动，也无须测量复杂的信号特征值，只需网络侧做很小的改进，增加定位流程即可。该定位技术因为简单，所以定位时间只需 3 s 左右，但定位精度较低。

Cell ID 定位精度与小区覆盖面积有着直接的关系，小区覆盖面积越大，定位精度越低。如果待定位的物体在小区边缘，计算的定位误差就比较大。当蜂窝小区覆盖范围比较小时，定位精度相对小一点，但仍不能满足一般的定位需求，所以该定位技术一般配合其他定位技术一起使用，不单独定位。

3.2.2　到达时间定位方式

TOA（到达时间）定位方式通过测量运动目标处发射机发射出的信号到达 3 个或 3 个以上基站的传播时间来确定运动目标的所在位置，TOA 原理如图 3-1 所示。如果目标和基站都在可视范围之内，那么它们之间的距离可以通过公式计算得到。

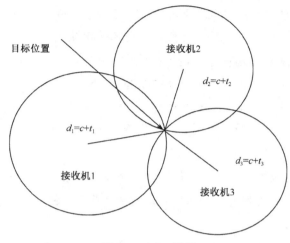

图 3-1　TOA 原理

在理想情况下，不考虑测量误差，则 3 个接收机所成的圆相交于一点。假设 3 个接收机的坐标如下：接收机 1(0,0)、接收机 2$(0, y_2)$、接收机 3(x_3, y_3)。测量的 TOA 分别为 t_1、t_2、t_3，则接收机与目标点之间的距离分别表示为

$$d_1 = c \cdot t_1 = \sqrt{x^2 + y^2} \tag{3-1}$$

$$d_2 = c \cdot t_2 = \sqrt{x^2 + (y - y_2)^2} \tag{3-2}$$

$$d_3 = c \cdot t_3 = \sqrt{(x - x_3)^2 + (y - y_3)^2} \tag{3-3}$$

可以算出

$$y = \frac{y_2^2 + d_1^2 - d_2^2}{2y_2} \tag{3-4}$$

将 y 的值代入式 (3-1)，即可得到 x 的值。

在 TOA 方式中，要想由发射信号到达基站的时间来确定信号的传播时间，要求目标在发射信号时附加发射时间戳信息，这对各基站和目标的时间精度都要求很高；另外，各基站和目标发射机的时间要保持同步，这些参数都会直接影响定位精度的准确性。由于电波的传播速度很快，很小的误差在算法中就会被放大很多，导致定位精度的下降。同时，在传播过程中，多种干扰和噪声会使定位圆无法相交，或者只是相交在一个区域内。在实际的基站中，3 个以上的基站会造成很大的误差，可以利用 GPS 或其他补偿算法进行修正补偿，以提高算法的准确度。在实际应用中，只单纯运用 TOA 算法是很少的。

3.2.3　到达时间差定位方式

TDOA（到达时间差）是 TOA 的一种改进方式，并不是直接利用信号到达的时间确定移动目标的位置，而是通过多个基站所接收到的时间差来确定目标位置，无须再加入时间戳的信息，定位精度高。TDOA 值的获得方式有以下两种。

① 利用移动台到两个基站的时间，已知移动台的坐标和至少 3 个基站的坐标位置，取差值得到，这时仍然需要各基站时间同步，如果两个基站之间移动信道的传输特性很相似，就能很大程度地减少多径效应引起的误差。

② 由于在实际应用中很难做到基站与移动台的同步，这时可通过用相关估计得到的 TDOA 值，即把一个移动台收到的信号与另一个移动台收到的信号进行运算，然后得到新的 TDOA 值，这样的计算方式可以在基站与移动台没有同步时，估算 TDOA 值，再计算得到更精确的定位。

如图 3-2 所示，假设在理想情况下，3 个接收机的坐标如下：接收机 1$(0,0)$、接收机 2$(0,y_2)$、接收机 3(x_3,y_3)。

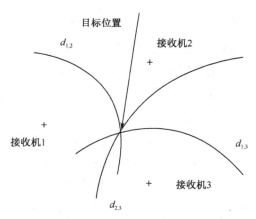

图 3-2　TDOA 方法原理

信号到达接收机的时间分别为 t_1、t_2、t_3，则目标点与各接收机的距离分别为

$$d_1 = c \cdot t_1 \tag{3-5}$$
$$d_2 = c \cdot t_2 \tag{3-6}$$
$$d_3 = c \cdot t_3 \tag{3-7}$$

所以，TDOA 的 3 条双曲线可以表示为

$$d_{1,2} = d_2 - d_1 = c \cdot (t_2 - t_1) = \sqrt{x^2 + (y-y_2)^2} - \sqrt{x^2 + y^2} \tag{3-8}$$
$$d_{1,3} = d_3 - d_1 = c \cdot (t_3 - t_1) = \sqrt{(x-x_3)^2 + (y-y_3)^2} - \sqrt{x^2 + y^2} \tag{3-9}$$
$$d_{2,3} = d_3 - d_2 = c \cdot (t_3 - t_2) = \sqrt{(x-x_3)^2 + (y-y_3)^2} - \sqrt{x^2 + (y-y_2)^2} \tag{3-10}$$

将式(3-8)和式(3-9)分别平方，整理可得

$$2d_{1,2}\sqrt{x^2+y^2}=y_2^2-d_{1,2}^2-(2y_2)y \qquad (3\text{-}11)$$

$$2d_{1,3}\sqrt{x^2+y^2}=x_3^2+y_3^2-d_{1,3}^2-(2x_3)x-(2y_3)y \qquad (3\text{-}12)$$

由式(3-11)和式(3-12)，可得

$$x=by+a \qquad (3\text{-}13)$$

其中

$$b=\frac{2y_2d_{1,3}-2y_3d_{1,2}}{2x_3d_{1,2}} \qquad (3\text{-}14)$$

$$a=\frac{x_3^2d_{1,2}+y_3^2d_{1,2}-y_2^2d_{1,3}-d_{1,2}d_{1,3}^2}{2x_3d_{1,2}} \qquad (3\text{-}15)$$

将式(3-13)代入式(3-11)，可得

$$2d_{1,2}\sqrt{(b^2+1)y^2+(2ab)y+a^2}=y_2^2-d_{1,2}^2-(2y_2)y \qquad (3\text{-}16)$$

整理后可得

$$[4d_{1,2}^2(b^2+1)-4y_2^2]y^2+[8abd_{1,2}^2+4(y_2^2-d_{1,2}^2)y_2]y+[4a^2d_{1,2}^2-(y_2^2-d_{1,2}^2)^2]=0 \qquad (3\text{-}17)$$

由式(3-17)可以得到两个解，选择满足的解作为实际的解，则可以得到目标的坐标。

在蜂窝网络中，TDOA 定位更具有实际应用的意义，对网络的各方面要求都不高，而且得到的定位信息相对精准。TDOA 定位具有以下优点。

① 在声音和控制上可以进行测量。

② 对原系统改动不大，不用改变用户端和原有蜂窝的基本设施，花费较少。

③ 测试时，不会受到距离的影响，抗干扰能力强，对一些外界干扰引起的变化不敏感，即使信号衰减，也不会对测量精度造成很大影响，接收的信号不会出现盲点。

④ 多种移动电话方式都能实现该技术，不用对蜂窝通信标准做任何修改即可很容易地在通信系统中进行扩展。

3.2.4　到达角度定位方式

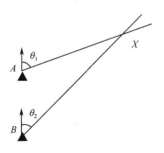

AOA（到达角度）定位是一种两基站定位方式。通过基站利用接收天线阵列测出移动目标发射波的入射角，即信号传入的方向，这样就可以构成基站到移动目标的径向连线，也就是确定方向的方位线。如果测量的方向确定，那么基站处的角度也随之确定，通过两个基站的角度测量从而可确定目标移动台的位置，如图 3-3 所示。

图 3-3　AOA 定位

假设在理想情况下，如图 3-4 所示，两个接收机的位置已知，

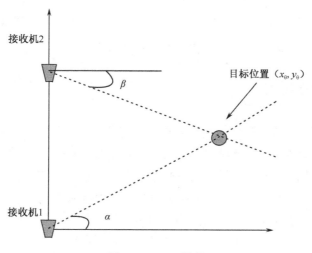

图 3-4　AOA 原理

设接收机 1 的坐标为$(0, 0)$，则接收机 2 的坐标为$(0, y_2)$，两个接收机测量得到的角度分别为 α、β，那么两个接收机与目标点所形成的两条直线可以表示为

$$y = \tan(\alpha)x \tag{3-18}$$

$$y = \tan(\beta)x + y_2 \tag{3-19}$$

两直线方程联立，求解得出目标点的坐标为

$$\begin{cases} x_0 = \dfrac{y_2}{\tan\alpha - \tan\beta} \\ y_0 = x_0 \tan\alpha \end{cases} \tag{3-20}$$

　　当信号存在直达路径时，最先到达的信号都是沿直达路径到达的，因此，AOA 方式通过多个基站的智能天线矩阵可以测量从定位目标最先到达信号的到达角度，从而估计定位目标的位置。在障碍物较少的地区，采用 AOA 方式可获得较高的精确度；而在障碍物较多的环境中，由于无线传输存在多径效应，定位误差将会增大。AOA 定位通过两条直线相交确定位置，不可能有多个交点，避免了定位的模糊性，但是为了测量电磁波的入射角度，接收机必须配备方向性强的天线阵列。

3.2.5　到达场强定位方式

　　到达场强（Single Strength of Arrival，SSOA）定位方式首先检测接收信号的场强值，然后根据发射信号的场强值，在常用信道衰落模型的基础上估算收发信机之间的距离，通过求解收发信机之间的距离方程组，即能确定目标移动台的位置。在蜂窝网络中，只要在移动台对前向链路多个基站发射信号进行场强测量，或者在多个基站对反向链路移动台发射信号进行场强测量，再根据有关定位算法求解测距方程组，就能计算出移动台的位置。SSOA 的定位精度通常决定于传播模型和环境、本地阴影的方差及场强测量次数。

SSOA 定位的主要优点是易于实现、成本较低、覆盖范围较好；其缺点是难以获得较高的精度、本地阴影的方差对精度的影响很大、精确的传播模型难以建立。

3.2.6　指纹定位技术

指纹（Fingerprint）定位技术在定位需求发出时，移动台测量一个"指纹"，并将该"指纹"传送给定位中心，由定位中心从数据库中匹配一个最佳的坐标，称为数据库关联性（Database Correlation）。指纹定位的精度依赖于指纹数据库、数据库的分辨率和精度、定位算法、传播环境和测量次数。指纹定位技术的优点主要是在城市环境中有很好的精度，只需要一个定位中心就可以实现，其缺点是数据库的创建和维护非常复杂。

3.2.7　混合定位技术

混合定位技术是采用一定的方法（如数据融合）将两种或两种以上的定位技术结合起来，以获得更高的定位精度，如采用 TOA/AOA、TDOA/AOA、TDOA/TOA 进行定位估计。

以 TOA/AOA 为例，假设某基站可同时检测到某移动台以直射路径发出信号的到达基站时间 t_1 和角度 α_1，则可得到移动台的估计位置为

$$\begin{cases} \tan\alpha_1 = \dfrac{x_0 - x_1}{y_0 - y_1} \\ (x_0 - x_1)^2 + (y_0 - y_1)^2 = (ct_i)^2 \end{cases} \tag{3-21}$$

A-GPS 定位也是一种混合定位，是 GPS 定位技术与 GSM 网络的结合。A-GPS 具有很高的定位精度，目前正被越来越广泛地使用。

A-GPS 是 GPS 的一种运行方式，是在卫星定位的基础上增加了一个辅助定位服务器，该辅助服务器可以通过蜂窝网与终端接收机通信。辅助服务器接收终端机转发的卫星信号后，在辅助服务器上完成定位工作，再将定位结果传送到终端。图 3-5 给出了基于移动台自主的 GPS 定位方式，图 3-6 给出了基于移动台辅助的 GPS 定位方式。辅助服务器还可以完成其他需要接收机完成的工作，如 GPS 接收机冷开机到暖开机的工作。

A-GPS 的具体工作流程如下。

① A-GPS 终端通过蜂窝网络将其所属服务基站的信息送到网络侧，即发送至辅助服务器。

② 通过接收到的服务基站信息，辅助服务器向 A-GPS 终端传送该服务基站对应的 GPS 辅助信息，辅助信息包括卫星发射的时间、卫星在不同时刻的空中位置等星历信息，以及方位仰角等。

③ A-GPS 终端的接收模块依据辅助信息接收卫星信号，这样有利于缩短第一锁定时间。

④ 接收到原始信号后，A-GPS 终端利用原始的 GPS 信号得到终端与卫星间的伪距，再通过蜂窝网络将相关信息传送到辅助服务器。

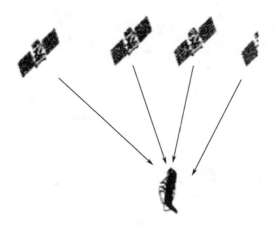

图 3-5　基于移动台自主的 GPS 定位方式

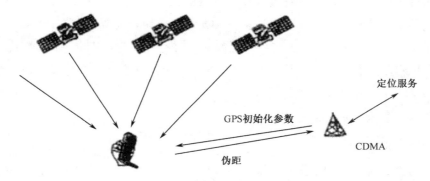

图 3-6　基于移动台辅助的 GPS 定位方式

⑤ 通过接收到的 GPS 伪距信息，以及其他辅助定位信息（如基站所在位置的差分校正值等）处理信息，辅助服务器重新计算 A-GPS 终端所在的具体位置。

⑥ 通过蜂窝网络，终端服务器将重新得到的 A-GPS 终端所在的位置发送到应用系统或其他地方。

A-GPS 将定位的工作进行分工，原先需待定位物体终端完成的卫星扫描、定位计算等运算量大的工作现在分配给网络侧完成，所以 A-GPS 大大缩减了首次捕获卫星信号所需的时间，捕获时间缩短到几秒。此外，A-GPS 增加了 GPS 辅助信息、基站信息等数据，提高了系统的定位精度，在空旷的室外等信号较好的地方，定位误差不大于 10 m。但 A-GPS 定位也存在一些缺点，如无法解决室内等 GPS 信号被屏蔽地方的定位，而且一次定位过程需要与辅助服务器进行通信的次数过多，有时可达 6 次通信，在网络资源紧张的情况下，这是一种很大的浪费。

GPS 定位作为一种传统的定位方法，仍是目前应用最广泛、定位精度最高的定位技术。但是相对而言，GPS 定位成本高（需要终端配备 GPS 硬件）、定位慢（GPS 硬件初始化通常需要 3～5 min，甚至 10 min 以上）、耗电多（需要额外硬件，自然耗电多），因此并不适合一些定位精度要求不高但是定位速度要求较高的场景；同时，GPS 卫星信号穿透能力弱，因此在室内无法使用。相比之下，GSM 蜂窝基站定位快速、省电、成本低、应用范围限制小，因此在一些精度要求不高的轻型场景下，也大有用武之地。

混合定位技术可以充分利用信号的测量值，需要参与定位的基站个数比较少，在空旷的野外等基站稀疏的情况下也能完成定位服务，还可以充分利用各种技术的优点。虽然混合定位技术的研究还不是很成熟，但已经在蜂窝网无线定位系统中获得了广泛的应用。

3.3　蜂窝定位的误差来源

在蜂窝网络中，为了提高对移动台的定位精度，除了研究对信号特征测量值误差具有良好健壮性的高精度定位算法，还需研究造成测量误差的主要原因，寻找其对策。在蜂窝网络中，非理想的信道环境使得移动台和基站之间多径传播、非视距传播普遍存在，在 CDMA 网络中还普遍存在多址干扰，这些因素都会使检测到的各种信号特征测量值出现误差，从而影响定位精度。如何采取适当措施降低这些因素的影响，得到准确的信号特征测量值是提高定位精度的关键，也是移动台定位技术需研究的重要课题。

蜂窝定位的误差来源于以下几方面。

1．多径传播问题

电磁波在传播的过程中会遇到一些障碍物（如树木、房屋等），引起电磁波的绕行、散射、反射等，这就导致电磁波通过多个不同的而非单一的路径到达目的地,这种现象称为多径传播。如果经过多种路径传播的信号同相，那么这些信号会得到加强；反之，则会衰减。多径传播是定位系统中误差的主要原因之一。

对 TDOA 和 TOA 定位方式来说，即使在 MS（Mobile Station，移动基站）和 BS（Base Station，基站）之间电波可以视距（Line Of Sight，LOS）传播，多径传播也会引起时间测量误差。因为基于互相关技术的延时估计器的性能会受多径传播的影响，当反射波 TOA 与直射波在一个码片间隙内时更是如此。目前，已出现了多种对付多径传播的方法，如何对这些方法进行深入研究值得重视。

2．非视距传播问题

视距传播是得到准确的信号特征测量值的必要条件。GPS 系统也正是基于电波的视距传播才实现了对目标的精确定位，但是蜂窝网络覆盖区一般是城市和近郊，MS 和多个 BS 之间实现视距传播通常是很困难的，即使在无多径和采用了高精度定时技术的情况下，非视距（NLOS）传播也会引起 AOA、TOA 或 TDOA 测量误差。因此，非视距传播是影响各种蜂窝网络定位精度的主要原因，如何降低 NLOS 传播的影响是提高定位精度的关键。目前，可通过以下几种方法来降低非视距传播的影响：一种是通过 TOA 测量值的标准差对视距传播和非视距传播进行区别，非视距传播的测距标准差比视距传播的测距标准差高得多，利用测距误差统计的先验信息就可将一段时间内的非视距传播测量值调节到接近视距传播的测量值，另一种是降低非线性最小二乘算法中非视距传播测量值的权重，也需首先判断哪些基站得到的是非视距传播测量值；还有一种是对算法进行改进，利用在非视距传播条件下距离测量值总是大于实际距离这一特点，在非线性最小二乘算法中增加一个约束项，从而提高定位精度。

3．CDMA 多址接入干扰问题

在 CDMA 系统中，用户通过不同的扩频码共用同一频带，这种高容量也带来了远近效应和多址干扰。多址干扰会严重影响 AOA、TOA 和 TDOA 的粗捕获，对延时锁相环的时间测量也有很大的影响。在 CDMA 系统中，通常采用功率控制来克服远近效应，但由于无线定位需要多个基站同时监测移动台发射的信号，功率控制只对服务基站起作用，对非服务性基站，移动台的信号仍会受到严重的多址干扰，因而会影响常规接收机正确测量 TOA 或 TDOA 测量值的能力。目前，已出现了一些探索解决该问题的方法，如在 3GPP 中提出的在 E911 呼叫时将移动台发射功率瞬间调到最大的 Powerup 方法、IPDL 方法、改进软切换方式、利用抗远近效应延时估计器与多用户检测器等。

4．其他定位误差来源

参与定位的各基站之间的相对位置、移动基站与基站之间相对位置的差异造成的几何精度因子（Geometric Dilution of Precision，GDOP）的不同，也会影响定位算法的性能，造成定位精度的差异，在进行网络设计和规划时应充分考虑这一问题。

习 题 3

1．现有的蜂窝定位方法有哪些？
2．简述 GSM 的发展与起源。
3．GSM 手机定位的方法有哪些？
4．蜂窝定位技术主要应用于哪些领域？
5．简述蜂窝定位中的 TOA 方法。
6．简述蜂窝定位中的 TDOA 方法。
7．简述蜂窝定位中的 AOA 方法。
8．简述 5G/6G 的定位方式。

参考文献

[1] 周国祥，周俊，苗玉彬，等. 基于 GSM 的数字农业远程监控系统研究与应用[J]. 农业工程学报，2005，21 (6): 87-91.

[2]   宣彩平，王皓，邹国良，等. 利用 GSM 无线模块发送短消息[J]. 计算机应用，2004，24 (5): 148-150.

[3]   徐魁，蒋瑀瀛. 基于 GSM/GPRS 通信的抄表系统[J]. 电力系统自动化，2004，28 (17): 94-96.

[4]   岳旭鹏. 无线蜂窝通信系统中的定位技术分析[J]. 大科技，2013 (8): 342-343.

[5]   赵鸣翔. 蜂窝移动通信系统单基站定位技术研究[D]. 成都：西南交通大学，2009.

[6]   DIGGELEN F V. 辅助 GPS 原理与应用[M]. 孟维晓，马永奎，高玉龙，译. 北京：电子工业出版社，2013.

[7]   邓平，范平志. 蜂窝系统无线定位原理及应用[J]. 移动通信，2000，24 (5): 19-22.

[8]   MAK P I, MARTINS R P. A Enabled Mobile-TV RF Front-End With TV-GSM Interoperability in 1-V 90-nm CMOS[J]. IEEE Transactions on Microwave Theory and Techniques, 2010, 58 (7): 1664-1676.

[9]   PAN X, WU Y J. GSM-MRF based classification approach for real-time moving object detection[J]. 浙江大学学报 A（英文版），2008，9 (2): 250-255.

[10] XU G X, LIU G R, TANI A. An adaptive gradient smoothing method (GSM) for fluid dynamics problems[J]. International Journal for Numerical Methods in Fluids, 2010, 62 (5): 499-529.

[11] DELIGIANNIS N, LOUVROS S. Hybrid TOA-AOA Location Positioning Techniques in GSM Networks[J]. Wireless personal communications, 2010, 54 (2): 321-348.

[12] LIN J C. Tumor incidence in genetically prone female mice following exposure to GSM cellular telephone radiation[J]. IEEE Antennas and Propagation Magazine, 2008, 50 (1): 217-220.

[13] SLIMEN N B, DENIAU V, RIOULT J, et al. Statistical characterisation of the EM interferences acting on GSM-R antennas fixed above moving trains[J]. The European physical journal. Applied physics, 2009, 48 (2): 1-7.

第4章 节点定位技术

本章导读

✿ 无线传感器网络概述
✿ ZigBee 技术
✿ ZigBee 协议
✿ 网络定位算法
✿ 节点定位算法实例

4.1 无线传感器网络概述

位置信息在很多场合是理解无线传感器数据的关键内容,位置信息也可用于提高网络的性能。在大规模的无线传感器网络中往往具有锚节点, 这些节点可以作为接入点、网关或基站。锚节点的坐标位置是已知的, 可以利用 GPS 等定位系统获得, 或者由一些勘测技术或地图来人工确定。由于大规模无线传感器网络由成千上万的节点组成, 而带位置信息模块的节点成本比较高, 不可能每个模块都装备定位模块, 利用锚节点的已知位置来估计普通传感器的位置是非常有必要的。例如, 在森林防火系统的应用场景中, 可以从无线传感器网络中获取到温度的异常信息, 但更重要的是, 要清楚哪个地方的温度异常, 这样才能让用户准确地知道发生火情的具体位置, 从而迅速、有效地展开灭火救援等相关工作。

在无线传感器网络中, 由于传感器节点的能量有限、可靠性差、节点规模大且随机布放、无线模块的通信距离有限, 因而对定位算法和定位技术提出了很高的要求。传感器网络的定位算法通常需要具备以下特点。

① 自组织性。无线传感器网络的节点随机分布, 不可能依靠全局的基础设施协助定位。

② 健壮性。传感器节点的硬件配置低、能力小、可靠性差, 因而测量距离时会产生误差, 算法必须具有较好的容错性。

③ 能量高效。尽可能地减少算法中计算的复杂性, 减少节点间的通信开销, 以尽量延长

网络的生存周期，通信开销是传感器网络的主要能量开销。

④ 分布式计算。每个节点的自身位置不能将所有信息传输到指定节点进行集中计算。

无线传感器网络是由空间上分布式的自主节点组成的，每个节点由双向无线传输与一个或多个传感器进行通信，完成环境参数的感知。这些环境参数包括温度、震动、湿度、压力、运动、化学或污染物等。通常，传感器数据的一个共同特征是低速率变化，因而数据更新会使传输速率降低。网络所需的数据带宽可以适中，被感知的数据以协作方式发送给固定节点进行存储和处理。无线传感器网络的发展源于军事应用，如战场侦察等。目前，无线传感器网络大量应用在民用方面，包括环境和栖息地检测、健康护理、家庭自动化和交通控制等。

无线传感器网络具有以下特征。

1．移动性

无线传感器节点在初始部署后可以改变位置。移动性可能受环境的影响，如风向或水流。另外，移动性可能由于无线传感器节点附着在移动实体上或移动实体所携带。换句话说，移动性是由偶然因素造成的，或者是有意为之的，如节点有目的地移动到不同的物理位置。在后面这种情况下，移动可能是主动的（无线传感器定向运动），也可能是被动的（附着在移动物体上，但不由无线传感器节点所控制）。

2．电池的能量有限

通常，无线传感器节点由电池供电。由于电池物理体积的限制，其存储的能量限制节点的运行寿命。典型的电池只能大约存储能量 1 J/mm³，因而整个可用能量可能只有 1 kJ。因此，能耗是无线传感器网络的一个重要问题。

3．计算能力低和内存空间有限

无线传感器节点通常造价低廉、体积小，在普通无线传感器节点上运行复杂计算的算法是不可行的。另外，由于 RAM 和非易失性内存（闪存）的空间限制，应该避免长时间的过量额外流量。

4．通信带宽低

为了保证无线传感器网络的使用寿命，各节点的通信带宽一般都比较低(即每秒几千比特)，而网络通信经常必须与邻居节点共享带宽，进一步对通信带宽形成了一些压力。因此，在网络协议中应避免过多的额外流量，以免浪费带宽资源。

5．使用寿命有限

无线传感器节点通常是由微型电池提供能量，因而能量非常有限，而且耗尽之后难以补充。即使在有些应用场合可以通过外界环境补充节点能量，如通过太阳能提供能量，然而，可能出现外部能量供给不连续的情况，因此还是需要通过电池进行缓冲。无线传感器节点的寿命依赖于电池的寿命。在基于多条路由的无线传感器网络中，节点既可以产生数据，也可以转发数据。

若因关键路径上的节点能量耗尽不能继续工作而引发网络拓扑改变，会导致分组重发，造成能量浪费，影响整个网络的寿命。

6．大规模部署

无线传感器节点可以采用大规模方式进行部署。对于土壤和水质之类的环境监测来说，在大范围内可以部署几百甚至数千个无线传感器。部署方式可以是随机的，如采用飞机抛撒的方式，或者按照某种策略进行部署。

7．节点的异构性

早期的无线传感器网络通常由同质的设备构成，从硬件和软件的角度来看，大多数是相同的。从当前的众多原型系统来看，无线传感器网络是由大量不同的装置组成的。

8．恶劣的环境条件

无线传感器节点可以部署在恶劣的环境条件下，如高温、高压和腐蚀性强的环境中。

9．无人值守操作

无线传感器节点一旦部署完毕，通常是无人值守的。

无线传感器网络的研制和定位算法的设计需求需要考虑上述特征，最主要的限制因素是处理能力、数据处理时间（限制了电池能量）和由于费用导致的信号处理硬件能力有限。

4.2　ZigBee 技术

ZigBee 是根据 IEEE 802.15.4 协议（无线个人区域网）开发的一种短距离、低功耗的无线通信技术。这一名称来源于蜜蜂的"8"字舞，由于蜜蜂（bee）是靠飞翔和"嗡嗡"（zig）地抖动翅膀的"舞蹈"来与同伴传递花粉所在方位信息，也就是说，蜜蜂依靠这样的方式构成了群体中的通信网络。其特点是短距离、低复杂度、低功耗、低传输速率和低成本。ZigBee 技术主要适用于自动控制和远程控制领域，可以嵌入各种设备。简而言之，ZigBee 是一种便宜的、低功耗的近距离无线组网通信技术。

4.2.1　ZigBee 技术起源

与蓝牙技术类似，ZigBee 是一种新兴的短距离无线技术，用于传感控制应用。此想法由 IEEE 802.15 工作组提出，于是成立了 TG4 工作组，并制定了 IEEE 802.15.4 协议。2002 年，ZigBee 联盟成立，2004 年，ZigBee 1.0 诞生，是 ZigBee 的第一个规范，但由于推出仓促，存在一些错误；2006 年，推出了 ZigBee 2006，比较完善；2007 年年底，ZigBee PRO 推出了 ZigBee 的底层技术，物理层和媒体访问控制（MAC）层可以直接引用 IEEE 802.15.4。Zigbee 联盟在

2021 年 5 月已更名为 CSA 连接标准联盟，近年来，各种相关定位芯片不断推出，ZigBee 技术获得了快速发展。

长期以来，低价格、低传输速率、短距离和低功率的无线通信市场一直有需求。蓝牙技术曾让工业控制、家用自动控制和玩具制造商等从业者雀跃不已，但是蓝牙的价格一直居高不下，严重影响了其商用价值。IEEE 802.15.4 协议是一种经济、高效、低传输速率（低于 250 kbps）、工作在 2.4 GHz 和 868/928 MHz 的无线技术，主要用于个人区域网和对等网络，是 ZigBee 应用层和网络层协议的基础。ZigBee 是介于无线标记和蓝牙之间的无线网络技术，主要用于近距离无线连接。依据 IEEE 802.15.4 标准，ZigBee 在数千个微小的传感器之间相互协调来实现通信。这些传感器只需要很少的能量，以接力的方式通过无线电波，将数据从一个传感器传到另一个传感器，所以通信效率非常高。

ZigBee 联盟是一个高速成长的非营利组织，成员包括国际著名半导体生产商、技术提供者、技术集成商及最终使用者，制定的 IEEE 802.15.4 协议具有高可靠性、高性价比和低功耗的网络应用特点。CSA 联盟在 2020 年认证了 560 多款 Zigbee 智能设备，比 2019 年增长 30% 以上。超过 10 亿颗 Zigbee 芯片已售出，预计到 2023 年出货量将接近 40 亿。并且 2021 年一季度认证数量与 2020 年同期相比又超出 50%。随着 Zigbee 标准的不断演进和 Matter 设备认证，这一积极趋势将持续。

4.2.2　ZigBee 技术简介

ZigBee 技术是一种近距离、低复杂度、低功耗、低速率、低成本的双向无线通信技术。主要用于距离短、功耗低且传输速率不高的各种电子设备之间进行数据传输以及典型的有周期性数据、间歇性数据和低反应时间数据传输的应用。与移动通信的 CDMA 网或 GSM 网不同的是，ZigBee 网络主要是为工业现场自动化控制数据传输而建立，因而，它必须具有简单，使用方便，工作可靠，价格低的特点。而移动通信网主要是为语音通信而建立，每个基站价值一般都在百万元人民币以上，而每个 ZigBee "基站" 不到 1000 元人民币。ZigBee 是一个由可以多达 65535 个无线数传模块组成的一个无线数传网络平台，在整个网络范围内，每个 ZigBee 网络数传模块之间可以相互通信，每个网络节点间的距离可以从标准的 75 m 无限扩展。每个 ZigBee 网络节点不仅本身可以作为监控对象，如其所连接的传感器直接进行数据采集和监控，还可以自动中转别的网络节点传过来的数据资料。除此之外，每个 ZigBee 网络节点（FFD）还可在自己信号覆盖的范围内，与多个不承担网络信息中转任务的孤立的子节点（RFD）无线连接。

ZigBee 可工作在 2.4 GHz（全球流行）、868 MHz（欧洲流行）和 915 MHz（美国流行）三个频段上，分别具有最高 250 kbps、20 kbps 和 40 kbps 的传输速率，它的传输距离在 10～75 m 的范围内，但可以继续增加。作为一种无线通信技术，ZigBee 具有如下特点。

① 低功耗。由于 ZigBee 的传输速率低，发射功率仅为 1 mW，而且采用了休眠模式，功耗低，因此 ZigBee 设备非常省电。据估算，ZigBee 设备仅靠两节 5 号电池就可以维持长达 6 个月到 2 年左右的使用时间。

② 低成本。通过大幅简化协议，降低了对通信控制器的要求，ZigBee 模块的初始成本在 6 美元左右，估计很快就能降到 1.5～2.5 美元，而且 ZigBee 免协议专利费。

③ 低传输速率。ZigBee 工作在 20～250 kbps 传输速率上，分别提供 250 kbps（2.4 GHz）、40 kbps（915 MHz）和 20 kbps（868 MHz）的原始数据吞吐率，满足低传输速率数据传输的应用需求。

④ 短距离。ZigBee 的传输距离（指相邻节点间的距离）一般为 10～100 m，在增加 RF 发射功率后，也可增加到 1～3 km。如果通过路由和节点间通信的接力，传输距离可以更远。

⑤ 短时延。ZigBee 的响应速度较快，通信时延和从休眠状态激活的时延都非常短，典型的搜索设备时延 30 ms，休眠激活的时延是 15 ms，活动设备信道接入的时延为 15 ms。因此，ZigBee 技术适用于对时延要求苛刻的无线控制（如工业控制场合等）应用。

⑥ 高容量。ZigBee 可采用星状、片状和网状网络结构，由一个主节点管理若干子节点，最多一个主节点可管理 254 个子节点；主节点还可由上一层网络节点管理；最多可组成 65000 个节点的大网。

⑦ 高可靠性。ZigBee 提供了基于循环冗余校验（CRC）的数据包完整性检查功能，支持鉴权和认证，采用了 AES-128 的加密算法，各应用可以灵活确定其安全属性。采取了碰撞避免策略，同时为需要固定带宽的通信业务预留了专用时隙，避开了发送数据的竞争和冲突。MAC 层采用了完全确认的数据传输模式，每个发送的数据包都必须等待接收方的确认信息。如果传输过程中出现问题，可以进行重发。

⑧ 免执照频段。ZigBee 采用 DSSS（Direct Sequence Spread Spectrum，直接序列扩频）方式，应用在工业、科学、医疗（Industry Science Medical, ISM）频段，即 2.4 GHz（全球）、915 MHz（美国）和 868 MHz（欧洲）。

4.2.3 ZigBee 产品

ZigBee 主要应用在距离短、功耗低且传输速率不高的各种电子设备之间，典型的传输数据类型有周期性数据、间歇性数据和低反应时间数据。根据设想，它的应用目标主要是：工业控制（如自动控制设备、无线传感器网络）、医护（如监视和传感）、家庭智能控制（如照明、水电气计量及报警）等消费类电子设备的遥控装置，以及 PC（Personal Computer，个人计算机）外设的无线连接等。

依据 ZigBee 联盟（2021 年后的 CSA 联盟）的设想，ZigBee 产品应提供一站式的解决方案，以方便应用，使那些不熟悉 RF 技术的人员也能迅速上手。因此其产品不仅提供 RF 的无线信道解决方案，同时其内置的协议栈将 Zigbee 的通信、组网等无线沟通方面的工作已完全由产品实现，用户只需要根据协议提供的标准接口进行应用软件编程。由于协议栈的简化，完成 Zigbee 协议的内嵌处理器一般可采用低价低功耗的 8 位 MCU。

ZigBee 也是目前嵌入式系统应用的一个大热点。嵌入式系统应用往往需要相互间的通信，以交换测量数据和控制指令，目前采用的方式多是有线连接，包括点对点或总线方式，如 RS-485、CAN、Modbus 等。随着无线网络通信技术的发展，在一些不便于或需要消除有线连接的场合，ZigBee 技术便有了它的用武之地。

Chipcon 公司推出的高度整合的系统级射频收发器 CC2430 集成了 RF 前端、128 KB 闪存、8 KB RAM 和 8051 八位 MCU 核，还集成了模数转换器（ADC）、定时器、AES128 协同处理器、看门狗、32 kHz 晶振休眠定时器、上电复位和掉电检测电路，以及 21 个可编程 I/O 引脚。这款产品是一个具备 ZigBee 功能的 SoC，可用于各种 ZigBee 无线网络节点，包括协调器、路由器和终端设备等。

此外，不少厂商推出了 ZigBee 的产品和全套解决方案。例如，Freescale 公司发布的低功耗 2.45 GHz 集成射频器件 MC13192，包含 802.15.4 物理层，支持星型和网状网络，并在一个配套的 MCU 上实现 ZigBee 的协议栈，传输速率为 250 kbps，采用正交 QPSK 调制和直接序列扩频编码，通过 1 个四线串行接口与 MCU 通信。Helicomm 公司推出的 IPLink1200 ZigBee 开发工具和产品，包含符合 IEEE 802.15.4 标准的 2.4 GHz 射频组件、低功耗的 8 位微控制器、ZigBee 网络软件和全波长天线，每次接力通信都能在 75 m 范围内提供 250 kbps 的速率；支持最新的 RS-232 Mesh 透明串行模式，能在网状或多次跳接（multihop）无线网络内支持串行数据路由，速率最高可达 38.4 kbps。

可以看出，一些国际著名的半导体厂商已在积极推出 ZigBee 产品，有望在今后一段时间通过商业化推进，使 ZigBee 产品应用得到极大扩展。但同时，也有一些 RF 厂商在发展自己的专有产品，如 Zensys 公司就积极推进它的 ZWave 无线协议，尤其在家庭自动化领域与其争夺市场；另外，Dust 公司坚持使用自己的技术；Ember 公司虽然大举进军 ZigBee 领域，但计划继续提供自己的专有 EmberNet 技术。可以说，ZigBee 的应用并非一片坦途，需要 ZigBee 联盟及厂商的持续努力和市场的广泛认同。

目前，ZigBee 产品主要有如下几种。

1．ZigBee RF+ MCU

（1）TI CC2420+MSP430

CC2420 被称为第一款满足 2.4 GHz 的 ZigBee 产品使用要求的射频 IC(Integrated Circuit，集成电路)，用于家庭及楼宇自动化系统、工业监控系统和无线传感器网络。CC2420 基于 Chipcon 公司（已被 TI 收购）的 SmartRF 03 技术，采用 0.18 μm CMOS（Complementary Metal Oxide Semiconductor，互补金属氧化物半导体）工艺和 QFN 48（7 mm×7 mm）封装。

MSP430 实验板的部件号为 MSP-EXP430FG4618,可帮助设计人员利用高集成度信号链芯片（Signal Chain on Chip，SCoC）MSP430FG4618 或 14 引脚小型 F2013 微控制器快速开发超低功耗医疗、工业与消费类嵌入式系统。除了集成两个 16 位 MSP430 器件，MSP430 实验板还包含一个基于 Chipcon 产品线的射频模块连接器，用于开发低功耗无线网络。

（2）Freesclae MC13xx+GT60

Freescale 公司的 MC1319x 收发信机系列非常适合 ZigBee 和 IEEE 802.15.4 应用，结合双数据调制解调器和数字内核，有助于降低 MCU 的处理功率要求，并缩短执行周期。事实上，由于可以利用连接射频 IC 和 MCU 的串行外围设备接口（Serial Peripheral Interface，SPI），Freescale 系列中的几乎任何 MCU 都可以使用 ZigBee 技术。

（3）Microchip MJ2440+PIC MCU

Microchip 的首个射频收发器 MRF24J40 是针对 ZigBee 协议及专有无线协议的 2.4 GHz IEEE 802.15.4 收发器，用于要求低功耗和卓越射频性能的射频应用。随着 MRF24J40 收发器的推出，通过加入仅需极少外部元件的高集成度射频收发器，Microchip 可提供完整的 ZigBee 协议平台。凭借全面的媒体访问控制层的支持和先进加密标准（Advanced Encryption Standard，AES）硬件加密引擎，MRF24J40 可以实现低功耗，并且性能超过所有 IEEE 802.15.4 标准。

2．单芯片集成 SoC

（1）TI CC2430/CC2431（CC 2431 增加有定位跟踪模块）

CC2430 也是 TI 公司的一个关键产品，是一款真正符合 IEEE802.15.4 标准的片上 SoC ZigBee 产品，除了包括 RF 收发器，还集成了加强型 8051MCU、128 KB 闪存（另有 32 KB、64KB 可选）、8 KB RAM 以及 ADC、DMA、看门狗等。CC2430 可工作在 2.4 GHz 频段，采用低电压（2.0~3.6 V）供电且功耗很低（接收数据时为 27 mA，发送数据时为 25 mA），其灵敏度高达-91 dBm、最大输出为+0.6 dBm、最大传输速率为 250 kbps。

（2）Freescale MC1321x

MC1321x 系列是飞思卡尔公司的第二代 ZigBee 开发平台，集成了一个低功耗 2.4 GHz 的射频收发器和一个独立的 8 位微控制器。MC1321x 解决方案能够被用于从简单的专用的点对点间的连接到一个完整的 ZigBee 网状网络。射频与微控制器的在一个小小的封装里的结合使得低成本的解决方案成为可能。

MC1321x 包括一个 RF 射频收发器，这个收发器是一个适用于 IEEE802.15.4 协议工作在 2.4 GHz ISM 频段的收发器。收发器包含了一个低噪声放大器、1 mW 的额定输出功率、内置电压可控振荡器的 PA（功率放大器）、集成的传输/接收切换开关、自带的电源供电管理、一个完整的扩展频谱的编码和解码器。

MC1321x 还包括一个基于 HCS08 系列的内核的微控制器，能够提供最高达 60 KB 闪存和 4KB RAM。这个自带的 MCU 支持通信协议栈，同样支持基于系统级封装（SIP）的开发应用。MC1321x 系列的资源如下。

MC13211 有 16KB 闪存和 1KB RAM，是一款理想的低成本的解决方案，专用于无线的点对点和星型网络连接。MC13211 结合了飞思卡尔简单的 MAC 协议（SMAC），通过提供必要的资源和应用的例程为某些专业应用提供基础，以便于用户开始进行无线网络连接。

MC13212 有 32KB 闪存和 2KB RAM，是为 IEEE802.15.4MAC 协议栈而设计的。基于 IEEE 802.15.4 标准的 MAC 协议的自定义网络的应用能够满足使用者的要求。IEEE 802.15.4 标准支持星型、网状和树簇状拓扑结构的网络，也支持信标网络。

MC13213 有 60KB 闪存和 4KB RAM，也是为用于飞思卡尔完整的需要更大存储空间的 IEEE802.15.4MAC 协议栈而设计的，也能支持来自第三方供应商的协议栈的 ZigBee 应用。

MC13214 是一个完整的适用于 ZigBee 协议的开发平台，有 60KB 闪存和 4KB RAM，应用了 ZigBee 堆栈（Z-Stack）软件，自主开发的应用程序可添加到符合 ZigBee 协议的产品中。

（3）EMBER EM250

EM250 是 Ember 公司开发的 ZigBee 单片机解决方案，包括低功耗 16 位微控制器、128KB 闪存、5KB RAM、适用 IEEE802.15.4 协议。采用 Ember 公司的 EmberZNet 2.1 软件。具有独特的可扩展性，且操作简单，性能较强。EM250 支持移动节点、大型密集的网络，能在节点和授权分布式构造模式之间提供更加可靠的无线通信传输层。EM250 具有用作 ZigBee 位标器节点、FFD 或 RFD 所需的资源。

3．单芯片内置 ZigBee 协议栈＋外挂芯片

（1）JENNIC SOC+EEPROM

JN-5139 芯片是一个低功率及低价位的无线微处理器，可以减少用户对于 RF 板设计和测试框架的昂贵漫长的开发时间。这些模块利用 Jennic 的 JN5139 无线微控制器来提供完整的射频和 RF 器件的解决方案，提供了开发无线传感器网络所需要的丰富的外围器件。主要以无线感测网络的产品为主，JN-5139 整合了 32 位 RISC（Reduced Instruction Set Computer，精简指令集计算机）微处理器，完全兼容 2.4GHz IEEE 802.15.4 的送收器，192KB ROM（Read-Only Memory，只读存储器），还可选择搭配 RAM 的容量 8～96KB，也整合了一些数字及模拟周边线路，大幅降低了外部零件的需求。内建的内存主要用来储存系统的软件，包含了通信协议堆栈、路径表、应用程序代码与资料。JN-5139 也包含了硬件的 MAC 地址与 AES 加解密的加速器，并拥有省电与定时睡眠模式，还有安全码与程序代码加密机制。

（2）EMBER 260+MCU

Ember 公司的 EM260 是 ZigBee 无线网络处理器，专为基于标准化的 TI 及其他精选 MCU 平台的 OEM（Original Equipment Manufacture，原始设备制造商）提供，集成了 2.4GHz IEEE 802.15.4 兼容的收发器和 16 位网络处理器（XAP2b 内核），以运行 ZigBee 兼容的网络堆栈。这种处理器首次实现了具有"位置识别"的 ZigBee 兼容网络节点，可以简化调试、管理及网

络再分段（Network Sub-Segmentation）。在具有强大竞争力的 ZigBee 产品中，EM260 在功耗方面还具有最高的 RF 输出与 Rx 灵敏度。

4.2.4 ZigBee 网络

1．ZigBee 网络构成

ZigBee 设备是指包含 IEEE 802.15.4 的 MAC 和 PHY（Physical Layer，物理层）实现的实体，是 ZigBee 网络最基本的元素。FFD 和 RFD 共同组成了 ZigBee 网络，FFD（即微功率无线收发器）和 RFD（即微功率定位信号发射机）是按照节点功能区分的。FFD 可以充当网络中的协调器和路由器，因此网络中应该至少含有 1 个 FFD。RFD 只能与主设备通信，实现简单，可作为终端设备节点。ZigBee 网络主要有 3 种组网方式，即星形网、树状网和网格网，其拓扑结构如图 4-1 所示。

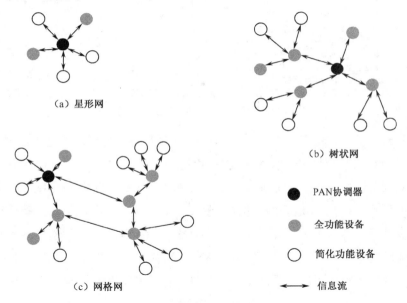

(a) 星形网

(b) 树状网

(c) 网格网

● PAN协调器

● 全功能设备

○ 简化功能设备

⟷ 信息流

图 4-1 IEEE 802.15.4 网络拓扑结构

2．网络组建及节点入网

网络组建及节点入网的流程如图 4-2 所示，为一个节点从上电到加入网络的全过程，不同的节点类型对应不同的入网过程。下面按照节点的不同对网络组建进行全面介绍。

（1）协调器组建网络

作为一个完整功能的 FFD 设备，即只有能够充当协调器功能的节点，且当前还没有与网络连接的设备才可以尝试着去建立一个新的网络，如果该过程由其他设备开始，那么网络层管理实体将终止该过程，并向其上层发出非法请求的报告。

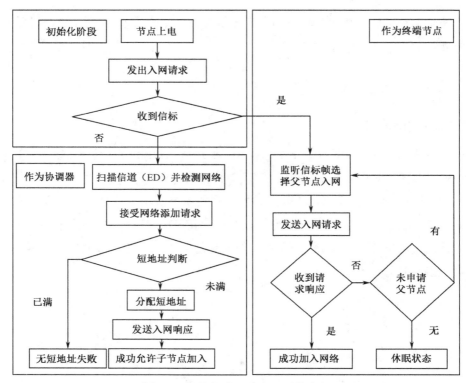

图 4-2　网络组建及节点入网的流程

当建网过程开始后，网络层将首先请求 MAC 层对协议所规定的信道或由 PHY 层所默认的有效信道进行能量检测扫描，以检测可能的干扰。

当网络层管理实体收到成功的能量检测扫描结果后，将以递增的方式对所测量的能量值进行信道排序，并且抛弃那些能量值超出允许能量水平的信道。此后，网络层管理实体将执行主动扫描，信道参数设置为可允许信道的列表，搜索其他 ZigBee 设备。为了决定用于建立一个新网络的最佳通道，网络层管理实体将检查 PAN 描述符，并且所查找的第一个信道为网络的最小编号。如果网络层管理实体找不到适合的信道，就将终止建网过程，并且向应用层发出启动失败信息。

如果网络层管理实体找到了合适的信道，就为这个新网络选择一个 PAN 标识符。在选择 PAN 标识符时，设备将选择一个随机的 PAN 标识符值，该值小于等于 0x3FFF 且在已选择信道里未被使用。

如果选择标识符失败，网络层管理实体将终止程序并向其上层通告。网络层管理实体一旦选择了一个 PAN 标识符，就将选择一个等于 0x0000 的 16 位网络地址，并且设置 MAC 层的 macShortAddressPIB 属性，使其等于所选择的网络地址。一旦选择了网络地址，网络层管理实体核对 PIB（PAN Information Bank，盒装处理器）属性的 endedPANId 的值。如果这个值是 0x0000000000000000，那么这个属性以 MAC 常量 aExtendedAddress 初始化。一旦 nwkExtendedPANld 的值被核对，PAN 的启动状态将返回到网络层。当网络层管理实体收到 PAN

的启动状态后，将向启动 ZigBee 协调器请求状态的上层报告。

（2）终端节点加入网络

协调器组建网络后，将频繁地发送信标帧来表示它的存在，而其他普通节点即可完成设备发现任务，终端节点要加入该 PAN，那么只要将自己的信道及 PAN ID 设置成与现有的父节点使用的信道相同，并提供正确的认证信息，即可请求加入网络。此时，父节点要检查自身的短地址资源，如果自身地址未满，就可以为该子节点分配短 MAC 地址，只要子节点接收到父节点为之分配的 16 位短地址，那么在通信的过程中，将使用该地址进行通信。如果没有足够的资源，那么节点将收到来自父节点的连接失败响应，此时子节点即可以向其他父节点请求 ZigBee 网络地址来加入网络。网络层将不断重复这个过程，直到节点成功加入网络为止。

3．地址分配模式

在协调器组建网络之初，将自身短地址设置为 0x0000，在节点入网后将按照 ZigBee 标准规定的地址分配模式为节点分配短地址。用以下参数描述网络：C_m 表示最大子节点数，R_m 表示最大路由节点数，L_m 表示最大网络深度，其地址的分配与网络拓扑参数有很大的关系，即

$$C_{\mathrm{skip}(d)} \begin{cases} 1 + C_\mathrm{m}\left(L_\mathrm{m} - d - 1\right), & R_\mathrm{m} = 1 \\ \dfrac{1 + C_\mathrm{m} - R_\mathrm{m} - C_\mathrm{m} Rm^{L_\mathrm{m}-d-1}}{1 - R_\mathrm{m}}, & \text{其他} \end{cases} \tag{4-1}$$

其中，C_{skip} 是指对应每个网络深度的地址空间偏移量。如果在某层 $C_{\mathrm{skip}}=0$，就表示该节点不能接受任何子节点加入网络。对于每层都是由父节点为其子节点分配地址，若该子节点为第一个路由节点，该节点的地址就是父节点的短地址加 1，而对于同一深度的其他路由节点，其地址是按照加入时间的先后分别以 C_{skip} 的偏移量依次递增的。

对于网络中的终端设备节点，其地址按照如下的公式分配。

$$A_n = A_{\mathrm{parent}} + C_{\mathrm{skip}}(d)R_\mathrm{m} + n \tag{4-2}$$

其中，A_n 对应网络中某深度的第 n 个子节点的地址。这样在每个节点加入网络前，父节点将按照该地址分配机制为子节点分配相应的地址。在图 4-3 所示的网络拓扑结构中，按照该地址分配模式，则节点的地址如图 4-3 中标注所示。

4．ZigBee 技术的应用场合

ZigBee 的目标是建立一个"无所不在的网络"。尽管在无线网络方面存在着诸如蓝牙、UWB 等其他网络技术，但 ZigBee 技术仍然以其独特的优势而得到广泛关注。在无线网络技术朝着高速率、高传输距离靠近时，ZigBee 技术反其道而行之，向着低速率、短距离迈进，适应以下场合的应用。

（1）无线传感器网络

传感器网络是通向现实物理世界的钥匙，将 ZigBee 自组网技术应用到无线传感器网络中，更加凸显其低功耗、低成本的技术优势，传感器网络是目前的研究方向，而作为以 ZigBee 技

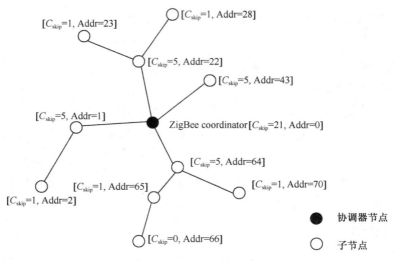

图 4-3　网络中地址分配示例

术为基础的无线传感器网络更是研究热点。

（2）工业自动化领域

将 ZigBee 技术应用到工业中，工业现场的数据可以通过无线链路，在网络上直接传输、发布和共享。

（3）智能家庭

通过 ZigBee 网络，人们可以远程控制家里的电器、门窗：下班前，可以在回家途中就打开家里的空调；下雨时，可以远程关闭门窗；家中有非法入侵时，可以及时得到通知；方便地采集水电煤气的使用量；通过一个 ZigBee 遥控器，控制所有的家电设备；等等。

（4）医疗领域

在医疗机构，ZigBee 网络可以帮助医生及时、准确地收集急诊病人的信息和检查结果，快速、准确地做出诊断。

（5）军事领域

方兴未艾的 ZigBee 技术的成熟与发展为军队的物流信息化提供了有力的硬件支持。ZigBee 技术用于战场监视和机器人控制，使得单兵作战成为可能。由 ZigBee 的应用领域可以看出，虽然 ZigBee 技术并不是为无线传感器网络应用而专门提出的，但其特点与无线传感器网络对无线节点的要求非常吻合，因而现在对 ZigBee 大部分的研究和应用都是针对无线传感器网络的。

4.3　ZigBee 协议

ZigBee 协议栈结构由一些层构成，每层都有一套特定的服务方法与上一层连接。数据实体（Data Entity）提供数据的传输服务，而管理实体（Management Entity）提供所有的服务类型。每层的服务实体通过服务接入点（Service Access Point，SAP）与上一层连接，每个 SAP 提供大量服务方法来完成相应的操作。

ZigBee 协议栈基于标准的 OSI（Open System Interconnection，开放式系统互联）七层模型，但只是在相关的范围来定义一些相应层来完成特定的任务。IEEE 802.15.4—2003 标准定义了两个层：物理层（PHY 层）和媒体访问控制层（MAC 层），如图 4-4 所示。ZigBee 联盟在此基础上建立了网络层（Network Layer，NWK 层）、应用层（Application Layer，APL 层），以及其框架（framework）。APL 层又包括应用支持子层（Application Support Sub-layer，APS）、ZigBee 的设备对象（ZigBee Device Objects，ZDO）和制造商定义的应用对象。

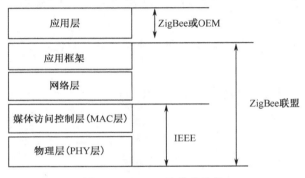

图 4-4　ZigBee 协议栈结构

4.3.1　物理层和媒体访问控制层

1．物理层

IEEE 802.15.4 协议的物理层是协议的底层，承担着与外界直接作用的任务。它采用扩频通信的调制方式，控制 RF 收发器工作，信号传输距离约为 50 m（室内）或 150 m（室外）。

IEEE 802.15.4 有两个物理层，提供两个独立的频率段：2.4 GHz 和 868/915 MHz。2.4 GHz 频段全球通用，868/915 MHz 频段包括欧洲使用的 868 MHz 频段和美国/澳大利亚使用的 915 MHz 频段。

2．媒体访问控制层

MAC 层遵循 IEEE 802.15.4 协议，负责设备间无线数据链路的建立、维护和结束，确认模式的数据传输和接收，可选时隙，实现低延迟传输，支持各种网络拓扑结构。网络中设备为 16 位地址寻址。

MAC 层可完成对无线物理信道的接入过程管理，包括以下几方面：协调器（Coordinator）产生网络信标、网络中设备与网络信标同步、完成 PAN 的入网和脱离网络过程、网络安全控制、利用 CSMA-CA（Carrier Sense Multiple Access with Collision Avoidance，载波侦听多路访问/冲突检测）机制进行信道接入控制、处理和维持 GTS（Guaranteed Time Slot，时隙保障）

机制、在两个对等的 MAC 层实体间提供可靠的链路连接。

3．数据传输模型

MAC 规范定义了 3 种数据传输模型：数据从设备到协调器、从协调器到设备、点对点对等传输模型。每种传输模型又分为信标同步模型和无信标同步模型两种。在数据传输过程中，ZigBee 采用了 CSMA/CA 碰撞避免机制和完全确认的数据传输机制，保证了数据的可靠传输，同时为需要固定带宽的通信业务预留了专用时隙，避免了发送数据时的竞争和冲突。

MAC 规范定义了 4 种帧：信标帧、数据帧、确认帧和 MAC 命令帧。

（1）信标帧

信标帧的负载数据单元由 4 部分组成：超帧描述字段、GTS 分配字段、待转发数据目标地址字段和信标帧负载数据。

① 信标帧：超帧描述字段规定了这个超帧的持续时间、活跃部分持续时间和竞争访问时段持续时间等信息。

② GTS 分配字段：将无竞争时段划分为若干 GTS，并把每个 GTS 具体分配给了某设备。

③ 待转发数据目标地址字段：列出了与协调者保存的数据相对应的设备地址。一个设备如果发现自己的地址出现在待转发数据目标地址字段里，就意味着协调器存有属于它的数据，所以它会向协调器发出请求传输数据的 MAC 命令帧。

④ 信标帧负载数据：为上层协议提供数据传输接口。例如在使用安全机制时，这个负载域将根据被通信设备设定的安全通信协议填入相应的信息。在通常情况下，这个字段可以忽略。

在信标不能使用的网络里，协调器在其他设备的请求下也会发送信标帧。此时，信标帧的功能是辅助协调器向设备传输数据的，整个帧只有待转发数据目标地址字段有意义。

（2）数据帧

数据帧用来传输上层发到 MAC 子层的数据，它的负载字段包含了上层需要传输的数据。数据负载传输至 MAC 子层时，称为 MAC 服务数据单元。它的首尾被分别附加了 MHR 头信息和 MFR 尾信息后，就构成了 MAC 帧。

MAC 帧传输至物理层后，就成了物理帧的负载 PSDU（Physical Layer Service Data Unit，物理层服务数据单元）。PSDU 在物理层被"包装"，其首部增加了同步信息 SHR 和帧长度字段 PHR。同步信息 SHR 包括用于同步的前导码和 SFD 字段，它们都是固定值。帧长度字段的 PHR 标识了 MAC 帧的长度，为 1 字节且只有其中的低 7 位有效位，所以 MAC 帧的长度不会超过 127 字节。

（3）确认帧

如果设备收到目的地址为其自身的数据帧或 MAC 命令帧，并且帧的控制信息字段的确认请求位被置 1，那么设备需要回应 1 个确认帧。确认帧的序列号应该与被确认帧的序列号相同，并且负载长度应该为零。然后发送确认帧，不需要使用 CSMA-CA 机制竞争信道。

（4）MAC 命令帧

MAC 命令帧用于组建 PAN 网络、传输同步数据等。目前，定义好的命令帧有 6 种类型，主要完成 3 方面的功能，即把设备关联到 PAN 网络、与协调器交换数据、分配 GTS。命令帧在格式上与其他类型的帧没有太多的区别，只是帧控制字段的帧类型位有所不同。帧头的帧控制字段的帧类型为 011B（B 表示二进制数据）表示这是一个命令帧。命令帧的具体功能由帧的负载数据表示。负载数据是一个变长结构，所有命令帧负载的第 1 字节是命令类型字节，后面的数据针对不同的命令类型有不同的含义。

4.3.2　网络层协议及组网方式

1．网络层

网络层的作用是建立新的网络，处理节点的进入和离开网络，根据网络类型设置节点的协议堆栈，使协调器对节点分配地址，保证节点之间的同步，提供网络的路由。

网络层确保 MAC 子层的正确操作，并为应用层提供合适的服务接口。为了给应用层提供合适的接口，网络层用数据服务和管理服务来提供必需的功能。网络层数据实体（Network Layer Data Entity，NLDE）通过相关的服务接入点（Service Access Point，SAP）来提供数据传输服务，即 NLDE.SAP；网络层管理实体（Network Layer Management Entity，NLME）通过相关的服务接入点来提供管理服务，即 NLME.SAP。NLME 利用 NLDE 完成一些管理任务和维护管理对象的数据库，通常称为网络信息库（Network Information Base，NIB）。

（1）网络层数据实体

NLDE 提供数据服务，以允许一个应用在两个或多个设备之间传输应用协议数据（Application Protocol Data Unit，APDU）。NLDE 提供以下服务类型。

① 通用的网络层协议数据单元（Network Protocol Data Unit，NPDU）：NLDE 可以通过一个附加的协议头从应用支持子层 PDU 中产生 NPDU。

② 特定的拓扑路由：NLDE 能够传输 NPDU 给一个适当的设备。这个设备可以是最终的传输目的地，也可以是路由路径中通往目的地的下一个设备。

（2）网络层管理实体

NLME 提供一个管理服务来允许一个应用和栈相连接。NLME 可提供以下服务。

① 配置一个新设备：NLME 可以依据应用操作的要求配置栈。设备配置包括开始设备为 ZigBee 协调者，或者加入一个存在的网络。

② 开始一个网络：NLME 可以建立一个新的网络。

③ 加入或离开一个网络：NLME 可以加入或离开一个网络，使 ZigBee 的协调器和路由器能够让终端设备离开网络。

④ 分配地址：使 ZigBee 的协调者和路由器可以分配地址给加入网络的设备。

⑤ 邻接表（Neighbor）发现：发现、记录和报告设备的邻接表下一跳的相关信息。

⑥ 路由的发现：通过网络发现和记录传输路径，而信息也可被有效地路由。

⑦ 接收控制：当接收者活跃时，NLME 可以控制接收时间的长短，并使 MAC 子层能同步直接接收。

（3）网络层帧结构

网络层帧结构由网络头和网络负载区构成。网络头以固定的序列出现，但地址和序列区不可能被包括在所有帧中。

（4）网络层关键技术

ZigBee 协议栈的核心部分在网络层。网络层主要实现节点加入或离开网络、接收或抛弃其他节点、路由查找及传输数据等功能，支持 Cluster-Tree（簇－树）、AODVjr、Cluster-Tree+AODVjr 等路由算法，支持星形（Star）、树状（Cluster-Tree）、网格（Mesh）等拓扑结构。

Cluster-Tree 是一种由协调器（Coordinator）展开生成树状网络的拓扑结构，适合节点静止或者移动较少的场合，属于静态路由，不需要存储路由表。AODVjr 算法是针对 AODV（Ad hoc On-Demand Distance Vector Routing，无线自组网按需平面距离矢量路由协议）算法的改进，考虑到节能、应用方便性等因素，简化了 AODV 的一些特点，但仍然保持 AODV 的原始功能。

Cluster-Tree+AODVjr 路由算法汇聚了 Cluster-Tree 和 AODVjr 的优点。网络中的每个节点被分成 4 种：Coordinator、RN+、RN−、RFD（RN：Routing Node，路由节点；RFD：Reduced Function Device，精简功能设备）。其中，Coordinator 的路由算法与 RN+相同，Coordinator、RN+和 RN−都是 FFD（Full Function Device，完整功能设备），能给其他节点充当路由节点；RFD 只能充当 Cluster-Tree 的叶子（Leaf Node）。如果待发送数据的目标节点是自己的邻居，那么直接通信即可；反之，3 种类型的节点处理数据包各不相同：RN+可以启动 AODVjr，主动查找到目标节点的最佳路由，且可以扮演路由代理（Routing Agent）的角色，帮助其他节点查找路由；RN−只能使用 Cluster-Tree 算法，可以通过计算，判断该交给数据包请自己的父节点还是某子节点转发，而 RFD 只能把数据交给父节点，请其转发。

2．网络层实现

（1）无线模块的设计

根据不同类型节点功能不同的特点，可以在不同的硬件平台设计模块。设计制作的 ZigBee 系列模块完全满足 IEEE 802.15.4 和 ZigBee 协议的规范要求，符合 ISM/SRD 规范，通过 FCC 认证。模块集无线收发器、微处理器、存储器和用户 API 等软/硬件于一体，能实现 1.0 版 ZigBee 协议栈的功能。Coordinator 可以连接使用 ARM 处理器开发的嵌入式系统，功能较多的路由节点（RN+，RN−）由高档单片机充当，功能较少的叶子节点使用普通的单片机。模块还可以根据实际需要，工作在不同的睡眠模式和节能方式下。

在无线收发器里最重要的部件是射频芯片，它的好坏对信号的传输收发有着直接的影响。射频芯片采用 Chipcon 公司生产的符合 IEEE 802.15.4 标准的模块 CC2420，控制射频芯片的微处理器可以根据需要选择 Atmel 公司的 AVR 系列单片机或者 Silicon Labs 公司的 8051 内核单片机。单片机与射频芯片之间通过 SPI 进行通信，连接速率是 6 Mbps。单片机与外部设备之间通过串口进行通信，连接速率是 38.4 kbps。单片机自带若干 ADC 或者温度传感器，可以实现简单的模/数转换或者温度监控。为了方便代码移植到不同的硬件平台，模块固件采用标准 C 语言编写代码来实现。

(2) 网络的建立

ZigBee 网络最初由协调器发动并且建立。协调器首先进行信道扫描，采用一个其他网络没有使用的空闲信道，同时规定 Cluster-Tree 的拓扑参数，如最大子节点数、最大层数、路由算法、路由表生存期等。

协调器启动后，其他普通节点加入网络时，只要将自己的信道设置成与现有的协调器使用相同的信道，并提供正确的认证信息，即可请求加入网络。一个节点加入网络后，可以从其父节点得到自己的短 MAC 地址、ZigBee 网络地址和协调器规定的拓扑参数。同理，一个节点要离开网络，只需向其父节点提出请求即可。一个节点若成功地接收一个子节点，或者其子节点成功脱离网络，都必须向协调器汇报。因此，协调器可以即时掌握网络的所有节点信息，维护 PIB。

(3) 路由设计与实现

在传输数据时，不同类型的节点有不同的处理方法，协调器的处理机制与 RN+相同，网络层路由设计分为 RN+、RN-和 RFD 三个模块，因为实际点对点通信是通过 MAC 地址进行数据传输的，所以每个节点在接收到信息包时都要维护邻居表。邻居表主要起地址解析（Address Resolution）的作用，即将邻居节点的网络地址转换成 MAC 地址。另外，RN+节点在接收到信息包或者启动 AODVjr 查找路由时还必须维护路由表。邻居表和路由表的记录都有生存期，超过生存期的记录将被删除。

(4) 测试方法

无线通信有其特殊性质，每个节点发送的数据包既是信号源，又可能是干扰源，因此无线网络的测试是一大难题。为了能在室内方便测试网络性能，引入黑名单机制，强制让一些节点对黑名单节点发送的数据包"视而不见"，以测试十几个点甚至几十个点的特殊网络。在实际应用时，去掉黑名单并不影响网络的工作性能。测试时，还可以采用符合 IEEE 802.15.4 协议的包（Sniffer），记录测试过程空气中所传输的无线数据。每个模块还可以通过 I/O 接口输出自己的收发状态等信息，通过多种手段对测试过程进行分析，才能提高开发测试效率。

4.3.3　应用层

根据实际应用，应用层主要由用户开发，维持器件的功能属性，发现该器件工作空间中其他器件的工作，并根据服务和需求在多个器件之间进行通信。

ZigBee 的应用层由应用支持子层（APS Sublayer）、ZigBee 应用层框架、ZigBee 设备对象（ZDO）和 ZigBee 安全管理组成。应用支持子层的作用包括维护绑定表（绑定表的作用是基于两个设备的服务和需要把它们绑定在一起），在绑定设备间传输信息。ZDO 的作用包括：在网络中定义一个设备的作用（如定义设备为协调者或为路由器或为终端设备），发现网络中的设备，并确定它们能提供何种服务、起始或回应绑定需求，以及在网络设备中建立一个安全的连接。

1．应用支持子层

应用支持子层在网络层和应用层之间提供了一个接口，接口的提供是通过 ZDO 和制造商定义的应用设备共同使用的一套通用服务机制。此服务机制由两个实体提供：通过 APS 数据实体接入点(APSDE.SAP)的 APS 数据实体(APSDE)，通过 APS 管理实体接入点(APSME.SAP)的 APS 管理实体（APSME）。APSDE 提供数据传输服务对于应用 PDUS 的传输在同一网络的两个或多个设备之间。APSME 提供服务以发现和绑定设备并维护一个管理对象的数据库，通常称为 APS 信息库（APS Information Base，AIB）。

2．ZigBee 应用层框架

ZigBee 应用层框架是应用设备和 ZigBee 设备连接的环境。在应用层框架中，应用对象发送和接收数据通过 APSDE.SAP 来实现，而对应用对象的控制和管理则通过 ZDO 公用接口来实现。APSDE.SAP 提供的数据服务包括请求、确认、响应及数据传输的指示信息。被定义的应用对象有 240 个，每个终端节点的接口标识为 1~240，还有两个附加的终端节点为 APSDE.SAP 使用。标识 0 被用于 ZDO 的数据接口，255 则用于所有应用对象的广播数据接口，而 241.254 予以保留。

使用 APSDE.SAP 提供的服务，应用层框架提供了应用对象的两种数据服务类型：键值对服务（Key Value Pair service，KVP）和通用信息服务（Generic Message Service，MSG）。两者传输机制一样，不同的是，MSG 并不采用应用支持子层数据帧的内容，而是留给应用者自己去定义。

3．ZigBee 设备对象

ZDO 描述了一个基本的功能函数类，在应用对象、设备 profile 和 APS 之间提供了一个接口。ZDO 位于应用框架和应用支持子层之间，满足 ZigBee 协议栈所有应用操作的一般要求。ZDO 还具有以下作用。

① 初始化 APS、NWK 和安全服务文档（Securit Service Documentation，SSS）。

② 从终端应用中集合配置信息来确定执行和发现安全管理、网络管理和绑定管理。ZDO 描述了应用层框架中应用对象的公用接口，控制设备和应用对象的网络功能。在终端标识 0，ZDO 提供了与协议栈中下一层相接的接口。

4．ZigBee 安全管理

安全层使用可选的 AES-128 对通信进行加密，保证了数据的完整性。ZigBee 安全体系提供的安全管理主要是依靠相称性密匙保护、应用保护机制、合适的密码机制及相关保密措施。安全协议的执行(如密匙的建立)要以 ZigBee 整个协议栈正确运行且不遗漏任何一步为前提，MAC 层、NWK 层和 APS 层都有可靠的安全传输机制。APS 层提供了建立和维护安全联系的服务、ZDO 管理设备的安全策略和安全配置。

(1) MAC 层安全管理

当 MAC 层数据帧需要被保护时，ZigBee 使用 MAC 层安全管理来确保 MAC 层命令、标识和确认等功能。ZigBee 使用受保护的 MAC 数据帧来确保一个单跳网络中信息的传输，但对于多跳网络，ZigBee 要依靠上层（如 NWK 层）的安全管理。MAC 层使用 AES 作为主要的密码算法和描述多样的安全组，这些组能保护 MAC 层的机密性、完整性和真实性。当 MAC 层使用安全使能来传输/接收数据帧时，它首先会查找此帧的目的地址（源地址），然后找回与地址相关的密匙，再依靠安全组来使用密匙处理此数据帧。每个密匙与 1 个安全组相关联，MAC 层帧头中有 1 个位控制帧的安全管理是否使能。

当传输 1 帧时，如需保证其完整性，MAC 层帧头和载荷数据会被计算使用，来产生信息完整码（Message Integrity Code，MIC）。MIC 由 4、8 或 16 位组成，被附加在 MAC 层载荷中。当需保证帧机密性时，MAC 层载荷也有其附加位和序列数（数据一般组成一个 nonce）。当加密载荷时或保护其不受攻击时，此 nonce 被使用。当接收帧时，如果使用了 MIC，则帧会被校验，如载荷已被编码，则帧会被解码。当发送每个信息时，发送设备会增加帧的计数，而接收设备会跟踪每个发送设备的最后 1 个计数。如果 1 个信息被探测到 1 个老的计数，该信息会出现安全错误而不能被传输。MAC 层的安全组基于 3 个操作模型：计数器模型（Counter Mode，CTR）、密码链模型（Cipher Block Chaining，CBC-MAC）、两者混合形成的 CCM 模型。MAC 层的编码在计数器模型中使用 AES 来实现，完整性在密码链模型中使用 AES 来实现，而编码和完整性的联合则在 CCM 模型中实现。

(2) NWK 层安全管理

NWK 层也使用 AES，但与 MAC 层不同，标准的安全组全部是基于 CCM 模型的。CCM 模型是 MAC 层使用的 CCM 模型的小修改，包括所有 MAC 层 CCM 模型的功能，还提供了单独的编码及完整性的功能。这些额外的功能通过排除使用 CTR 和 CBC，用 MAC 模型来简化 NWK 的安全模型。另外，在所有的安全组中，CCM 模型可以使 1 个单密匙用于不同的组中。在这种情况下，应用可以更加灵活地来指定 1 个活跃的安全组给每个 NWK 的帧，而不必理会安全措施是否使能。

当 NWK 层使用特定的安全组来传输、接收帧时，NWK 层会使用安全服务提供者（Security Services Provider，SSP）来处理此帧。SSP 会寻找帧的目的/源地址，取回对应于目的/源地址的密匙，然后使用安全组来保护帧。NWK 层对安全管理有责任，但其上一层控制着安全管理，包括建立密匙及确定对每个帧使用相应的 CCM 安全组。

4.4　无线传感器网络定位算法的分类

在传感器网络中，根据定位过程中是否测量实际节点间的距离，定位算法可分为基于距离的（Rang-based）定位算法和与距离无关的（Range-free）定位算法。前者需要测量相邻节点的绝对距离或方位，并利用节点间的实际距离来计算未知节点的位置；后者不需测量节点间的绝对距离或方位，而是利用节点间估计的距离计算节点的位置。

4.4.1　基于距离的定位算法

基于距离的定位机制是通过测量相邻节点间的实际距离或方位进行定位的。其具体过程通常分为 3 个阶段：第一阶段是测距阶段，未知节点首先测量到邻居节点的距离或角度，然后进一步计算邻近信标节点的距离或方位，在计算到邻近信标节点的距离时，可以计算未知节点到信标节点的直线距离，也可以用两者之间的跳段距离作为直线距离的近似；第二阶段是定位阶段，未知节点再计算到达 3 个或 3 个以上信标节点的距离或角度后，利用三边测量法、三角测量法或极大似然估计法计算未知节点的坐标；第三阶段是修正阶段，对求得的节点的坐标进行求精，提高定位精度，减小误差。

基于距离的定位算法通过获取电波信号的参数，如 RSSI、TOA、TDOA、AOA 等，再通过合适的定位算法来计算节点或目标的位置。由于前面对 RSSI、AOA、TOA、TDOA 已经进行过详细介绍，这里不再重复，以下介绍极大似然估计法（Maximum Likelihood Estimation）。

如图 4-5 所示，已知获得信标节点 $1,2,3,\cdots,n$ 的坐标分别为 $(x_1,y_1),(x_2,y_2),(x_3,y_3),\cdots,(x_n,y_n)$，它们到待定节点 D 的距离分别为 $\rho_1,\rho_2,\rho_3,\cdots,\rho_n$。假设 D 的坐标为 (x,y)，则存在公式为

$$\begin{cases} (x_1-x)^2+(y_1-y)^2=\rho_1^2 \\ (x_2-x)^2+(y_2-y)^2=\rho_2^2 \\ \qquad\qquad\vdots \\ (x_n-x)^2+(y_n-y)^2=\rho_n^2 \end{cases} \tag{4-3}$$

式(4-3)可表示为线性方程式 $\boldsymbol{Ax}=\boldsymbol{b}$，其中，

$$\boldsymbol{A}=\begin{bmatrix} 2x_1-x_n & 2y_1-y_n \\ 2x_2-x_n & 2y_2-y_n \\ \cdots & \cdots \\ 2x_{n-1}-x_n & 2y_{n-1}-y_n \end{bmatrix}$$

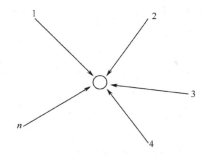

图 4-5 极大似然估计法

$$b = \begin{bmatrix} x_1^2 - x_n^2 + y_1^2 - y_n^2 + \rho_n^2 - \rho_1^2 \\ x_2^2 - x_n^2 + y_2^2 - y_n^2 + \rho_n^2 - \rho_2^2 \\ ... \\ x_{n-1}^2 - x_n^2 + y_{n-1}^2 - y_n^2 + \rho_n^2 - \rho_{n-1}^2 \end{bmatrix}$$

$$x = \begin{bmatrix} x \\ y \end{bmatrix}$$

使用标准的最小均方差估计法可以得到节点 D 的坐标为：$\hat{x} = (A^{\mathrm{T}}A)^{-1}A^{\mathrm{T}}b$。

4.4.2　基于非测距的定位算法

尽管基于距离的定位能够实现精确定位，但是对于无线传感器节点的硬件要求很高，使得硬件的成本增加，能耗高。基于以上因素，人们提出了与距离无关的定位技术。与距离无关的定位技术无须测量节点间的距离或方位，降低了对节点硬件的要求，但定位的误差也相应有所增加。

目前，与距离无关的定位方法有两类：一类是先对未知节点和信标节点之间的距离进行估计，再利用三边测量法或极大似然估计法进行定位；另一类是通过邻居节点和信标节点确定包含未知节点的区域，再把这个区域的质心作为未知节点的坐标。与距离无关的定位算法精度低，但能满足大多数应用的要求。

与距离无关的定位算法主要有质心定位算法、DV-Hop 算法、APIT 算法和凸规划定位算法等。

1．质心定位算法

质心定位算法是南加州大学的 Nirupama Bulusu 等学者提出的一种仅基于网络联通性的室外定位算法，如图 4-6 所示。该算法的核心思想是：传感器节点以所有在其通信范围内的信标节点的几何质心作为自己的估计位置。其具体过程为：信标节点每隔一段时间向邻居节点广播一个信标信号，信号中包含节点自身的 ID 和位置信息，当传感器节点在一段侦听时间内接收到来自信标节点的信标信号数量超过某一个预设门限后，该节点认为与此信标节点连接，并将自身位置确定为所有与之连接的信标节点所组成的多边形的质心。

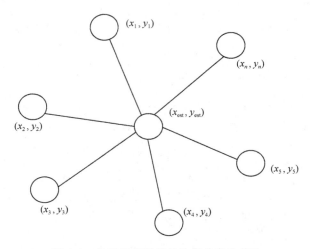

图 4-6　基于网络联通性的室外定位算法

当传感器节点接收到所有与之连接的信标节点的位置信息后,就可以根据这些信标节点所组成的多边形的顶点坐标来估算自己的位置了。假设这些坐标分别为 $(x_1, y_1), (x_2, y_2), \cdots, (x_k, y_k)$,则可根据式(4-4)计算传感器节点的坐标为

$$(x, y) = \left(\frac{x_1 + L + x_k}{k}, \frac{y_1 + L + y_k}{k} \right) \tag{4-4}$$

该算法仅能实现粗粒度定位,需要较高的信标节点密度,但实现简单,完全基于网络的连通性,无须信标节点和传感器节点间协调,可以满足那些对位置精度要求不太苛刻的应用。

2. DV-Hop 算法

DV-Hop 算法的定位过程可以分为以下 3 个阶段。

(1) 计算未知节点与每个信标节点的最小跳数

首先,通过典型的距离矢量交换协议,使网络中的所有节点获得距信标节点的跳数。

信标节点向邻居节点广播自身位置的信息分组,其中包括跳段数、初始化 0。接收节点记录到每个信标节点的最小跳数,忽略来自同一个信标节点的最大跳段数,然后将跳段数加 1,并转发给邻居节点。这种方法可以使网络中的每个节点获得到每个信标节点的最小跳数。

(2) 计算未知节点与信标节点的实际跳段距离

每个信标节点根据第一个阶段中记录的其他信标节点的位置信息和相距跳段数,估算平均每跳的实际距离为

$$\text{Hopsize}_i = \frac{\sum\limits_{j \neq i} \sqrt{(x_i - x_j)^2 + (y_i - y_j)^2}}{\sum\limits_{j \neq i} h_j} \tag{4-5}$$

其中,(x_i, y_i) 和 (x_j, y_j) 分别为信标节点 i, j 的坐标;h_j 为信标节点 i 与 $j (j \neq i)$ 之间的跳段数。

然后,信标节点将计算的每跳平均距离用带有生存期字段的分组广播到网络中,未知节点

只记录接收到的第一个每跳平均距离，并转发给邻居节点。该方法保证了绝大多数节点仅从最近的信标节点接收平均每跳距离值。未知节点接收到平均每跳距离后，根据记录的跳段数来估算到信标节点的距离为

$$D_i = \text{hops} \times \text{Hopsize}_{ave}$$

（3）利用三边测量法或极大似然估计法计算自身的位置

估算未知节点到信标节点的距离后，就可以用三边测量法或极大似然估计法计算未知节点的自身坐标。

如图 4-7 所示，已知锚节点 L_1 与 L_2、L_3 之间的距离和跳数，由 L_2 可计算得到平均每跳距离$(40+75)/(2+5) \approx 16.43$；假设 A 从 L_2 获取平均每跳距离，则它与 3 个节点之间的距离分别为 3×16.42（L_1）、2×16.42（L_2）、3×16.42（L_3），然后使用三边测量法确定节点 A 的位置。

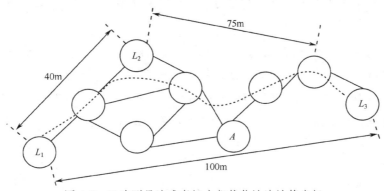

图 4-7　三边测量法或者极大似然估计法计算坐标

DV-Hop 算法在网络平均连通度为 10，信标节点比例为 10%的各向同性网络中平均定位精度大约为 33%，其缺点是仅在各向同性的密集网络中，才能合理地估算平均每跳的距离。根据上面的描述可以看出，此方法利用平均每跳距离计算实际距离，对节点的硬件要求低，实现简单，存在一定误差。

3．APIT 算法

T. He 等提出的 APIT（Approximate Point-in-Triangulation Test，近似三角形内点测试）算法的基本思想是三角形覆盖逼近。传感器节点处于多个三角形覆盖区域的重叠部分中，目标节点从所有邻居信标节点集合中选择 3 个节点，测试目标节点是否位于这 3 个节点组成的三角形内部，重复这一过程，直到穷举所有三元组合或者达到期望的精度，然后计算所有覆盖目标节点的三角形重叠部分的质心作为其位置估计。如图 4-8 所示，阴影部分区域是包含传感器节点的所有三角形的重叠区域，黑色指示的质心位置作为传感器节点的位置。

算法的理论基础是最佳三角形内点测试法（Perfect Point-In-Triangulation Test），为了在静态网络中执行 PIT（Point in Triangulation，三角形内点）测试，APIT 测试应运而生。假如节点 M 的邻居节点没有同时远离或靠近 3 个信标节点 A、B、C，那么 M 就在$\triangle ABC$内；否则，

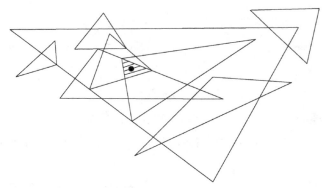

图 4-8　APIT 算法传感器节点的位置示意

M 在 $\triangle ABC$ 外。APIT 算法利用无线传感器网络较高的节点密度来模拟节点移动，利用无线信号的传播特性来判断是否远离或靠近信标节点，通过邻居节点间信息交换，仿效 PTT 测试的节点移动。

如图 4-9(a)所示，节点 M 通过与邻居节点 1 交换信息，得知自身如果运动至节点 1，将远离信标节点 B 和 C，但会接近信标节点 A，与邻居节点 2、3、4 的通信和判断过程类似，最终确定自身位于 $\triangle ABC$ 中；而在图 4-9(b)中，由节点 M 可知，假如其自身运动至邻居节点 3 处，将同时远离信标节点 A、B、C，故判断自身不在 $\triangle ABC$ 中。

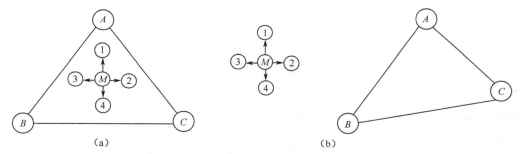

图 4-9　APIT 算法测试节点移动示意

在 APIT 算法中，一个目标节点任选 3 个相邻信标节点，测试自己是否位于它们组成的三角形中，使用不同信标节点组合重复测试直到穷尽所有组合或达到所需定位精度。

APIT 测试结束后，APIT 用 grid SCAN 算法（如图 4-10 所示）进行重叠区域的计算。

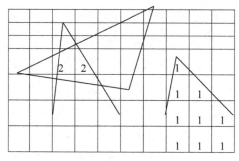

图 4-10　grid SCAN 算法示意

在此算法中，网格阵列代表节点可能存在最大区域。每个网格的初值都为 0，如果判断出节点在三角形内，那么相应的三角形所在的网格区域的值加 1，同样，如果判断出节点在三角形外，那么相应的三角形所在的网格区域的值减 1。计算所有的三角形区域的值后，找出具有最大值的重叠区域（图 4-10 中值为 2 的区域），最后计算这个区域的质心即为该节点的位置。

在无线信号传播模式不规则和传感器节点随机部署的情况下，APIT 算法的定位精度高、性能稳定，测试错误概率较小（最坏情况下 14%），平均定位误差小于节点无限射程的 40%。但因细分定位区域和传感器节点必须与信标节点相邻的需求，该算法要求较高的信标节点密度。

APIT 定位的具体步骤如下。

① 收集信息。未知节点收集临近节点的信息，如位置、标志号、接收到的信号强度等，邻居节点之间交换各自收到的信标节点的信息。

② APIT 测试。测试未知节点是否在不同的信标节点组合成的三角形内部。

③ 计算重叠区域，统计包含未知节点的三角形，计算所有三角形的重叠区域。

④ 计算未知节点的位置，计算重叠区域的质心位置，作为未知节点的位置。

相对于计算简单的质心定位算法，APIT 算法精度高，对信标节点的分布要求低。

4．凸规划定位算法

加州大学伯克利分校的 Doherty 等将节点间点到点的通信连接视为节点位置的几何约束，把整个网络模型化为一个凸集，从而将节点定位问题转化为凸约束优化问题，然后使用半定规划和线性规划方法得到一个全局优化的解决方案，确定节点位置；同时给出一种计算传感器节点有可能存在的矩形空间的方法。

如图 4-11 所示，根据传感器节点与信标节点之间的通信连接和节点无线通信射程，可以估算节点可能存在的区域（图中阴影部分），并得到相应的矩形区域，然后以矩形的质心作为传感器节点的位置。

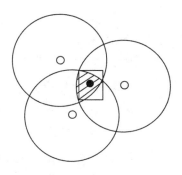

○ 信标节点　● 传感器节点

图 4-11　传感器节点定位示意

凸规划是一种集中式定位算法,定位误差约等于节点的无线射程(信标节点比例为10%)。为了高效工作,信标节点需要被部署在网络边缘,否则外围节点的位置估算会向网络中心偏移。

4.5 基于 ZigBee 的 TLM 定位算法实例

4.5.1 定位算法

定位算法有很多种,按照不同的标准可以有不同的分类,比较常用的是三边定位法。在一个二维坐标系统中,最少需要得到 3 个参考点的距离才能唯一确定一点的坐标。无线定位技术在三边定位的基础上演变出一些比较好的方法:基于测距技术的定位和非测距技术的定位。基于测距技术的定位主要有 TOA、TDOA、信号强度测距法;非测距技术的定位主要有质心法、凸规划定位算法、距离矢量跳数的算法。

本节主要介绍阈值分段定位方法(Transmission Line Matrix,TLM)。首先定义一个阈值距离,当目标节点和参考节点距离在阈值距离以内时采用改进的 RSSI 测距法,即建立一个特定环境中的信号传播模型;当距离在阈值距离以外时,RSSI 变化不明显,因此采用基于接收链路质量指示(Link Quality Indicator,LQI)的 DV-Hop 算法来改善定位精度。

4.5.2 TLM 定位算法设计

1. 阈值的确定

一般来说,RSSI 技术的基本原理是通过射频信号的强度来进行距离估计的,即已知发射功率,在接收节点测量功率,计算传播损耗,使用理论或经验的信号传播模型将传播损耗转化为距离。常用的传播路径损耗模型有自由空间传播模型、对数距离路径损耗模型、对数-常态分布模型等。经测量验证,当距离大于 5 m 后,RSSI 变化很小,因此本节定义的阈值距离 d=5 m。

2. 距离小于阈值

找出特定环境中的 RSSI 和距离的变化关系便可以进行定位。目前,许多无线收/发芯片都能提供 RSSI 检测值,本节采用 TI 公司的 CC2430 系列芯片,可以直接读取 RSSI。当一个节点向另一个节点发送数据包时,数据包的最后 2 字节分别是 RSSI 和 LQI 值。用 CC2430 实时读取 RSSI 值,采用曲线拟合的方法得到一个特定环境的关系式。在一个预定的房间内分别记录未知节点到各参考节点的 RSSI 和距离 d_i,得到距离和 RSSI 对应组 (d_i, Pr),最后根据每个参考节点所测得的数据,以 d 为 X 轴,Pr 为 Y 轴,得到各自的 $Pr \sim d$ 曲线。将 $Pr \sim d$ 的对应关系绘制成二维变化曲线,根据试验测得的数据绘成曲线图,对曲线进行拟合,可以得到一个近似的关系式。

3. 距离大于阈值

当距离大于阈值时，采用改进的 DV-Hop 算法，即将未知节点与锚节点之间的距离用网络平均每跳距离和两节点之间最短路径跳数之积来表示，再使用三边测量法获得节点位置信息。

DV-Hop 算法的实现大致分为以下 3 个步骤。

① 距离矢量交换阶段。

② 广播与校正值计算。

③ 利用三边测量法计算自身位置。

参考节点的平均每跳距离计算式为

$$D = \frac{\sum\limits_{j=1,i=1}^{M} \sqrt{(x_j - x_i)^2 + (y_j - y_i)^2}}{\sum\limits_{J}^{M} h_j} \tag{4-6}$$

其中，D 表示平均每跳距离；h_j 表示参考节点 i 到参考节点 j 的最小跳数。如图 4-12 所示为 DV-Hop 定位图，按照 L_2 收到的距离和跳数信息，计算得到平均每跳距离为 (40+75)/(2+5)≈16.43。

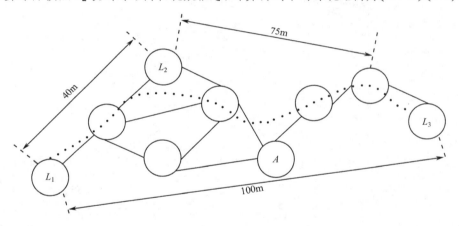

图 4-12　DV-Hop 定位图

假设未知节点 A 从 L_2 处首先获得校正值，则它到 3 个参考节点 L_1、L_2、L_3 距离分别为 3×16.42、2×16.42、3×16.42，然后使用三边测量法确定节点 A 的位置。

该算法也存在一定的不足，当收到不合理的跳数值后，会影响参考节点的平均每跳距离。本节采用了基于 LQI 的改进方法。LQI 表示接收链路质量指示，影响因素有收发之间的信号强度和接收灵敏度。

4.5.3　算法仿真及结果

1. RSSI 建模

TI 公司生产的 CC2430 芯片可以直接读取接收信号强度指示 RSSI 在一个 6 m×6 m 的房间

内，多次测量 RSSI 值，其与距离 d 的关系如表 4-1 所示。

表 4-1　RSSI 与距离 d 的关系

d/m	$\lg d$	RSSI/dBm
1.0	0	−46
2.0	0.30	−54
2.5	0.40	−63
3	0.48	−68
3.5	0.54	−72
4.0	0.60	−75
4.5	0.65	−77

在 Matlab 软件里，纵轴为 RSSI 值，横轴为距离 d 取对数，对表 4-1 中数据仿真，其结果如图 4-13 所示。

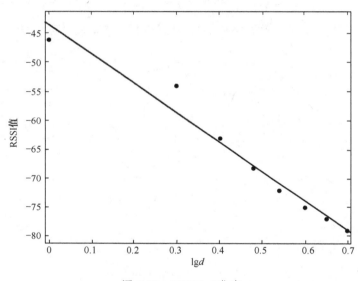

图 4-13　RSSI-$\lg d$ 仿真

由此可直接得到关系式为

$$RSSI = -(50.7\lg d + 43.49) \tag{4-7}$$

2．仿真定位

在房间进行如下布点：8 个参考节点，1 个移动节点。节点坐标分布如表 4-2 所示。节点实际距离和建模距离如表 4-3 所示。

三边测量法在 Matlab 中仿真节点分布如图 4-14 所示。其中，●表示参考节点，■表示定位节点。可知未知节点实际坐标为(1.5000, 2.0000)，未知节点定位坐标为(1.2463, 2.2636)。

在大量测量房间内的 RSSI 值后得到一个 RSSI 和位置的数据库，可以在一定程度上提高上述定位的精度。

表 4-2　节点坐标分布

节点内容	坐标	RSSI
未知节点	(1.5, 2)	
参考节点		
1	(0, 0)	−62
2	(1.5, 5)	−63
3	(1, 4)	−59
4	(2, 3)	−50
5	(2, 4)	−55
6	(3, 3)	−55
7	(3, 1)	−60
8	(4, 5)	−73

表 4-3　节点实际距离和建模距离

节点数	实际距离/m	建模距离/m
1	2.50	2.317
2	3.00	1.425
3	2.06	2.022
4	1.10	1.344
5	2.06	1.687
6	1.80	1.687
7	1.80	2.117
8	3.90	3.820

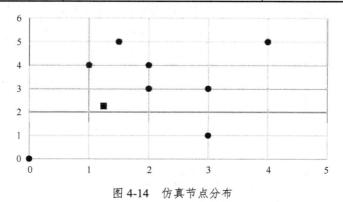

图 4-14　仿真节点分布

3. DV-Hop 仿真

仿真所用参考节点及未知节点的坐标分布如表 4-4 所示。

每个节点都向其邻居节点广播包含自身信息的向量分组(其中包含初始化为 1 的跳数和节点自身的坐标信息),接收节点记录下每个参考节点具有最小跳数的向量分组,忽略来自同一个参考节点具有较大跳数的向量分组,然后将跳数加 1,再转发给其他邻居节点,如此往复转

表 4-4　节点的坐标分布

节点数	坐　　标	节点数	坐　　标
1	(0, 15)	6	(30, 25)
2	(16, 0)	7	(40, 22)
3	(23, 14)	8	(58, 58)
4	(18, 20)	9	(20, 18)
5	(21, 30)		—

发。各节点之间的跳数如下：矩阵的元素分别表示 i 节点到 j 节点的跳数；如第 1 行第 2 列为 4，表示 1 号节点到 2 号节点跳数为 4 跳；第 2 行第 3 列为 1，表示 2 号节点到 3 号节点跳数为 1 跳。

$$h = \begin{bmatrix} 0 & 4 & 3 & 1 & 2 & 3 & 4 & 5 & 2 \\ 4 & 0 & 1 & 3 & 4 & 3 & 4 & 5 & 2 \\ 3 & 1 & 0 & 2 & 3 & 2 & 3 & 4 & 1 \\ 1 & 3 & 2 & 0 & 1 & 2 & 3 & 4 & 1 \\ 2 & 4 & 3 & 1 & 0 & 1 & 2 & 3 & 2 \\ 3 & 3 & 2 & 2 & 1 & 0 & 1 & 2 & 1 \\ 4 & 4 & 3 & 3 & 2 & 1 & 0 & 1 & 2 \\ 5 & 5 & 4 & 4 & 3 & 2 & 1 & 0 & 3 \\ 2 & 2 & 1 & 1 & 2 & 1 & 2 & 3 & 0 \end{bmatrix}$$

三边测量法在 Matlab 中的仿真结果如图 4-15 所示，☆为参考节点，●为未知节点。未知节点实际坐标为(20, 18)，未知节点定位坐标为(29.8813, 42.0713)。

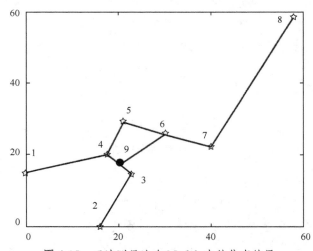

图 4-15　三边测量法在 Matlab 中的仿真结果

习 题 4

1．简述定位技术在无线传感器网络中的地位。

2．列举 ZigBee 无线通信的主要特征。

3．ZigBee 协议的体系结构是什么样的？

4．ZigBee 协议最低的硬件要求是什么？

5．ZigBee 协议与 IEEE 802.15.4 的区别有哪些？

6．在 ZigBee 中基本的路由算法是如何实现的？

7．简述基于测距和基于非测距的区别与各自的优劣。

8．简述质心定位算法、DV-Hop 算法、凸规划定位算法、APIT 定位算法的性质和实现的基本原理。

9．简述 TLM 定位算法设计实现。

参考文献

[1] ZHAO LINGJIANG, XU YUFA．Artificial Intelligence Monitoring System Using ZigBee Wireless Network Technology in Warehousing and Logistics Innovation and Economic Cost Management[J]．Wireless Communications and Mobile Computing, DOI: 10.1155/2022/4793654, v 2022．

[2] ZHU J, PAPAVASSILIOU S．On the Connectivity Modeling and the Tradeoffs between Reliability and Energy Efficiercy in Large Scale Wireless Sensor Network[J]. IEEE Wireless Communications and Networking, 2003, pp (2): 1260-1265.

[3] VASHISTHA A, LAW C L．E-DTDOA Based Localization for Wireless Sonsor Networks With Clock Drift Compensation[J]．IEEE Sensors Journal, 2020, 20 (5): 2648-2658．

[4] YEN L H, TSAI W T．The room shortage problem of tree-based ZigBee/IEEE 802.15.4 wireless networks[J]. Computer communications, 2010, 33 (4): 454-462．

[5] 杨柳．WiZiLoc：基于跨技术通信的 ZigBee 节点自定位技术[D]．燕山大学，2021．

[6] 徐柳坡，韩英哲，马放．基于 ZigBee 的移动机器人定位研究[J]．自动化仪表，2019, 40 (10): 66-69．

[7] 张凤英．基于 Zigbee 及 RSSI 的养老院室内定位系统的开发[J]．电子技术与软件工程，2018(14): 38-39．

[8] 朱树先,曹冲,朱学莉.GPRS 和 ZigBee 技术用于供水管网监控系统研究[J]. 自动化仪表. 2015(05): 57-63.

[9] 胡培金，江挺，赵燕东，等．基于 ZigBee 无线网络的土壤墒情监控系统[J]．农业工程学报，2011, 27 (4): 230-234．

[10] 王飞，童敏明，白琪，吴璇. 基于 RSSI 的 ZigBee 动态加权质心四点定位算法[J]. 计算机应用研究，2018(09): 230-234.

[11] 胡瑛，ZigBee 无线通信技术应用开发[M]. 北京：电子工业出版社，2020.

[12] 谭志. 无线传感器网络定位技术[M]. 北京：电子工业出版社，2021.

[13] 彭力. 无线传感器网络技术[M]. 北京：冶金工业出版社，2011.

[14] 刘伟荣. 物联网与无线传感器网络（第 2 版）[M]. 北京：电子工业出版社，2021.

第5章 Wi-Fi 定位

本章导读

✿ Wi-Fi 基础
✿ 位置指纹法
✿ 轨迹优化
✿ Loc 定位研究工具集
✿ HTML5 GeoLocation 定位实例

5.1 Wi-Fi 基础

5.1.1 IEEE 802.11 系列标准概述

WLAN（Wireless LAN，无线局域网）的两个典型标准分别是由 IEEE 802 标准化委员会下第 11 标准工作组制定的 IEEE 802.11 系列标准和 ETSI 下的宽带无线电接入网络(Broadband Radio Access Networks) 小组制定的 HiperLAN（High Performance Radio LAN，高性能无线局域网）系列标准。

IEEE 802.11 系列标准由 Wi-Fi 联盟负责推广，本章所有研究仅针对 IEEE 802.11 系列标准，并且用 Wi-Fi 代指 IEEE 802.11 技术。

无线通信因在军事上的应用成果而受到重视，一直迅猛发展，但缺乏广泛的通信标准。于是，IEEE 在 1997 年为 WLAN 制定了第一个版本标准 IEEE 802.11，其中定义了 MAC 层和物理层。物理层定义了工作在 2.4 GHz ISM 频段上的两种扩频调制方式和一种红外传输方式，总数据传输速率设计为 2 Mbps。符合 IEEE 802.11 标准的两个设备之间的通信可以以设备到设备（Ad Hoc）的方式进行，也可以在 BS 或接入点（Access Point，AP）的协调下进行。

1999 年，IEEE 对原始的 IEEE 802.11 标准进行了修改，推出了 IEEE 802.11—1999 版，又推出了两个补充版本：IEEE 802.11a 定义了一个在 5 GHz ISM 频段上的数据传输速率可达

54 Mbps 的物理层，IEEE 802.11b 定义了一个在 2.4 GHz 的 ISM 频段上但数据传输速率高达 11Mbps 的物理层。2.4GHz 的 ISM 频段为世界上绝大多数国家通用，因此 IEEE 802.11b 得到了最为广泛的应用。1999 年，工业界成立了 Wi-Fi 联盟，致力于解决符合 IEEE 802.11 标准的产品生产和设备兼容性问题。

之后，802.11 工作小组陆续推出了一系列的标准，到目前为止，802.11 工作小组仍然在制定新的标准，具体如下（以标准名称、批准年份、协议说明的格式罗列）。

IEEE 802.11—1997：1997 年，原始标准（2 Mbps，工作在 2.4 GHz 频段）。

IEEE 802.11—1999：1999 年，对 802.11 原始版本的修订版，内容上有一定的调整。

IEEE 802.11a：1999 年，物理层补充（54 Mbps，工作在 5 GHz 频段）。

IEEE 802.11b：1999 年，物理层补充（11 Mbps，工作在 2.4 GHz 频段）。

IEEE 802.11c：2001 年，符合 802.11 的媒体接入控制层桥接。

IEEE 802.11d：2001 年，根据各国无线电规定做出调整。

IEEE 802.11e：2005 年，对 QoS 的支持。

IEEE 802.11F：2003 年，基站的互联性（Inter-Access Point Protocol，IAPP），2006 年 2 月被 IEEE 批准撤销。

IEEE 802.11g：2003 年，物理层补充（54 Mbps，工作在 2.4 GHz）。

IEEE 802.11h：2004 年，频谱管理，解决 5 GHz 对卫星或雷达的干扰问题。

IEEE 802.11i：2004 年，无线网络安全方面的补充。

IEEE 802.11j：2004 年，根据日本规定做的升级。

IEEE 802.11—2007：2007 年，IEEE 802.11 标准的修订版，在原有标准的基础上，融合了 a、b、d、e、g、h、i、j 这 8 个修正版。

IEEE 802.11k：2008 年，射频资源管理。

IEEE 802.11n：2009 年，更高传输速率，支持多输入多输出（MultiInput-MultiOutput，MIMO）技术，工作在 2.4 GHz 或 5 GHz 频段。

IEEE 802.11p：2010 年，主要用在车载环境的无线通信上，又称为车辆环境无线访问协议（Wireless Access in the Vehicular Environment，WAVE）。

IEEE 802.11r：2008 年，支持接入点之间快速切换，从而提高企业局域网中 VoIP（Voice over Internet Protocol，网络电话）的性能。

IEEE 802.11s：2011 年，对于无线网状网络（Wireless Mesh Network，WMN）的延伸与增补标准。

IEEE 802.11T：802.11 设备及系统的性能和稳定性测试规范，已被取消。

IEEE 802.11u：2011 年，与其他网络的交互性。

IEEE 802.11v：2011 年，无线网络管理。

IEEE 802.11w：2009 年，保护管理帧。

IEEE 802.11y：2008 年，美国地区，3.65～3.7 GHz 频段的操作。

IEEE 802.11z：2010 年，对直接链路设置（Direct-Link Setup，DLS）的扩展。

IEEE 802.11—2012：2012 年，IEEE 802.11 标准的修订版，在原有标准的基础上融合了 k、n、p、r、s、u、v、w、y、z 这 10 个修正版。

IEEE 802.11aa：2012 年，主要针对 Wi-Fi 网络中视频传输应用进行了增强和优化。

IEEE 802.11ae：2012 年，针对 QoS 管理进行了增强。

IEEE 802.11ac：定义了具有吉比特速率的超高吞吐量（Very High Throughput，VHT）传输模式。

IEEE 802.11ad：主要在 60 GHz 频段范围内定义了短距离 VHT 传输模式。

IEEE 802.11af：研究 Wi-Fi 技术在美国近期开放的 TV 空闲频段的使用方式。

IEEE 802.11ah：研究 1 GHz 以下频段 Wi-Fi 技术的使用方式。

IEEE 802.11ai：建立快速初始链路。

注意：为了避免混淆，IEEE 802.11l、802.11o、802.11q、802.11x、802.11ab 和 802.11ag 这几个标准是不存在的，而 IEEE 802.11F 和 802.11T 之所以将字母 F 和 T 大写，是因为它们不是标准，只是操作规程建议；IEEE 802.11m（m 表示 maintenance）主要是对 IEEE 802.11 家族规范进行了维护、修正、改进，以及为其提供解释文件。

5.1.2 Wi-Fi 网络成员与结构

IEEE 802.11 主要规定了两种基本架构：有基础架构的无线局域网络(Infrastructure Wireless LAN) 和无基础架构的无线局域网络（Ad Hoc Wireless LAN）。

所谓基础架构，通常是指一个现存的有线网络分布式系统，其中存在着一种特别的节点，称为接入点。接入点的功能是：一方面，将一个或多个无线局域网络和现存有线网络分布式系统相连接，以使得某无线局域网络中的工作站能和较远距离的另一个无线局域网络的工作站通信；另一方面，促使无线局域网络中的工作站能获取有线网络分布式系统中的网络资源。

无基础架构的无线局域网络的作用主要是使不限量的用户能够实时架设起无线通信网络。在这种架构中，通常任意两个用户间都可相互通信，在会议室里经常用到。IEEE 802.11 制定的架构允许无基础架构的无线局域网络和有基础架构的无线局域网络同时使用同一套基本接入协议。然而，一般讨论 IEEE 802.11 无线局域网络硬件架构时还是偏重在有基础架构的无线网络上。

IEEE 802.11 所定义的无线网络硬件架构主要由下列组件组成（见图 5-1）。

Wireless Medium（WM，无线传输媒介）：无线局域网络实体层使用到的传输媒介。

Station（STA）：工作站，是指拥有 IEEE 802.11 的 MAC 层和 PHY 层的接口的任何设备。

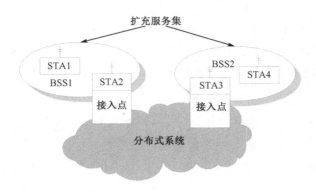

图 5-1　无线网络硬件架构组成元件

Basic Service Area（BSA，基本服务区域）：指在有基础架构的无线局域网络中，每个几何上的建构块（Building Block）。每个建构块的大小依该无线工作站的环境和功率而定。

Basic Service Set（BSS，基本服务集合）：基本服务区中所有工作站的集合。

Distribution System（DS，分布式系统）：通常由有线网络构成，可将数个 BSA 连接起来。

Access Point（AP，接入点）：连接 BSS 和 DS 的设备，不仅具有工作站的功能，还提供工作站具有接入分布式系统的能力。通常，一个 BSA 内会有一个接入点。

Extended Service Area（ESA，扩充服务区）：数个 BSA 经由 DS 连接在一起所形成的区域。

Extended Service Set（ESS，扩充服务集）：数个经由分布式系统所连接的 BSS 中的每个基本工作站集。所有位于同一 ESS 的接入点将使用相同的服务组标识符（Service Set Identifier，SSID），通常就是用户所谓的网络"名称"。

Portal（关口）：也是一个逻辑成分，用于将无线局域网和有线局域网或其他网络联系起来。

这里有三种媒介：站点使用无线的媒介，分布式系统使用的媒介，以及与无线局域网集成在一起的其他局域网使用的媒介。物理上它们可能互相重叠。IEEE 802.11 只负责在站点使用无线的媒介上的寻址（Addressing）。DS 和其他局域网的寻址不属于无线局域网的范围。

5.1.3　Wi-Fi 信道

截至目前，IEEE 802.11 工作组划分了 3 个独立的频段：2.4 GHz、3.7 GHz 和 5 GHz。每个频段又划分为若干信道。IEEE 802.11b 和 802.11g 将 2.4 GHz 的频段区分为 14 个重复标记的频道，每个频道的中心频率相差 5 MHz，如图 5-2 所示。

通常易被人们误认的频道 1、6、11（还有有些地区的频道 14）是互不重叠的，所以利用这些不重叠的频道，多组无线网络可以互不影响地工作，然而这种看法太过简单。

IEEE 802.11b 和 IEEE 802.11g 并没有规范每个频道的频宽，规范的是中心频率和频谱屏蔽（Spectral Mask）。

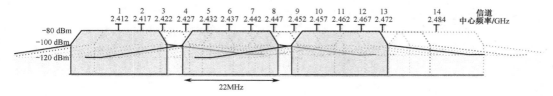

图 5-2 2.4 GHz Wi-Fi 频道与带宽

IEEE 802.11b 的频谱屏蔽需求为：在中心频率 ±11 MHz 处，至少衰减 30 dB，而 ±22 MHz 处要衰减 50 dB。频谱屏蔽只规定到 ±22 MHz 处的能量限制，因此通常认定使用频宽不会超过这个范围。实际上，当发射端和接收端的距离非常近时，接收端接收到的有效能量频谱有可能超过 22 MHz 的区域。所以，"频道 1、6、11 互不重叠"的说法应该修正为：频道 1、6、11 这 3 个频段互相之间的影响比使用其他频段的影响要小。然而需要注意的是，一个使用频道 1 的高功率发射端，可以轻易地干扰到一个使用频道 6 而功率较低的发射站。在实验室的测试中发现，当使用频道 11 传递文档时，一个使用频道 1 的发射台也在通信时，会影响频道 11 的文档传输，让传输速率稍稍降低。虽然频道 1、6、11 互不重叠的说法是不正确的，但是这个说法至少可以说明：频道距离在 1、6、11 之间虽然会对彼此造成干扰，却不会大大地影响通信的传输速率。

对于 IEEE 802.11 工作组划分的不同信道频段，每个国家（或地区）制定政策如何使用这些频段。在中国，2.4 GHz 频段可用信道为 1~13，它们各自的中心频率见图 5-2。5 GHz 频段可用的信道为 149、153、157、161、165，其中心频率则为 5745 MHz、5765 MHz、5785 MHz、5805 MHz、5825 MHz。

5.1.4 Wi-Fi MAC 帧格式

一般的 IEEE 802.11 MAC 帧格式（下方的数字表示的是所占的字节数）如表 5-1 所示。

表 5-1 一般的 IEEE 802.11 MAC 帧格式

Frame Control	Duration /ID	Address1	Address2	Address3	Sequence Control	Address4	QoS Control	HT Control	Frame Body	FCS
2	2	6	6	6	2	6	2	4	0~7951	4

1．Frame Control 字段

Frame Control（帧控制）字段共 2 字节，即 16 位，如表 5-2 所示，第 1 行数字表示的是字段所在位的位置，第二行数字表示的是字段所占的位数。

表 5-2 Frame Control 字段

Protocol Version	Type	Subtype	To DS	From DS	More Fragments	Retry	Power Management	More Data	Protected Frame	Order
0~1	2~3	4~7	8	9	10	11	12	13	14	15
2	2	4	1	1	1	1	1	1	1	1

其中各字段解释如下。

① Protocol Version（协议版本）字段：由 2 位构成，用以显示该帧所使用的 MAC 版本。目前，IEEE 802.11 MAC 只有 1 个版本，它的协议编号为 0。如果 IEEE 将来推出不同于原始规范的 MAC 版本，就会出现其他版本编号。

② Type 字段：占 2 位，将 MAC 帧分成了 3 种。Type=00，表示管理帧，Type=01，表示控制帧，Type=10，表示数据帧，Type=11，目前尚未被使用。

③ Subtype 字段：表示子类型帧。其中，与 Wi-Fi 定位关系比较大的有 Type=00 时，Subtype=1000 的 Beacon（信标）帧，Subtype=0100 的 Probe Request（探测请求）帧，Subtype=0101 的 Probe Response（探测响应）帧。对于其他类型的帧，这里不作介绍。

④ To DS 和 From DS 位：共同表示帧的目的地是否为分布式系统。

⑤ More Fragments 位：表示后续是否还有分段，有就置为 1。

⑥ Retry 位：任何重传的帧都会将此位设定为 1，以协助接收端剔除重复的帧。

⑦ Power Management 位：用来指出发送端在完成当前的原子帧交换后，是否进入省电模式。1 代表工作站即将进入省电模式，0 代表工作站会一直保持清醒状态。

⑧ More Data 位：为了服务处于省电模式中的工作站，接入点会将这些从分布式系统收到的帧进行缓存。接入点如果设定此位，即代表至少有一个帧待传给休眠的工作站。

⑨ Protected Frame 位：如果帧受到链路层安全协议的保护，那么此位会被设定为 1，而且该帧会略有不同，之前称为 WEP 位。

⑩ Order 位：帧与帧片段可依次传输，不过发送端与接收端的 MAC 必须付出额外的代价。一旦进行严格依次传输，此位就会设定为 1。

2．Duration/ID 字段

Duration/ID（持续时间/标识）字段表明该帧和它的确认帧将占用信道多长时间；对于帧控制域子类型为 Power Save-Poll 的帧，该域表示了 STA 的连接身份（Association Identification，AID）。

3．Address 字段

Address 字段的 4 个地址分别为：源地址（Source Address，SA）、目的地址（Destination Address，DA）、传输工作站地址（Transmitler Address，TA）、接收工作站地址（Receiver Address，RA）。其中，SA 与 DA 必不可少，后两个只对跨 BSS 的通信有用，而目的地址可以为单播地址（unicast address）、多播地址（multicast address）、广播地址（broadcast address）。

4．Sequence Control（顺序控制）字段

Sequence Control 字段的长度为 16 位，用来重组帧片段和丢弃重复帧。它由 4 位（第 0～3 位）的片段编号（fragment number）字段和 12 位（第 4～15 位）的顺序编号（sequence number）字段组成。控制帧未使用顺序编号，因此并无 Sequence Control 字段。当上层帧交付给 MAC

传输时，会被赋予一个顺序编号。此字段的作用相当于已传输帧的计数器取 4096 的模数。此计数器从 0 起算，MAC 每处理一个上层封包，就会累加 1。如果上层封包被分段处理，所有帧片段就会有相同的顺序编号。如果重传帧，那么顺序编号不会有任何改变。

具备 QoS 扩展功能的工作站对 Sequence Control 字段的解读稍有不同，因为这类工作站必须同时维护多组传输队列。

5．Frame Body（帧主体）字段

Frame Body 字段，也称为数据字段，负责在工作站之间传递上层有效载荷。

6．FCS（Frame Check Sequence，帧校验序列）字段

FCS 字段通常被视为循环冗余校验（Cyclic Redundancy Check，CRC）码，因为底层的数学运算相同。FCS 使得工作站能够检查收到的帧的完整性。

5.1.5　Wi-Fi 扫描

使用任何网络之前，首先必须找到网络的存在。使用有线网络时要找出网络的存在并不难，只要循着网线或找到墙上的插座即可。在无线区域网中，工作站在加入任何兼容网络前必须先经过一番识别工作。在所在区域识别现有的网络过程被称为扫描（Scanning）。

扫描过程中用到的参数可以由用户来指定，有些实现产品则是在驱动程序中为这些参数提供默认值。

① BSSType（Independent、Infrastructure 或 Both）：扫描时可以指定所要搜寻的网络属于 independent ad hoc、infrastructure 或同时搜寻两者。

② BSSID（Individual 或 Broadcast）：工作站可以针对所要加入的特定（Individual）网络进行扫描，或者扫描允许该工作站加入的所有网络（Broadcast）。在移动时，将 BSSID 设为 broadcast 不失为一个好主意，因为扫描的结果会将该地区所有的 BBS 涵盖在内。

③ SSID（Network Name）：用来指定某个扩展服务集（Extended Service Set）的位字符串。大部分产品会将 SSID 视为网络名称，因为此位字符串通常会被设定为人们易于识别的字符串。工作站若打算找出所有的网络，应该将之设定为 broadcast SSID。

④ ScanType（Active 或 Passive）：主动（Active）扫描会主动传送 Probe Request 帧，以识别该地区有哪些网络存在；被动（Passive）扫描是被动聆听 Beacon 帧，以节省电池的电力。

⑤ ChannelList：进行扫描时，若非主动送出 Probe Request 帧，就是在某个信道被动聆听当前有哪些网络存在。IEEE 802.11 允许工作站指定所要尝试的信道列表（Channel List）。设定信道列表的方式因产品而异。物理层不同，信道的构造也有所差异。直接序列（Direct-sequence）产品以此为信道列表，而跳频（Frequency-hopping）产品以此为跳频模式（Hop Pattern）。

⑥ ProbeDelay：主动扫描某信道时，为了避免工作站一直等不到 Probe Response 帧而设定的延时定时器，以微秒为单位，用来防止某个闲置的信道让整个过程停止。

⑦ MinChannelTime 和 MaxChannelTime：以 TU（Time Unit，时间单位，代表 1024 μm）为单位来指定这两个值，意指扫描每个特定信道时所使用的最小或最大的时间量。

1．被动扫描

被动扫描（Passive Scanning）可以节省电池的电力，因为不需要传输任何信号。在被动扫描中，工作站会在信道列表所列的各信道之间不断切换并静候 Beacon 帧的到来。在此期间，工作站收到的任何帧都会被暂存，以便取出传输这些帧的 BSS 相关数据。

在被动扫描的过程中，工作站会在信道之间不断切换并记录收到的任何来自 Beacon 的信息。Beacon 在设计上是为了让工作站知道加入某 BSS 所需的参数，以便进行通信。

2．主动扫描

在主动扫描中，工作站扮演着比较积极的角色。在每个信道上，工作站都会发出 Probe Request 帧来请求某个特定网络予以回应。主动扫描是主动试图寻找网络，而不是听候网络声明本身的存在。使用主动扫描的工作站将会以如下过程扫描信道列表所列的每个信道。

（1）跳至某个信道，然后等待来帧指示（Indication of Incoming Frame）或等到 ProbeDelay 定时器超时。如果在这个信道可以收到帧，就证明该信道有人使用，因此可以加以探测。此定时器可以用来防止某个闲置信道让整个过程停止，因为工作站不会一直等候帧的到来。

（2）利用基本的 DCF（Distributed Coordination Function，分布式协调功能）访问过程取得媒介使用权，然后送出一个 Probe Request 帧。

（3）至少等候一段最短信道时间（MinChannelTime）。

① 如果媒介并不忙碌，表示没有网络存在，因此可以跳至下个信道。

② 在最短信道时间期间，如果媒介非常忙碌，就继续等待一段时间，直到最长的信道时间超时，然后处理任何的 Probe Response 帧。

当网络收到搜寻其所属的扩展服务集的 Probe Request（探查请求）时，就会发出 Probe Response（探查响应）帧。例如为了在舞会中找到朋友，各位或许会绕着舞池大声叫喊对方的名字（虽然这并不礼貌，不过如果真想找到朋友，大概没有其他选择）。如果对方听见了，就会出声响应，至于其他人根本就不会理你。Probe Request 帧的作用与此相似，不过在 Probe Request 帧中可以使用 broadcast SSID，如此一来，该区所有的 IEEE 802.11 网络都会以 Probe Response 进行响应（好比在一场舞会中大喊"失火了"，可以确定每个人都会响应）。

每个 BBS 中必须至少有一个工作站负责响应 Probe Request。传输上一个 Beacon 帧的工作站也必须负责传输必要的 Probe Response 帧。在 Infrastructure（基础结构型）网络中，是由接入点负责传输 Beacon 帧，因此它也必须负责响应（Probe Request）在该区搜寻网络的工作站。在 IBSS（Independent Basic Service Set，独立基本服务集）中，工作站轮流负责传输 Beacon 帧，因此负责传输 Probe Response 的工作站会经常改变。Probe Response 属于单播管理帧，因此必须符合 MAC 的肯定确认规范。

单个 Probe Request 导致多个 Probe Response 被传输的情况十分常见。扫描过程的目的在于找出工作站可以加入的所有基本服务区域，因此一个广播式 Probe Request 会收到范围内所有接入点的响应。各独立型 BSS 之间如果互相重叠，也会予以响应。

3．扫描报告

扫描结束后会产生一份扫描报告。这份报告列出了该次扫描所发现的所有 BSS 及其相关参数。进行扫描的工作站可以利用这份完整的参数列表来加入其所发现的任何网络。除了 BSSID、SSID 和 BSSType，这些参数还包括如下几个。

① Beacon interval（信标间隔，整数值）：每个 BSS 均可在自己的指定间隔（以 TU 为单位）传输 Beacon 帧。

② DTIM period（Delivery Traffic Indication Map period，延迟传输指示映射周期）整数值，属于省电（Power-saving）机制的一部分。

③ Timing parameter（定时参数）：有两个字段可以让工作站的定时器与 BBS 所使用的定时器同步。timestamp 字段代表扫描工作站收到的定时值，offset 字段是让工作站能够匹配定时信息，以便加入特定 BSS 偏移量。

④ PHY 参数、CF 参数和 IBSS 参数：这 3 个网络参数均有各自的参数集，信道信息包含在物理层参数中。

⑤ BSS：打算加入某网络时，工作站必须支持的数据传输速率列表，能够以基本速率集中所列的任何速率接收数据。基本速率集由管理帧的 Support Rates 信息元素的必要速率组成。

5.2 位置指纹法

5.2.1 位置指纹法概述

目前，Wi-Fi 定位中存在的方法有很多，常用的有 TOA、TDOA、AOA、RSSI 测距方法、近似法和位置指纹法，位置指纹法是用得最多的一种方法。

位置指纹法的研究比较多，各种方法的切入点通常也大不相同，但是通常有一些共性。

首先，位置指纹法通常都是一个两阶段的工作模式：离线阶段（有时也称为训练阶段）和在线阶段。离线阶段时，系统在定位服务区中选取一些位置点（或选择一些小的位置区域）作为参考点，然后通过信号收集设备收集这些位置点上的 RF 指纹，构建出一个位置指纹数据库。在线阶段时，使用要求被定位的 MS（Mobile Station，移动站点）来收集 RF 指纹，然后与位置指纹数据库中存放的 RF 指纹进行对比，从而估算 MS 的位置。

其次，位置指纹法通常会有一些共同的基本组件，如 RF 指纹数据库、位置指纹数据库（Location Fingerprint DataBase，LFDB）、位置指纹数据库的缩减技术和位置估算方法。

通常，位置指纹法的工作机制如图 5-3 所示，图中的 1 表示 MS 发出定位请求；2 表示通过接入网和定位服务器取得通信，定位服务器接收到定位请求及 MS 上测得的 RF 指纹；3 表示定位服务器使用 MS 上的 RF 指纹去搜索位置指纹数据库；4 表示位置指纹数据库返回搜索结果；5、6 表示定位服务器使用返回的搜索结果来进行位置估算，然后通过接入网将估算的位置返回给 MS。

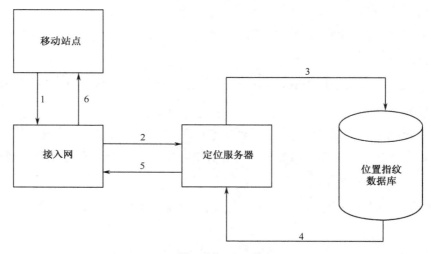

图 5-3　位置指纹法的工作机制

5.2.2　位置指纹数据库

本节主要对 RF 指纹、位置指纹数据库的组织结构和位置指纹数据库的构建进行阐述。

首先，阐述 RF 指纹。RF 指纹是由 MS 或 AP 测量得到的一个与位置相关的信号参数集合。就像人类的指纹一样，RF 指纹也被期望能唯一地标志一个物理位置。为了做到这一点，一个给定的位置必须能测得足够多的信号参数，并且在特定位置，该信号参数至少是它在时间上的平均值，必须有较小的时变性。然而事实上，它们在时间上不是很稳定。即使使用它们的均值来减少小尺度衰落的影响，接入网的变化，如增加新的 AP，或者调整发射机、接收机的天线，或者调整发射的功率，都可能切断给定 RF 指纹与确定位置之间的联系。

RF 指纹可分为目标 RF 指纹和参考 RF 指纹。目标 RF 指纹指的是与 MS 相关的用于确定

MS 位置的指纹，包含 MS 或 AP 测量得到的信号参数，用 $\boldsymbol{T}$ 表示。参考 RF 指纹则是在训练阶段收集的或用电波模型产生的存储在 LFDB 中的 RF 指纹，用 $\boldsymbol{R}$ 表示。每个参考指纹都与一个唯一的位置相关联。在理想情况下，所有目标指纹使用的信号参量都在参考指纹中出现过。目标 RF 指纹使用一个 $N_t \times 2$ 的矩阵表示，如

$$\boldsymbol{T} = \begin{bmatrix} \mathrm{id}_1 & t_1 \\ \mathrm{id}_2 & t_2 \\ \vdots & \vdots \\ \mathrm{id}_{N_t} & t_{N_t} \end{bmatrix} \tag{5-1}$$

其中，N_t 表示 MS 通信范围内的 AP 数目；id_i 表示的是 AP 的 ID，实际中通常使用 AP 的 MAC 地址来充当 AP 的 ID；t_i 表示的是接收自第 i 个 AP 的信号参数，通常在 Wi-Fi 定位中用 RSSI 来充当这个信号参数。在本章中，如果不做特殊说明，RSSI 就表示这个信号参数。矩阵中行的序列以 RSSI 降序排列，若 $i \leqslant j$，则 $t_i \geqslant t_j$。而参考 RF 指纹 $\boldsymbol{R}$ 则为

$$\boldsymbol{R} = \begin{bmatrix} \mathrm{id}_1 & r_1 \\ \mathrm{id}_2 & r_2 \\ \vdots & \vdots \\ \mathrm{id}_{N_r} & r_{N_r} \end{bmatrix} \tag{5-2}$$

其中，N_r 表示的是离线阶段在参考位置点上采样设备通信范围内的 AP 数目；r_i 表示的是采样设备接收自第 i 个 AP 的信号参数，同样，本章也使用 RSSI 表示这个信号参数。参考 RF 指纹也一样按 RSSI 降序排列。

实际上有很多的信号参数都可以用来构造位置指纹，如 RSSI、AOA 和 CSI（Channel State Information，信道状态信息）等。这些参数从 AP 上采集得到。越多的 AP 可以被测量，位置指纹的唯一性就越强。在理想状态下，选择的信号参数在网络中应该是已经可用的。这样就不需要修改 MS 的软件或硬件结构来定位 MS 的位置。这也是 Wi-Fi 定位中 RSSI 被大量使用的原因。

LFDB 是位置指纹的集合体。LFDB 中的每个组成元素由参考 RF 指纹和与其相关的位置组成，这个位置可以是实际的物理坐标，也可以只是一个表示位置的逻辑符号（如房间号），在一些特殊情况下该位置还包含方向、速度等参量，本章用 L 表示，在使用二维物理坐标讲解时 $L = (x, y)$。后文，LFDB 的组成元素用 DBE（DataBase Entry 或 DataBase Element）来表述，关系式为 $\mathrm{DBE} = \{L, R\}$。

LFDB 中的位置可以被组织成均匀网格（Uniform Grid），也可以被组织成索引列表（Indexed List）。如果 LFDB 被组织成均匀网格，那么所有的参考位置都在平面内（本章讲解的内容主要针对二维平面情况，向三维情况的推广也是很简单自然的）均匀地分布。RF 指纹关联上一个

参考坐标。邻近的两个参考坐标之间的距离定义了均匀网格间距，或者说是平面分辨率。平面分辨率的选择需要与定位方法所期望的精度具有相似的量级。均匀网格对于使用电波模型法构建 LFDB 通常比较合适。LFDB 还可以组织成索引列表的形式，这时参考位置坐标的平面分布不需要遵循特定的模式。这种模式通常在使用 RSSI 测量法构建 LFDB 的方法中采用。例如，使用汽车在城市中采集 RSSI，由于街道的不规则性，参考的位置就很难均匀分布。在索引列表结构中，每个元素都包含了一个参考 RF 指纹和一个通过 GPS 获取的物理坐标，或者直接从地图、楼层平面图上标示出来的物理坐标。

LFDB 在位置指纹的训练阶段被构建，可以使用 RSSI 测量法、电波模型法或是两者混合的方法。

1. RSSI 测量法

LFDB 可以整个地用 RSSI 测量法来构建。这通常需要一个 MS、一个运行在 MS 上的收集和处理 RSSI 测量的软件，在室外环境下还需要一个 GPS 接收器。通过 MS 或 AP，RSSI 被周期性地测量得到。每组测得的 RSSI 集合都与真实的位置进行关联。该真实位置或通过 GPS 获取，或者通过平面图获取。MS 的参考坐标和其上测得的 RSSI 集合构成了 LFDB 的一个元素，通常使用索引数组表示。

通过 RSSI 测量构建的经验 LFDB 通常可以提供最高的定位精度。但是，它有一个很大的缺陷，尤其是在城域网中：为了保持 LFDB 的数据是最新的，一旦接入网的元素发生变化，数据库就需要重新构建。

然而，在基于位置指纹的室内定位中，使用 RSSI 测量法可能是一个比较实际的选择。因为高度复杂的室内环境使得精确的电波传播模型很难建模，而且相对较小的覆盖范围也使得测量工作相对简单一些。

2. 电波模型法

使用电波模型法构建 LFDB，就是使用电波传播模型代入发射机的发射功率。通常，在 Wi-Fi 网络中，发射机的功率是 100 mW，然后根据环境选择电波模型，如室外环境可以使用对数正态模型甚至自由空间模型。室内环境可以使用对数正态模型，或者加上墙面衰减因素的电波传播模型，即

$$\mathrm{PL}_{\mathrm{LD}}(d) = \mathrm{PL}(d_0) + 10n\log\left(\frac{d}{d_0}\right) + X_\sigma - \begin{cases} N_w \times \mathrm{WAF}, & N_w < C \\ C \times \mathrm{WAF}, & N_w \geqslant C \end{cases} \tag{5-3}$$

其中，等式右边的前半部分各参数的含义和对数正态模型相同；WAF 是墙壁衰减因子；C 是衰减因子能够分辨的最大墙壁数目；N_w 是发送机和接收机之间的墙壁阻隔数目。WAF 主要与墙的材质有关，实际可由测量得到。N_w 参数的获取则需要首先获得整个定位区域的实际平面

图，然后采用图形学常用的 Cohen-Sutherland 线条裁剪算法来计算。

使用电波模型法构建 LFDB 的最大优势就是简单、快速，并且方便更新。每当接入网的网络元素有变化，只需要使用新的接入网参数来获取一个新的 LFDB。不过，电波模型法能提供的精度相对于 RSSI 测量法也会较低，但是通过对电波模型的矫正，也可以在一定程度上提高精度。

3．混合法

在 LFDB 中，也可以同时使用电波模型预测和实测 RSSI 的指纹。首先，使用电波模型构建 LFDB。然后，实际测量一些参考指纹。如果在一个位置上实测指纹是可用的，就用实测指纹来替换预测指纹。同时，在实测点附近使用一些插值算法来平滑实测指纹和预测指纹的关系。距离实测点比较远的地方可以单纯使用预测指纹。

通过在 LFDB 中插入一些实测的位置指纹，对 MS 的定位准确度可以得到一定的提升。然而与 RSSI 测量法一样，混合法受接入网元素变化的影响也比较大。为了解决这个问题，可以使用被动监听者来更新混合 LFDB。被动监听者是一些放在已知固定位置的 MS。这些 MS 的工作就是测量位置指纹，然后定期向服务器上报测量结果。这些测量结果就作为实测 RSSI 指纹来自动更新混合法的 LFDB。通过在给定区域布置足够数量的被动监听者，定位准确度会显著提高。

5.2.3 搜索空间缩减技术

DBE 包含一个物理坐标和一个参考 RF 指纹。搜索空间包含有和目标指纹对比的参考 RF 指纹元素的集合。搜索空间中的参考 RF 指纹对应的物理坐标就是 MS 位置的候选者。

初始情况下，搜索空间包含所有 LFDB 的元素。如果直接使用这个搜索空间，那么计算的复杂度就会非常大。所以，需要有一种技术来缩小搜索空间，同时不对定位准确度有大的影响。本节介绍两种搜索空间的缩减技术：LFDB 过滤和遗传算法。为了便于理解，使用均匀网格结构的 LFDB 来阐述搜索空间缩减技术，向索引列表结构的 LFDB 推广也是很简单自然的。

由整个 LFDB 组成的原始搜索空间用 $\mathcal{A}$ 表示。如果 LFDB 是用均匀网格的形式来组织的，并且定位服务区覆盖了一个 $l \times w$ 平方米的区域，那么集合 $\mathcal{A}$ 中元素的个数可表示为

$$\#\mathcal{A} = \left\lceil \frac{l}{r_s} \right\rceil \times \left\lceil \frac{w}{r_s} \right\rceil \tag{5-4}$$

其中，r_s 表示均匀网格的平面分辨率。集合 $\mathcal{A}$ 可以表示为

$$\mathcal{A} = \left\{ (x_j, y_i, \boldsymbol{R}_{i,j}) \mid i = 1, 2, \cdots, \left\lceil \frac{w}{r_s} \right\rceil, j = 1, 2, \cdots, \left\lceil \frac{l}{r_s} \right\rceil \right\} \tag{5-5}$$

其中，$\boldsymbol{R}_{i,j}$ 表示在位置点 (i,j) 处的 RF 指纹。缩减后的搜索空间 $\mathcal{C}$ 是 $\mathcal{A}$ 的一个子集。缩减因子

定义为

$$\gamma = 1 - \frac{\#\mathcal{C}}{\#\mathcal{A}} \tag{5-6}$$

其中，$\#\mathcal{C}$ 表示缩减搜索空间 $\mathcal{C}$ 中所含的条目数。如果在一个 $10\,\text{km} \times 10\,\text{km}$ 的服务区中，以 $5\,\text{m}$ 为间隔对服务区进行网格划分，将会产生 $\#\mathcal{A} = 4 \times 10^6$ 个元素。如果不对搜索空间进行缩减，对每个需要定位的目标位置，目标 RF 指纹都要与 400 万个参考指纹进行对比。对于一种 $\gamma = 99\%$ 的搜索空间缩减技术，这个数量会降到每个目标位置对比 4 万个参考指纹。

1. LFDB 过滤

LFDB 过滤技术通过两次连续过滤，渐进地减小搜索空间。

第一步过滤：使用目标 RF 指纹的最大 RSSI 对应的 AP 进行过滤，获得搜索空间 $\mathcal{B}$，即

$$\mathcal{B} = \{(x_j, y_i, \boldsymbol{R}_{i,j}) \mid \boldsymbol{R}_{i,j} \in \mathcal{A}, \boldsymbol{R}_{i,j}(1,1) = \boldsymbol{T}(1,1)\} \tag{5-7}$$

第二步过滤：使用"参考 RF 指纹包含目标 RF 指纹前 N 个 AP"规则对搜索空间 $\mathcal{B}$ 进行过滤。目标 RF 指纹 $\boldsymbol{T}$ 是按照 RSSI 大小进行降序排列的，因此，这 N 个 AP 就是 $\boldsymbol{T}$ 中具有最大 RSSI 的 AP。

目标 RF 指纹中包含 N 个具有最大 RSSI 值的 AP 可表示为

$$\mathcal{I}_{T_N} = \{\boldsymbol{T}(1:N,1) \mid N \in [1, N_t]\} \tag{5-8}$$

其中，N_t 表示目标 RF 指纹中 AP 的总数目。在位置 (i,j) 处的参考 RF 指纹的 AP 集合表示为

$$\mathcal{I}_{R_{i,j}} = \{\boldsymbol{R}_{i,j}(1:N_{i,j},1) \mid \boldsymbol{R}_{i,j} \in \mathcal{B}\} \tag{5-9}$$

其中，$N_{i,j}$ 表示位置点 (i,j) 处参考 RF 指纹 AP 的总数目。$(\mathcal{I}_{T_N} \cap \mathcal{I}_{R_{i,j}})$ 表示 $\mathcal{I}_{T_N}$ 与 $\mathcal{I}_{R_{i,j}}$ 的交集目标 RF 指纹 N 个最大 RSSI 对应的 AP 在参考 RF 指纹中的数目。第二步过滤就是使用 $\#(\mathcal{I}_{T_N} \cap \mathcal{I}_{R_{i,j}}) = N$ 来过滤搜索空间 $\mathcal{B}$。过滤后的搜索空间 $\mathcal{C}$ 表示为

$$\mathcal{C} = \{(x_j, y_i, \boldsymbol{R}_{i,j}) \mid \boldsymbol{R}_{i,j} \in \mathcal{B}, \#(\mathcal{I}_{T_N} \cap \mathcal{I}_{R_{i,j}}) = N, N \in [1, N_t]\} \tag{5-10}$$

最终获得的搜索空间 $\mathcal{C}$ 满足 $\mathcal{C} \subset \mathcal{B} \subset \mathcal{A}$，并且 $\#\mathcal{C} \ll \#\mathcal{A}$。

下面再举一个例子来说明 LFDB 过滤技术。

【例 5.1】 给出一个目标 RF 指纹 $\boldsymbol{T}$ 和 3×3 的均匀网格 LFDB，令 $N=4$，使用 LFDB 过滤技术来计算缩减搜索空间 $\mathcal{C}$。假设 RSSI 用 64 个不同的值来量化，即 $0 \sim 63$，则

$$\boldsymbol{T} = \begin{bmatrix} 100 & 110 & 5 & 2 & 99 \\ 62 & 60 & 59 & 43 & 40 \end{bmatrix}^{\text{T}} \tag{5-11}$$

以及

$$\begin{cases} \boldsymbol{R}_{1,1} = [100\ 5;550;110\ 49;111\ 45;10\ 34;200\ 30;201\ 29] \\ \boldsymbol{R}_{1,2} = [100\ 60;11050;2\ 45;5\ 40;10\ 35] \\ \boldsymbol{R}_{1,3} = [100\ 59;11049;2\ 50;5\ 39;10\ 36] \\ \boldsymbol{R}_{2,1} = [100\ 54;550;110\ 49;111\ 45;10\ 34;200\ 30;201\ 29] \\ \boldsymbol{R}_{2,2} = [100\ 61;11050;2\ 45;5\ 40;10\ 35] \\ \boldsymbol{R}_{2,3} = [110\ 60;252;100\ 50;5\ 39] \\ \boldsymbol{R}_{3,1} = [110\ 63;252;100\ 50;5\ 38] \\ \boldsymbol{R}_{3,2} = [110\ 60;10052;2\ 50] \\ \boldsymbol{R}_{3,3} = [110\ 59;10052;2\ 50] \end{cases} \tag{5-12}$$

解：

根据式 (5-7)，用 $\boldsymbol{T}(1,1)=100$ 来过滤原始搜索空间，得到

$$\mathcal{B} = \{(1,1,\boldsymbol{R}_{1,1}),(1,2,\boldsymbol{R}_{1,2}),(1,3,\boldsymbol{R}_{1,3}),(2,1,\boldsymbol{R}_{2,1}),(2,2,\boldsymbol{R}_{2,2})\}$$

之后，取出 $\boldsymbol{T}$ 中 $N=4$ 个 RSSI 最大的 AP 的 ID：

$$\mathcal{I}_{T_N} = \{100\ 110\ 5\ 2\}$$

去过滤 $\mathcal{B}$，计算得

$$\#(\mathcal{I}_{T_N} \cap \mathcal{I}_{R_{1,1}}) = 3 < N$$

$$\#(\mathcal{I}_{T_N} \cap \mathcal{I}_{R_{1,2}}) = 4 = N$$

$$\#(\mathcal{I}_{T_N} \cap \mathcal{I}_{R_{1,3}}) = 4 = N$$

$$\#(\mathcal{I}_{T_N} \cap \mathcal{I}_{R_{2,1}}) = 3 < N$$

$$\#(\mathcal{I}_{T_N} \cap \mathcal{I}_{R_{2,2}}) = 4 = N$$

$$\mathcal{C} = \{(1,2,\boldsymbol{R}_{1,2}),(1,3,\boldsymbol{R}_{1,3}),(2,2,\boldsymbol{R}_{2,2})\}$$

2．遗传算法

遗传算法（Genetic Algorithms，GA）是一类借鉴生物界自然选择和自然遗传机制的随机化搜索算法，由 J.H. Holland 教授于 1975 年提出。遗传算法简单通用，健壮性好，适用于并行处理，因此在过去的几十年中，遗传算法在很多领域得到了应用，受到了人们的广泛关注。

在解决 RF 指纹搜索空间的缩减问题上，遗传算法也是一个比较好的选择。每个候选解都是通过一个称为染色体的数字序列表示的个体。当使用二进制表示时，染色体中的每个位称为基因。在每个循环或每代，个体的集合称为种群。种群中的个体通过基因操作（选择、交叉、突变）来繁殖下一代。交叉是将两个个体的染色体片段混合起来产生下一代的两个新个体。突变是随机地修改染色体中的一个或多个基因。选择是将种群中的优秀个体克隆出来，放到下一个循环中。一个个体的适应度是通过一个评估函数来计算获取的。适应度高的个体会有更高的概率并被选择去繁殖下一代。这样的循环一直会持续到一个停止准则被满足，这个停止准则可以是最大繁殖代数、最佳个体的适应度达到某个阈值、处理时间达到等。最后一代的最优个体

就是该问题的一个次优解。

将遗传算法用在解 RF 指纹搜索空间的缩减问题上时，每个个体就是位置点。每个位置点有一个用于评估个体适应度的参考 RF 指纹。遗传算法的步骤如下。

① 初始化第一代种群，随机地从式(5-7)所定义的 $\mathcal{B}$ 中选择个体。

② 估计当前种群中每个个体的适应度，使用相关函数。

③ 建立染色体，将个体坐标转换成二进制格式。

④ 使用基因操作（选择、交叉、突变）建立新的种群。

⑤ 将染色体转换成整数格式。

⑥ 如果停止准则被满足，将适应度最高的个体对应的坐标返回作为 MS 位置，否则转到步骤②。

步骤①其实也可以从 $\mathcal{A}$ 中选择个体，不过从 $\mathcal{B}$ 中选择个体效率更高。每个个体都有一个参考 RF 指纹。参考 RF 指纹和目标 RF 指纹的相关度越高，个体的适应度就越高。相关度的计算将在 5.2.4 节中介绍。

如果 LFDB 是均匀网格结构的，那么步骤③中每个基因的长度就需要唯一标识一个位置点所需的位数，即

$$\left\lceil \left(\log_2 \left\lceil \frac{l}{r_s} \right\rceil + \log_2 \left\lceil \frac{w}{r_s} \right\rceil \right) \right\rceil \tag{5-13}$$

其中，$l \times w$ 平方米是定位服务区的面积；r_s 是 LFDB 的平面分辨率。

遗传算法停止的条件是以下两个条件中的一个条件被满足：到达最大代数 g_{max}，连续两代的最优个体的适应度没有提升超过 ε。第二个条件的含义是：当最优个体的适应度达到一个稳定状态时，可能说明算法到达了一个局部最大值，所以没必要再去产生新的种群了。

缩减的搜索空间 $\mathcal{C}$ 包含所有种群的所有个体的坐标和参考 RF 指纹。集合 $\mathcal{C}$ 的基数 $\#\mathcal{C} = g \times \tau$，$g$ 表示所有的代数数目，τ 表示每代个体的数目。

5.2.4 位置估算方法

位置估算方法（定位算法）是利用位置信息和 RF 指纹的依赖关系，通过采样得到的 RF 指纹来计算位置的一个过程。从统计学习角度来看，位置估算方法可以被看成一个模式分类器（Pattern Classifier）。模式分类的过程是把样本模式分为不同的类，不同位置的 RSSI 数据模式分别属于单独的每个类。这些数据模式就构成了一个训练集，而这个训练集可以用来建立 RF 指纹和位置信息之间的一个估算器。分类器通过学习原先位置相关的 RF 指纹训练集，然后通过样本 RF 指纹来估算位置。

从分类器的不同技术来看，位置估算方法可以分为两大类：参数化分类器（Parametric Classifiers）和非参数化分类器（Non-Parametric Classifiers）。参数化分类器假设具有 RF 指纹

的分布知识，如 RSSI 的均值或 RSSI 的概率密度函数。而非参数化分类器不需要假设任何 RF 指纹的分布知识，使用一个可训练的并行处理网络，通过观察 RF 指纹来计算位置。使用参数化分类器时，位置估算方法通常是基于最近邻分类器或贝叶斯算法推断的。使用非参数化分类器时，位置估算方法通常基于神经网络分类器或类似 SVM（Support Vector Machine，支持向量机）这样的统计学习策略。

1. 最近邻方法

最近邻方法需要 RF 指纹中包含 RSSI 的均值向量和标准差向量。为了估算位置，通常会使用一个距离测量函数将样本 RSSI 指纹分类到估算位置。基本的最近邻分类器就是使用训练集的参考 RSSI 指纹和样本 RSSI 指纹的近似度来进行分类的。

假设一个具有 K 个参考 RF 指纹的集合 $\{R_1, R_2, \cdots, R_K\}$，每个 RF 指纹都与位置集合 $\{L_1, L_2, \cdots, L_K\}$ 中的位置一一对应。在线阶段测得的目标 RF 指纹表示为 T。为简化模型，对 RF 指纹的定义进行改动，在此假设目前的定位服务区域中有 N_a 个 AP，定义目标 RF 指纹为

$$T = (t_1, t_2, \cdots, t_{N_a})$$

其中，t_i 表示接收自 AP_i 的 RSSI，或者是一小段时间中 RSSI 的平均。相比较于之前的定义，这里不再对 RSSI 进行排序，而且 AP 的 ID 暗含到 RSSI 的下标中。

LFDB 中的第 j 个参考 RF 指纹可表示为

$$R_j = (r_1^j, r_2^j, \cdots, r_{N_a}^j)$$

给出一个计算信号空间中的距离函数 Dist(•)，最近邻方法的过程可以表述为挑选一个具有最短信号距离的参考 RF 指纹 j，即

$$\mathrm{Dist}(T, R_j) \leq \mathrm{Dist}(T, R_k), \quad \forall k \neq j \tag{5-14}$$

而信号距离可以使用权重距离 L_p 来表示，即

$$L_p = \frac{1}{N_a} \left(\sum_{i=1}^{N_a} \frac{1}{w_i} \|r_i - t_i\|^p \right)^{1/p} \tag{5-15}$$

其中，N_a 表示搜索空间的维度或系统部署的 AP 个数；w_i 是权重因子（$w_i \leq 1$）；p 是范数参量。权重因子用来表述测量得到的 RF 指纹中 RSSI 组件的重要性。RSSI 的采样数或标准差都可以用来衡量 RSSI 组件的重要性。当 $p=1$ 时，这个距离称为曼哈顿距离，可以用 L_1 表示；当 $p=2$ 时，这个距离称为欧几里得距离，可以用 L_2 表示。

最近邻还有很多修改方法，可以认为不只有一个最近邻，使用一些比较相近的邻居的位置均值来对目标位置进行估算。所以使用 k 个最近邻居或者加权的 k 个最近邻方法替换单个的最近邻方法。

之前已经说过，RSSI 指纹的标准差可以给最近邻分类器提供额外的信息。例如，当一个样本指纹在 RSSI 均值两边两倍标准差范围之外，那么该样本指纹可认为是不可分类模式，也就是不与 LFDB 的任何位置相关。这个准则的数学表达式如下：

$$r_1^i - 2\sigma_1^i \leqslant t_1 \leqslant r_1^i + 2\sigma_1^i$$
$$r_2^i - 2\sigma_2^i \leqslant t_1 \leqslant r_2^i + 2\sigma_2^i$$
$$\vdots \quad \vdots \quad \vdots$$
$$r_N^i - 2\sigma_N^i \leqslant t_1 \leqslant r_N^i + 2\sigma_N^i \tag{5-16}$$

研究表明，使用上面的准则，实际位置与估算位置之间的距离误差相较不使用该准则的方法有一定减小。目前，还有一些研究来提升最近邻方法的搜索效率，像 R-Tree、X-Tree 这样的多维搜索算法和最优 k 近邻算法都属于这个范畴。

最近邻算法的优势在于它比较易于部署，计算也比较简单。使用最近邻方法的性能主要依赖于在信号空间可以划分出多少个位置指纹。此外，当指纹的组件增多，或者指纹数据库中的指纹数目增多的情况下，该方法的计算复杂度也会增加。

2．概率方法

概率方法使用条件概率对 RF 指纹进行建模，然后使用贝叶斯推断的方法来估计位置。概率方法假设了用户位置的概率分布和每个位置上 RSSI 的概率分布这两个先验知识。先验的 RSSI 分布通常通过实际的测量数据或使用电波传播模型来获取。

对于每个位置 L，都可以从实际测得的 RSSI 数据来估计一个条件概率密度函数，或者说是似然函数 $P(R|L)$。估计似然函数有两种方法：核函数方法和直方图方法。

核函数方法（这里使用高斯核函数举例）将上一部分的 LFDB 中的第 j 个参考 RF 指纹 R_j 重新定义为

$$R_j = ((r_1^j, \sigma_1^j), (r_2^j, \sigma_2^j), \cdots, (r_{N_a}^j, \sigma_{N_a}^j))$$

其中，r_i^j 是第 j 个参考 RF 指纹（对应于第 j 个位置），接收自第 i 个 AP 的 RSSI 的均值；σ_i^j 是一个作为核宽度的可调的标准差。

这样，在特定位置 L 上，接收自第 i 个 AP 的样本 RSSI t_i 的似然函数为

$$P(t_i | L) = \frac{1}{\sqrt{2\pi}\sigma_i} \exp\left(-\frac{(t_i - r_i)^2}{2\sigma_i^2}\right) \tag{5-17}$$

其中，当核宽度 σ_i 的值比较大时，它会对概率密度估计有平滑作用。假设接收自每个 AP 的 RSSI 值都是相互独立的，那么核函数方法可以通过将所有条件概率相乘向多维（多个 AP）推广，则

$$P(T | L) = P(t_1 | L)P(t_2 | L)\cdots P(t_N | L)$$

直方图方法是通过离散的概率密度函数来估计 RSSI 的连续概率密度函数，需要一个固定数目的区间来计算 RSSI 样本出现的频率。单个区间的范围可以通过一个可调的区间总数值和已知的最小与最大 RSSI 值来计算获得。划分的区间数越多，直方图对概率密度函数的近似程度就越高。如图 5-4 所示为一个实际的直方图的例子。

当然，还可以使用不等间距区间的直方图来表示 RSSI 的分布，甚至可以使用来自两个不同直方图的条件概率来计算 $P(T|L)$。一个条件概率可以通过在位置 L 上观察 AP 出现的次数

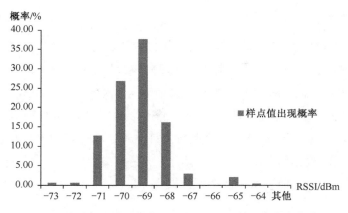

图 5-4　某固定位置采集某 AP 的 RSSI 的归一化分布直方图

(在某段时间中有多少次从该 AP 采得了 RSSI) 导出，另一个条件概率表示在相同位置上接收自该 AP 的 RSSI 值的概率分布。然后这两个概率相乘，从而计算该位置上某个特定 RSSI 指纹的条件概率分布。直方图方法相对于核函数方法需要更多的存储空间。

在初始条件下，每个位置都假设具有一个先验概率 $P(L)$，通常在没有更多知识的情况下，假设位置集合 $\mathcal{L}$ 中的位置具有相同的概率。于是，基于概率方法的位置估算算法就可以使用贝叶斯准则来获取位置的后验概率分布，也就是在已知 RF 指纹 T 的情况下，位置 T 的一个条件概率为

$$P(L\,|\,T) = \frac{P(T\,|\,L)P(L)}{P(T)} = \frac{P(T\,|\,L)P(L)}{\sum_{L_k \in \mathcal{L}} P(T\,|\,L_k)P(L_k)} \tag{5-18}$$

在式(5-18)中，概率方法通过最大估计后验概率将位置指纹进行分类。所以，位置估算 $\widehat{L}$ 就是以下最大似然估算器，即

$$\widehat{L} = \mathrm{argmax}_{L_i \in \mathcal{L}} P(L_i\,|\,T) = \mathrm{argmax}_{L_i \in \mathcal{L}} P(T\,|\,L_i)P(L_i) \tag{5-19}$$

其中，$\mathrm{argmax}_{L_i \in \mathcal{L}} P(L_i\,|\,T)$ 是满足 $L_i \in \mathcal{L}$，并且使得 $P(L_i\,|\,T)$ 最大的 L_i 值。

相对于最近邻方法，概率方法由于具有额外的概率分布信息而具有更高的性能。但是为了建立一个高精度的条件概率分布，通常概率方法需要一个很大的训练集合，也就是说，需要很多的 RSSI 观测数据。概率方法大多需要显式的位置指纹分布知识，所以需要知道 RSSI 的特性或位置指纹的特性。相对来说，概率方法对信号的内在特征有更精深的利用。

3．神经网络方法

目前，应用到 Wi-Fi 定位的神经网络算法主要为 BP（Back Propagation，反向传播）神经网络算法。BP 神经网络采用的是并行网络结构，包括输入层、隐含层和输出层。输入层的输入经过加权和偏置处理将信号传递给隐含层，在隐含层通过一个转移函数（有时也称为激活函数）将信号向下一个隐含层（网络可以有多个隐含层，也可以只有一个隐含层）或直接通过输

出层产生输出。

BP 神经网络算法的学习过程由信息的前向传播和误差的反向传播组成。在前向传播的过程中，输入信息从输入层经隐含层逐层处理，并传向输出层。第一层神经元的状态只影响下一层神经元的状态。如果在输出层得不到期望的输出结果，就转入反向传播，将误差信号（目标值与网络输出之差）沿原来的连接通道返回，通过修改各层神经元的权值，使得误差均方最小。重复此过程，直至误差满足要求，BP 神经网络训练结束，至此得到一个权值和偏置矩阵。

Kolmogorov 定理已经证明 BP 神经网络具有强大的非线性映射能力和泛化功能，任一连续函数或映射均可采用输入层、输出层和隐含层的网络加以实现。BP 神经网络模型如图 5-5 所示。

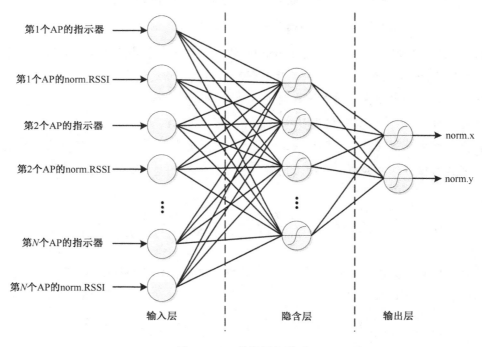

图 5-5　BP 神经网络模型

BP 神经网络算法可以通过以下具体过程实现。

① 建立网络模型，初始化网络和学习参数。

② 提供训练模式，选实例作为学习训练样本，训练网络，直到满足学习要求。

③ 前向传播过程，向给定训练模式进行输入，计算网络的输出模式，并与期望模式比较，若误差不能满足精度要求，则误差反向传播，否则转到步骤②。

④ 反向传播过程。

BP 神经网络算法是一个很有效的算法，它把一组样本的输入、输出问题变成一个非线性优化问题，并使用了优化问题中最普遍的梯度下降法，用迭代运算求权相当于学习记忆问题，加入隐含层节点使优化问题的可调参数增加，从而可以得到更精确的解。整个神经网络由一系列感知单元组成的输入层、一个或多个隐含的计算单元和一个输出层组成，而每个节点单元都

可以称为神经元。它采用有监督的学习算法，信号在层间前向传递，第 m 层的第 i 个单元的输出为

$$\begin{cases} a_i(m) = \sum_{j=1}^{N_{m-1}} w_{ij}(m) o_j(m-1) + b_i(m) \\ o_i(m) = f(a_i(m)) \end{cases} \quad (5\text{-}20)$$

其中，$a_i(m)$ 和 $o_i(m)$ 是第 m 隐含层中第 i 单元的输入与输出；$b_i(m)$ 是加在该单元上的一个偏置值；N_{m-1} 表示第 $m-1$ 层的神经元个数；$w_{ij}(m)$ 是连接第 $m-1$ 层第 j 单元的输出到第 m 层第 i 单元输入的加权值。x 是平滑非线性函数，通常是 S 型函数，即

$$f(x) = \frac{1}{1 + e^{-x}} \quad (5\text{-}21)$$

或是双曲正切函数，即

$$f(x) = \tanh\left(\frac{x}{2}\right) = \frac{1 - e^{-x}}{1 + e^{-x}} \quad (5\text{-}22)$$

将神经网络用到 Wi-Fi 定位问题上时，只需要像图 5-5 那样，把 RF 指纹接入输入层，每个 AP 对应两个输入参数：一个是表示 AP 有没有在 RF 指纹中出现的布尔型变量，另一个是经过标准化处理的 RSSI 值。RSSI 标准化处理主要依赖于隐含层神经元转移函数的定义域范围。输出层表示的是标准化的位置坐标，在二维情况下，只需要两个输出层神经元。标准化的位置坐标主要依赖于输出层转移函数的值域范围。对应位置指纹法的两个阶段，在离线阶段使用神经网络来训练获得权值和偏置矩阵，然后在线阶段直接输入目标 RF 指纹,得出位置坐标。

4．SVM方法

在 Wi-Fi 定位中，还可以将 SVM 作为一种非参数化非线性的估算位置的分类器。SVM 方法已经被认为来自统计学习理论的一种工具，可以通过观察而导出位置的函数依赖关系。这种依赖关系在 Wi-Fi 定位中就是 RF 指纹与位置信息之间的关系。

SVM 方法的基本思想是基于结构风险最小化（Structural Risk Minimization，SRM）原则来最小化期望风险泛函或泛化误差的边界。风险泛函被定义为损失函数的期望值。损失函数是近似模式映射和实际模式映射差异的一个度量。总风险函数的边界被经验风险函数和置信区间（Vapnik-Chervonenkis，VC）限定。

使用 SVM 方法的分类操作可以简单地总结为以下两步。

① 使用核函数将 RF 指纹向量向一个称为特征空间的更高维数空间进行映射。有很多 SVM 核函数可以使用，如多项式函数、径向基函数（Radial Basis Function，RBF）、S 型函数。

② 在特征空间建立一个最优分割超平面或决策面，然后使用这个超平面来进行分类。分割超平面通常不是唯一的，而当它与最近的训练集点有最大距离时，它就是最优化的，而支持向量就是那些用来定义超平面的训练向量。换句话说，支持向量机就是基于支持向量的学习算法。

SVM 方法被认为是模式识别领域最先进的技术，然而应用到 Wi-Fi 定位中时，这个方法的性能也与加权最近邻算法相当。SVM 中合适的核函数及其参数很难选择，而这些选择与 SVM 的性能有很大的关系。从实践的观点看，SVM 的算法复杂度是它不便用于 Wi-Fi 定位的一个原因。

5.3 轨迹优化

通常在完成单一位置的估算后，可以通过连续估算的位置形成的轨迹，结合定位目标固有的运动规律，进行更精准的位置估算，即轨迹优化，也称为定位跟踪。

5.3.1 状态空间模型

轨迹优化问题可以看作一个状态估计问题。状态空间模型因其明确的物理含义及简洁、清晰的描述形式被广泛用来描述估计问题，在此亦借助状态空间模型来描述定位跟踪问题。假设目标的位置状态为 $\{x_t \mid t = 1, 2, \cdots, N\}$，各时刻的观测集合为 $\{z_t \mid t = 1, 2, \cdots, N\}$，那么目标的状态可由运动方程和观测方程来描述，即

$$\begin{cases} x_t = F(x_{t-1}) + w_t \\ z_t = H(x_t) + v_t \end{cases} \tag{5-23}$$

其中，F 为运动方程，描述目标的运动情况；H 为观测模型，描述观测量与目标当前时刻位置的关系；w_t 为运动噪声，用于描述运动的不确定性；v_t 为观测噪声，用于描述由于外界干扰、传感器本身噪声等引起的不确定性。

状态空间模型采用递推的方式描述和处理状态估计问题，在每个时刻，均通过运动方程和观测方程将当前时刻的状态变化叠加到上一时刻的估计上。与传统的基于批处理方式的估计方法相比，状态空间模型具有实时性较好的优点。

5.3.2 贝叶斯递推估计原理

贝叶斯估计方法是借助状态的先验分布和观察似然函数确定状态后验概率分布的一种状态估计方法。对于一阶马尔可夫过程，假设各时刻的观察相互独立，$t-1$ 时刻的状态后验分布为 $p(x_{t-1} \mid z_{t-1})$，则 t 时刻的状态先验分布 $p(x_t \mid z_{t-1})$ 为

$$p(x_t \mid z_{t-1}) = \int p(x_{t-1} \mid z_{t-1}) p(x_t \mid x_{t-1}) \mathrm{d}x_{t-1} \tag{5-24}$$

其中，$p(x_t \mid x_{t-1})$ 代表转移概率密度函数，由式 (5-23) 的运动方程 F 及运动噪声 w_t 的概率分布 $p(w_t)$ 决定，其定义为

$$p(x_t \mid x_{t-1}) = \int p(w_t)\delta(x_t - F(x_{t-1}))\mathrm{d}w_t \qquad (5\text{-}25)$$

其中，$\delta(x_t - F(x_{t-1}))$ 为冲激函数。

获得先验分布 $p(x_t \mid x_{t-1})$ 后，状态后验分布 $p(x_t \mid z_t)$ 为

$$p(x_t \mid z_t) = \frac{p(z_t \mid x_t)p(x_t \mid z_{t-1})}{\int p(z_t \mid x_t)p(x_t \mid z_{t-1})\mathrm{d}x_t} \qquad (5\text{-}26)$$

其中，$p(z_t \mid x_t)$ 为观测似然函数，由式(5-23)的观察方程 H 及观测噪声 v_t 的概率分布 $p(v_t)$ 决定，定义为

$$p(z_t \mid x_t) = \int p(v_t)\delta\big(z_t - H(x_t)\big)\mathrm{d}v_t \qquad (5\text{-}27)$$

式(5-24)和式(5-25)构成贝叶斯估计的预测过程，式(5-26)和式(5-27)构成贝叶斯估计的更新过程，分别由式(5-23)中状态空间模型的运动方程和观测方程决定。上述预测和更新过程以迭代方式递归求解，即可实现对状态 x_t 后验分布 $p(x_t \mid z_t)$ 的计算。

上述贝叶斯描述是通用的、普适的描述，但在实际问题中比较难以直接应用的。人们尝试众多的方法来实现贝叶斯估计，并取得了一系列成果。当运动方程 F 和观测方程 H 均为线性方程，运动噪声 w_t 和观测噪声 v_t 均为高斯分布时，卡尔曼滤波给出了最优的贝叶斯估计。当运动方程 F 及观测方程 H 为非线性方程时，可以采用一阶逼近的方法形成扩展卡尔曼滤波，或者采用 Sigma 点二阶逼近的方法形成无迹卡尔曼滤波，进一步，当运动噪声 w_t 和观测噪声 v_t 为非高斯时，可以采用粒子滤波，通过蒙特卡罗仿真的策略实现状态估计，或者采用格型滤波器、高斯滤波器来处理。本质上，它们都是贝叶斯估计的具体实现方法，针对被估计问题的线性化程度及噪声分布情况，采用不同的策略来实现具体的预测与更新过程。贝叶斯算法的优缺点如表 5-3 所示。

表 5-3　贝叶斯算法的优缺点

算　法	KF	EKF	UKF	GSF	PF
分布函数	高斯分布	高斯分布	高斯分布	多高斯分布	任意
精度	优	一般	一般	优	优
适用条件	线性高斯	非线性高斯	非线性高斯	线性高斯	非线性高斯
健壮性	一般	一般	优	一般	优
实现复杂性	优	一般	一般	差	优

5.3.3　卡尔曼滤波及其改进

卡尔曼滤波器给出了线性、高斯条件下的最优贝叶斯实现，针对式(5-23)定义的状态空间模型，假设卡尔曼滤波器在 $t-1$ 时刻的后验状态估计均值为 $\hat{x}_{t-1}$，估计的方差为 P_{t-1}，则 $t-1$ 时刻的状态分布 $p(x_{t-1} \mid z_{t-1})$ 为

$$p\big(x_{t-1} \mid z_{t-1}\big) = N\big(x_{t-1} \mid \hat{x}_{t-1}, P_{t-1}\big) \qquad (5\text{-}28)$$

其中，$N(x_{t-1} | \hat{x}_{t-1}, P_{t-1})$ 代表以 $\hat{x}_{t-1}$ 为均值、P_{t-1} 为方差的高斯分布。

若 t 时刻的先验估计均值为 $\hat{x}_t^-$，方差为 P_t^-，则状态在 t 时刻的先验状态分布 $p(x_t | z_{t-1})$ 为

$$p(x_t | z_{t-1}) = N(x_t | \hat{x}_t^-, P_t^-) \tag{5-29}$$

其中

$$\hat{x}_t^- = F\hat{x}_{t-1} \tag{5-30}$$

$$P_t^- = Q + FP_{t-1}F^{\mathrm{T}} \tag{5-31}$$

这里，Q 为运动噪声 w_t 的方差。

假设 t 时刻的后验估计均值为 $\hat{x}_t$，方差为 P_t，则状态在 t 时刻的后验状态分布 $p(x_t | z_t)$ 为

$$p(x_t | z_t) = N(x_t | \hat{x}_t, P_t) \tag{5-32}$$

其中

$$\hat{x}_t = \hat{x}_t^- + K(z_t - H\hat{x}_t^-) \tag{5-33}$$

$$P_t = P_t^- - KHP_t^- \tag{5-34}$$

这里，K 为卡尔曼滤波系数，定义为

$$K = P_t^- H^{\mathrm{T}} \left(HP_t^- H^{\mathrm{T}} + R \right)^{-1} \tag{5-35}$$

其中，R 为观测噪声 v_t 的方差。卡尔曼滤波系数用于评价算法对先验信息和当前时刻观测信息的依赖程度，较大的 K 值意味着观测信息较为可靠，较小的 K 值意味着先验信息较为可靠。如果算法初始分布 $p(x_0)$ 不准确，K 值在算法执行的前几个时刻较大，然后会随着算法的收敛而逐步降低，最后达到一个较稳的数值，稳定时的数值主要取决于运动噪声方差 Q 和观测噪声方差 R。

卡尔曼滤波器假设噪声服从高斯分布，过程为线性过程，需要知道的先验信息包括：运动噪声方差 Q，观测噪声方差 R，线性运动方程 F，线性观测方程 H，以及初始状态分布 $p(x_0)$。在获取这些先验信息后，卡尔曼滤波器根据式(5-29)～式(5-31)实现状态预测，根据式(5-32)～式(5-35)实现状态更新，通过反复的迭代运算实现对当前时刻状态后验概率的计算。卡尔曼滤波器中，初始状态分布 $p(x_0)$ 与算法的收敛速度相关。运动噪声方差 Q 的大小反映了运动模型的准确程度，可用于评价算法对先验信息的依赖程度，大的 Q 值意味着算法运动模型不准确，先验信息不可靠，反之则代表先验信息较为可靠。观测噪声方差 R 的大小反映了观测模型的准确程度，可用于评价算法对于当前时刻观测信息的依赖程度。大的 R 值意味着算法观测模型不准确，观察似然函数不可靠，反之则代表观察信息较为可靠。上述参数需要根据实际情况选取适当的数值。

卡尔曼滤波器以其简洁的运算过程、优异的估计效果而在众多领域得到广泛的应用。但是在实际应用中，线性高斯系统的要求很难满足。因此，人们对传统卡尔曼滤波器进行了改进，以期达到使算法适用于更复杂场景的目的。在众多卡尔曼滤波改进型算法中，最具代表性的是

扩展卡尔曼滤波器和无迹卡尔曼滤波器,它们均适用于非线性高斯系统,以下简述其基本原理。

扩展卡尔曼滤波器采用泰勒级数展开的方式实现对非线性运动方程与观测方程的线性化处理,仅保留运动与观测模型的一阶矩特征,适用于非线性化程度不高的系统。假设运动方程 F 和观测方程 H 均为非线性函数,$\overline{F}$ 和 $\overline{H}$ 代表采用泰勒级数展开进行一阶线性化处理之后的线性化方程,线性化处理过程如下。

$$\overline{F} = \frac{\mathrm{d}F(x)}{\mathrm{d}x}\,|\,x = \hat{x}_{t-1} \tag{5-36}$$

$$\overline{H} = \frac{\mathrm{d}H(x)}{\mathrm{d}x}\,|\,x = \hat{x}_t^- \tag{5-37}$$

采用扩展卡尔曼滤波时,状态在 t 时刻的先验状态分布 $p(x_t\,|\,z_{t-1})$ 为

$$p\left(x_t\,|\,z_{t-1}\right) \approx N\left(x_t\,|\,\hat{x}_t^-, P_t^-\right) \tag{5-38}$$

其中

$$\hat{x}_t^- = \overline{F}\,\hat{x}_{t-1} \tag{5-39}$$

$$P_t^- = Q + \overline{F}\,P_{t-1}\,\overline{F}^{\mathrm{T}} \tag{5-40}$$

状态在 t 时刻的后验状态分布 $p(x_t\,|\,z_t)$ 为

$$p\left(x_t\,|\,z_t\right) \approx N\left(x_t\,|\,\hat{x}_t, P_t\right) \tag{5-41}$$

其中

$$\hat{x}_t = \hat{x}_t^- + K(z_t - \overline{H}\,\hat{x}_t^-) \tag{5-42}$$

$$P_t = P_t^- - K\,\overline{H}\,P_t^- \tag{5-43}$$

卡尔曼滤波系数 K 的计算公式为

$$K = P_t^- H^{\mathrm{T}}\left(\overline{H}P_t^-\,\overline{H}^{\mathrm{T}} + R\right)^{-1} \tag{5-44}$$

由于扩展卡尔曼滤波器仅保留了运动模型与观测模型的一阶矩信息,当系统的非线性程度较高时,扩展卡尔曼滤波器的估计效果会急剧下降。无迹卡尔曼滤波器采用 Sigma 点近似的方法使线性化逼近程度达到二阶矩,提高卡尔曼滤波器的使用范围。无迹卡尔曼滤波算法的本质是采用 UT 变换对非线性模型进行处理:首先,进行 Sigma 点采样,其次,将每个样本进行非线性变化,最后,对变换后的 Sigma 点集合的均值和方差进行运算,以保证达到非线性模型二阶矩信息的近似。

假设无迹卡尔曼滤波器在 $t-1$ 时刻的后验状态估计均值为 $\hat{x}_{t-1}$,估计的方差为 P_{t-1},则 Sigma 点采样过程如下:

$$\begin{cases} \chi_{t-1}^0 = \hat{x}_{t-1} & W_0 = \lambda/(n+\lambda) \\ \chi_{t-1}^i = \hat{x}_{t-1} + \left(\sqrt{(n+\lambda)\,P_{t-1}}\right)_i & W_i = 1/\{2(n+\lambda)\} \quad (i=1,2,\cdots,n) \\ \chi_{t-1}^i = \hat{x}_{t-1} - \left(\sqrt{(n+\lambda)\,P_{t-1}}\right)_{i-n} & W_i = 1/\{2(n+\lambda)\} \quad (i=n+1,2,\cdots,2n) \end{cases} \tag{5-45}$$

其中,n 为被估计问题的维数,对于本节研究的二维平面定位问题 $n=2$;λ 为可调节的伸缩因

子；$\left(\sqrt{(n+\lambda)P_{t-1}}\right)_i$ 为矩阵 $(n+\lambda)P_{t-1}$ 平方根的第 i 行或列；W_i 为每个 Sigma 点的权值，且有 $\sum_{i=0}^{2n}W_i=1$ 成立。

获取 Sigma 点后，UKF（Unscented Kalman Filter，无损卡尔曼滤波）算法对每个点进行预测，获取预测 Sigma 点为

$$\chi_t^i = F(\chi_{t-1}^i) \tag{5-46}$$

之后，UKF 计算先验分布 $p(x_t\,|\,z_{t-1})$ 的均值、方差为

$$\hat{x}_t^- = \sum_{i=0}^{2n}W_i\chi_t^i \tag{5-47}$$

$$P_t^- = \sum_{i=0}^{2n}W_i\left(\chi_t^i - \hat{x}_t^-\right)\left(\chi_t^i - \hat{x}_t^-\right)^{\mathrm{T}} \tag{5-48}$$

然后，UKF 计算预测的观察 Sigma 点 η_t^i 及其均值 $\hat{z}_t$ 为

$$\eta_t^i = H(\chi_t^i) \tag{5-49}$$

$$\hat{z}_t = \sum_{i=0}^{2n}W_i\eta_t^i \tag{5-50}$$

状态在 t 时刻的后验状态分布 $p(x_t\,|\,z_t)$ 的均值和方差为

$$\hat{x}_t = \hat{x}_t^- + K(z_t - \hat{z}_t) \tag{5-51}$$

$$P_t = P_t^- - KP_{zz}K^{\mathrm{T}} \tag{5-52}$$

这里，有

$$P_{zz} = \sum_{i=0}^{2n}W_i\left(\eta_t^i - \hat{z}_t\right)\left(\eta_t^i - \hat{z}_t\right)^{\mathrm{T}} \tag{5-53}$$

$$P_{xz} = \sum_{i=0}^{2n}W_i\left(\chi_t^i - \hat{x}_t^-\right)\left(\eta_t^i - \hat{z}_t\right)^{\mathrm{T}} \tag{5-54}$$

$$K = P_{xz}P_{zz}^{-1} \tag{5-55}$$

UKF 算法由式(5-45)～式(5-55)决定，预测与更新过程迭代进行即可实现对状态的估计。

除了 EKF（Extended Kalman Filter，扩展卡尔曼滤波）和 UKF 算法，多元假设跟踪滤波器通过多个高斯分布函数来拟合非高斯分布，每个高斯分布采用 KF（Kalman Filter，卡尔曼滤波）算法独立处理，以达到适应非高斯环境的目的；网格滤波器通过将状态空间离散化处理来克服噪声非线性、非高斯问题；高斯和滤波器与多元假设跟踪类似，采用多个高斯分布来表征状态分布。这些滤波器均在一定程度上改善了 KF 的性能，使其更加适用于实际应用。

5.3.4 粒子滤波

粒子滤波（Particle Filter，PF）是一种通过蒙特卡罗仿真实现递归贝叶斯估计的方法。粒

子滤波算法的核心是采用大量的加权粒子来代表被估计问题的概率分布函数，如后验分布 $p(x_t|z_t)$ 可表示为

$$p(x_t|z_t) \approx \sum_{i=1}^{N} w_t^i \delta(x_i - x_t^i) \qquad (5\text{-}56)$$

其中，$\delta(x_i - x_t^i)$ 为冲激函数；x_t^i 为采样粒子；w_t^i 代表相应的粒子权值；N 为集中粒子的个数，$\{w_t^i x_t^i, i = 1,2,\cdots,N\}$ 代表加权粒子集。

粒子滤波算法通过"采样—重要性采样—重采样"的结构实现贝叶斯估计，为了直观地表述粒子滤波器的工作过程，下面以跟踪一辆在公路上由左向右运动的汽车为例进行介绍。假设汽车的运动速率大致已知，道路上安装了两个路标，汽车运动至路标附近时可以判断其处于路标附近，但不能判断具体处于哪一个路标处。初始时刻的跟踪场景如图 5-6 所示，圆代表粒子，圆的大小代表其权值，路上的两个三角代表路标。

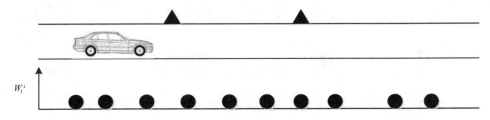

图 5-6　粒子滤波跟踪场景 1

由于没有汽车的先验位置信息，粒子随机分布在整条公路上，服从均匀分布。在某时刻，汽车发现路标，如图 5-7 所示，算法基于观测信息进行粒子权重的更新计算，由于判别不出是处于哪一个路标，观测似然函数 $p(z|x)$ 为双峰函数，处于峰值附近的粒子获得了较大的权值。经过重采样计算，权值较大的粒子生成更多的"后代粒子"，参与后续计算。而很多粒子因为权值较小而被算法抛弃，形成了粒子的凝聚。

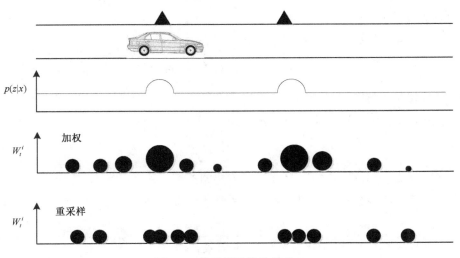

图 5-7　粒子滤波跟踪场景 2

汽车继续向右运动，由于知道汽车的速率信息，粒子也向右做相应的移动，当到达第2个路标附近时，继续进行粒子权值更新计算，如图5-8所示。经过权值更新和重采样，大部分粒子已经处于汽车附近，跟踪了目标。随着越来越多的路标被发现，跟踪的精度将逐步提高，直至算法收敛。

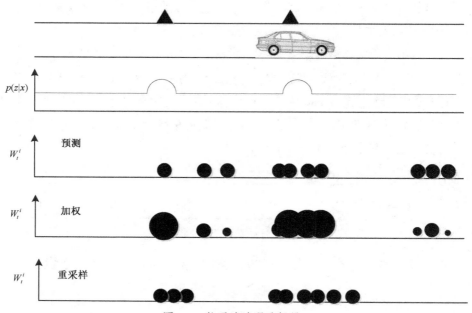

图 5-8　粒子滤波跟踪场景 3

上述粒子反映出粒子滤波的本质：通过对大量加权粒子的处理，达到对先验概率密度与后验概率密度函数的近似。粒子中汽车的速率信息相当于状态空间模型中的运动方程 F，而观测似然函数相当于 H。粒子根据运动方程进行下一时刻位置的预测，根据观察似然函数进行权值的更新计算，最后借助重采样操作对粒子进行处理，以克服退化问题。

粒子滤波算法流程如下。

① 初始化，从初始分布中采样粒子，即

$$x_0^i \sim p(x_0), w_0^i = 1/N \quad (i = 1, 2, \cdots, N) \tag{5-57}$$

其中，$p(x_0)$ 为初始分布。

② 粒子预测，根据提议分布进行预测，即

$$x_t^i \sim q(x_t \mid x_{t-1}^i, z_t) \tag{5-58}$$

提议分布 $q(x_t \mid x_{t-1}^i, z_t)$ 由运动方程及当前的观测共同决定。

③ 粒子权值更新，根据观测似然函数进行权值计算，即

$$w_t^i \propto w_{t-1}^i \frac{p(z_t \mid x_t^i) p(x_t^i \mid x_{t-1}^i)}{q(x_t^i \mid x_{t-1}^i, z_t)} \tag{5-59}$$

④ 粒子权值归一化处理，即

$$w_t^i = \frac{w_t^i}{\sum_{j=1}^{N} w_t^j} \tag{5-60}$$

⑤ 计算当前时刻状态的最小均方误差估计，即

$$\hat{x}_t = \sum_{i=1}^{N} x_t^i w_t^i \tag{5-61}$$

⑥ 计算有效样本个数 N_{eff}，若小于阈值，则进行重采样为

$$N_{\text{eff}} = \frac{1}{\sum_{i=1}^{N} (w_t^i)^2} \tag{5-62}$$

上述步骤①中，仅在算法开始时执行一次，步骤②～步骤⑥在每个时刻进行一次计算，以实现对粒子集合 $\{x_t^i, w_t^i \mid i = 1, 2, \cdots, N\}$ 的更新，实现对目标状态后验分布 $p(x_t \mid z_t)$ 的跟踪。

5.4 Loc 定位研究工具集

下面介绍一套用于 Wi-Fi 定位研究的工具集——Loc{lib, trace, eva, ana}，由德国曼海姆大学的 Thomas King 等开发，并且开源。该工具集包含 6 个组件，分别是 Loclib、Loctrace、Loceva、Locana、Locutil1 和 Locutil2。

Loclib 是应用程序和传感器硬件之间的一个连接器。它的任务是从传感器硬件收集数据，并做一些预处理工作。从应用程序角度来看，Loclib 充当了 Java Location API 和访问传感器数据的一个句柄（Handler）。从硬件角度来看，Loclib 直接通过硬件驱动来获取传感器的信息。Loclib 不仅包含与 Wi-Fi 设备进行数据交互的组件，还包含 GPS 组件，与 NMEA-0183 兼容的 GPS 设备进行数据交互，同时可以从蓝牙设备及数字罗盘获取信息。

Loctrace 的作用是直接通过 Loclib 来收集数据，然后把它存到文件中。

Loceva 使用 Loctrace 产生的追踪文件来评估不同类型的定位算法。目前，Loceva 已经实现了很多定位算法。Loceva 还包含很多过滤器和生成器，以此设置不同的场景来进行仿真。

Locana 可以对 Loctrace 和 Loceva 产生的结果进行可视化显示，从而可以验证 Loctrace 的结果是否具有完整性和可靠性。对于 Loceva 产生的结果进行可视化显示，可以方便地验证定位算法是否如它们预期的那样运行。

Locutil1 和 Locutil2 作为工具组件来给其他组件使用。

整个工具集软件结构可以用图 5-9 表示，图中所示的 Locutil1 和 Locutil2 几乎被所有的组件使用。只有 Loclib 是只需要 Locutil1 而不需要 Locutil2 的。Locutil1 和 Locutil2 的不同点在

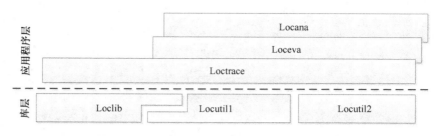

图 5-9 Loc{lib, trace, eva, ana}工具集软件结构

于，Locutil1 是使用 Java ME 来实现的，而 Locutil2 是使用 Java SE 来实现的。由于 Loceva 和 Locana 不需要通过 Loclib 直接与传感器硬件进行数据交互，因此它们只依赖于 Locutil1 和 Locutil2，而不依赖于 Loclib。

　　整个工具集的结构分为两层：库层和应用程序层。库不是独立程序，它们是向其他程序提供服务的代码，而程序是不同库和额外源码的一个整合体。Loclib、Locutil1 和 Locutil2 是不能独立运行的库，而 Loctrace、Loceva 和 Locana 是依赖于这些库的一个程序集合。

5.4.1　Loclib

　　上面已经对整个工具集进行了概述，下面着重对 Loclib 进行详细的描述，以及对其如何使用进行说明。Loclib 可分为数据收集层、数据转换层和定位程序接口层，如图 5-10 所示。

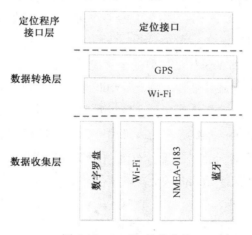

图 5-10　Loclib 软件结构

　　数据收集层通过传感器硬件收集数据。目前版本的 Loclib（loclib-0.7.5）可以从 Wi-Fi 网卡、NMEA（National Marine Electronics Association，美国国家海洋电子协会）兼容的 GPS 接收器、数字罗盘和蓝牙收集数据。Loclib 会通过驱动或有可能通过直接询问的方式来收集数据。例如，数字罗盘和 NMEA-0183 设备的数据都是通过直接询问的方式来获取的，而 Wi-Fi 网卡接收自不同 AP 的 RSSI 值是通过驱动来获取的。通常，从数据收集层采集到的数据都会被转给数据

转换层，进一步处理，不过也可以通过句柄直接访问。句柄是为了允许像 Loctrace 这样的应用程序来访问传感器数据而预先定义的接口。

数据转换层的职责是把传感器数据收集层提供的数据转换到一个位置估算信息，供定位接口使用。GPS 或 Wi-Fi 定位算法用来完成这项任务。当一种方法可用而另一种方法不可用时，数据转换层会选择使用 Wi-Fi 定位或 GPS 定位。如果两种方法都可用，那么 GPS 会被优先使用。如果两种方法都不可用，那么数据转换层将返回一个错误代码。

定位程序接口层实现了 JSR-179 定义的定位接口，来给上层应用程序提供位置估算信息。以下阐述 Loclib 各组件的使用方法。

1．NMEA-0183

对 NMEA-0183（2.2 版本）的兼容库是 Loclib 库的一部分。NMEA 库尤其对基于 SiRF II 芯片组的 GPS 接收器进行了优化，不过对于其他 NMEA-0183 兼容的设备也是可以正常使用的。可以使用以下命令来显示 GPS 接收器获取到的数据。

```
java-cp loclib-0.7.5.jar:debug-disable-1.1.jar:hexdump-0.1.jar:libdbus-java-2.3.1.jar:
    unix-0.2.jar:j2meunit.jar:locutil1-0.5.1.jar org.pi4.loclib.nmea0183.test.SerialGpsTestToString
```

2．Wi-Fi

目前版本的 Wi-Fi 数据采集实现支持主动扫描、被动扫描和监听嗅探（Monitor-Sniffing）。主动扫描和被动扫描在 5.1 节中已经讲解，而监听嗅探表示在数据传输的同时听取管理帧这样的一种工作方式。监听嗅探需要 Wi-Fi 网卡支持监听模式（Monitor Mode）。在监听模式下，网卡可以接收到所有它能够接收的无线电信号并试图进行解析，而不局限于它所连接的无线局域网。

可以通过执行如下命令来开启无线网卡的监听模式，进行抓帧测试。

```
// wlan0 是无线网卡的名称，mon0 是虚拟网卡的名称可以任意指定
iw dev wlan0 interface add mon0 type monitor
ifconfig mon0 up                              // 开启虚拟网卡 mon0
tcpdump -i mon0                               // 使用 tcpdump 进行抓帧
```

该命令在 Ubuntu 12.04 LTS、Atheros AR5xxx 无线网卡环境下测试可行，并且省略 sudo 命令前缀。

而 Loclib 提供的 Wi-Fi 扫描工具可以通过如下命令测试执行。

```
java-Djava.library.path=./-cp loclib-0.7.5.jar:debug-disable-1.1.jar:hexdump-0.1.jar:
    libdbus-java-2.3.1.jar:unix-0.2.jar:j2meunit.jar:locutil1-0.5.1.jar org.pi4.loclib.
    wirelesslan. test.ScanTest
```

根据实际情况调整 java.library.path，该测试程序只能在 Linux 或 *BSD 环境下工作。

3．蓝牙

基于近似法的蓝牙定位系统也是 Loclib 的一部分，其工作原理如下：移动设备的位置由

它的通信区域 AP 位置的平均值来求得。目前版本的 Loclib 需要 BlueZ 蓝牙协议栈和 Linux 或 *BSD 操作系统。蓝牙部分用法如下：替换 bluetoothlocationdata.txt 文件中蓝牙 AP 的 MAC 地址和坐标，修改 loclib.properties 文件，设置 provider=Bluetooth，然后执行以下命令。

```
java -cp loclib-0.7.5.jar:debug-disable-1.1.jar:hexdump-0.1.jar:libdbus-java-2.3.1.jar:
    unix-0.2.jar:j2meunit.jar:locutil1-0.5.1.jar org.pi4.loclib.test.LocationProviderTest
```

4．数字罗盘

Loclib 实现了 Silicon Laboratories 生产的 F350-Compass-RD 数字罗盘的通信协议。该罗盘提供了方位角、温度和 X、Y 轴上的倾斜度信息。

可以使用如下命令进行测试，测试程序会持续地向数字罗盘请求和接收数据，并把它输出到屏幕上。

```
java -cp loclib-0.7.5.jar:debug-disable-1.1.jar:hexdump-0.1.jar:libdbus-java-2.3.1.jar:
    unix-0.2.jar:j2meunit.jar:locutil1-0.5.1.jar org.pi4.loclib.f350compassfd.test.CompassTest
```

5．FDDD

FDDD（Fingerprint Database Distribution Demonstrator，指纹数据库分布演示）是一个示例程序。可以使用以下命令执行：

```
java -cp loclib-0.7.5.jar:debug-disable-1.1.jar:hexdump-0.1.jar:libdbus-java-2.3.1.jar:
    unix-0.2.jar: j2meunit.jar:locutil1-0.5.1.jar -Djava.library.path=PATH_LOCLIB_JNI
    -Djava. security.policy=PATH_FDDD/rmi.policy -jar fddd-0.5.jar
```

PATH_LOCLIB_JNI 表示 Loclib jni 目录的路径，PATH_FDDD 表示 FDDD 代码的存放处。

6．SPBM

SPBM（Scalable Position-Based Multicast）基于移动 Ad Hoc 网络中的多播路由协议，利用网络中节点的位置来转发数据包。Loclib 从 GPS 定位中获得的位置坐标可以供 SPBM 使用。Loclib-spdm 需要 4 个命令行参数：原始 SPBM 坐标系统的纬度、原始 SPBM 坐标系统的经度、SPBM 坐标系统 X 轴上的步长、SPBM 坐标系统 Y 轴上的步长。例如，可用以下命令运行 Loclib-spbm：

```
java -jar loclib-spbm-0.1.jar 49.3 8.5 0.0001 0.0001
```

5.4.2　Loctrace

Loctrace 只包含一个程序，即 Tracer，用来收集构建指纹数据库的数据。为了实现这个目标，Tracer 通过 Loclib 直接收集传感器数据（如 Wi-Fi 网络中通信范围内的 AP 的 RSSI 值）。Tracer 的图形用户界面（Graphical User Interface，GUI）用于配置（如选择一个扫描模式和设备）各种参数（如扫描次数或两次扫描的间隔时间等。追踪程序开始运行后，就会在 Tracer 界面的底部出现一个直方图，显示通信范围之内的 AP，以及与它们相关的 RSSI 分布。

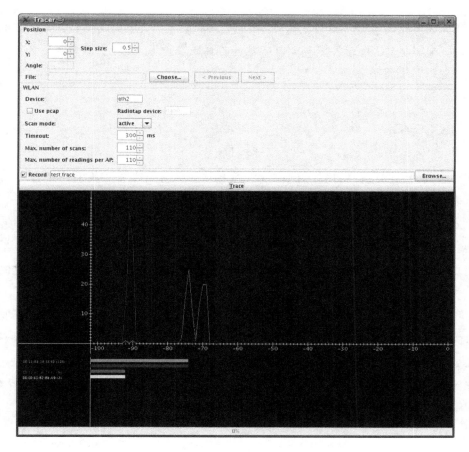

图 5-11   Tracer 运行界面

通过 Loclib 收集到的数据被存储到一个可读的追踪文件中，文件中每一行的格式如下。

```
t="Timestamp";pos="RealPosition",id="MACofScanDevice";degree="orientation";
"MACofResponse1"="SignalStrengthValue","Frequency","Mode","Noise";...;
"MACofResponseN"="SignalStrengthValue","Frequency","Mode","Noise"
```

t 表示自 UTC 时间 1970 年 1 月 1 日 0 点以来，以 ms 为单位的时间戳；pos 表示扫描设备的实际物理坐标；id 表示扫描设备的 MAC 地址；degree 表示用户携带扫描设备所朝方向的角度（只有当有数字罗盘时该位才会被设置）；MACofResponse 表示回应点（如 AP）的 MAC 地址和以 dBm 为单位的 RSSI、信道频率、模式（AP=3，Ad Hoc 模式=1），以及 dBm 为单位的噪声等级。

Tracer 产生的追踪文件是整个 Wi-Fi 定位的重要组成部分。这些文件可以由 Loceva 来评估和仿真不同定位算法与不同场景，可以交由 Locana 继续做可视化分析，还可以用来构建 LFDB。

可以通过如下命令来启动 Tracer。

```
java -Djava.library.path=PATH_LOCLIB_JNI -cp loctrace-0.5.jar:locutil1-0.5.1.jar:
loclib-0.7.5.jar:debug-disable-1.1.jar:hexdump-0.1.jar:libdbus-java-2.3.1.jar:
```

PATH_LOCLIB_JNI 根据具体 Loclib 本地库的存放路径来设置。现成的追踪文件也可以从工具集下载的网站进行下载。

5.4.3 Loceva

Loctrace 产生的追踪文件可以交由 Loceva 来评估各种类型的定位算法。目前版本的 Loceva 已经实现了很多定位算法。

为了方便比较不同的定位算法，Loceva 包含了一个管理部分来设置和选择不同的场景进行仿真。这样，Loceva 利用 Loctrace 产生的追踪文件来仿真一个特殊的场景，用于对比不同的定位算法，从而确定不同的定位结果是基于不同的定位算法而不是因环境的变化造成的。

建立和管理不同的场景是通过过滤器来完成的。过滤器通过控制追踪文件中的不同对象来产生不同的场景。例如，MAC 过滤器就是手工过滤掉一些 AP，即使它们是追踪文件的一部分；位置过滤器可以通过参考点的坐标来过滤掉 LFDB 中的一些参考点。

定位部分包含了多种定位算法，使得新提出的算法可以方便地与之前的算法进行对比。下面通过一张 Loceva 算法类图（如图 5-12 所示）来查看其实现情况。

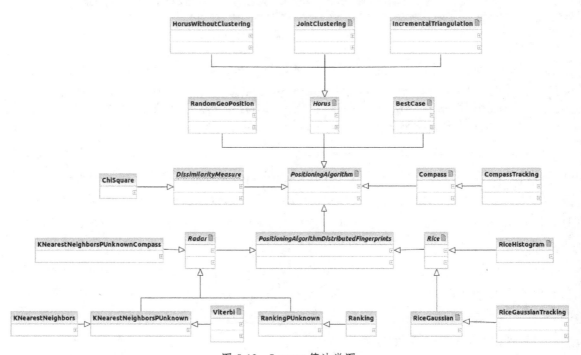

图 5-12　Loceva 算法类图

在选择了确定的场景和定位算法后，Loceva 还可以计算其定位误差。定位误差被定义为用户的实际位置与算法估算的位置的欧几里得距离。在每次仿真结束时，平均定位误差和表示定位误差的累积概率密度分布（如图 5-13 所示）都会被显示，可以用来对比不同定位算法的准确度。此外，Loceva 可以使用计算的中间结果来产生一个日志文件。这个日志文件可以由 Locana 来分析定位算法的行为。

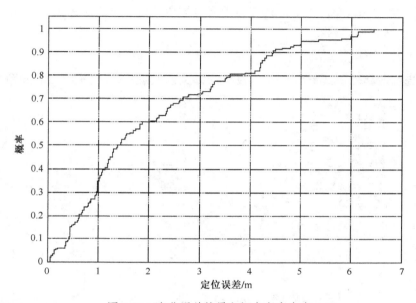

图 5-13　定位误差的累积概率密度分布

Loceva 可以使用属性文件来控制。Java 属性文件包含了一系列的键值对，中间以"="作为分隔符。在 Loceva 中，很多配置值都可以通过属性文件来设置，从而相同的 JAR 文件可以用来仿真很多不同的场景。工具集下载网站也给出了一个属性文件，以供 Loceva 使用。

Loceva 可以通过下述命令来执行：

```
java -cp loceva-0.5.1.jar:locutil1-0.5.1.jar:locutil2-0.5.2.jar org.pi4.loceva.Loceva
-offline FILENAME -online FILENAME [-prop PROPERTY]
```

FILENAME 参数可以是离线阶段及在线阶段的追踪文件，-offline 和-online 参数是被强制需要的，-prop 参数是一个定义属性文件的可选参数。

5.4.4　Locana

Locana 对 Loctrace 和 Loceva 产生的结果进行可视化。Locana 包含很多特定用途的小工具，大部分工具会对 Loctrace 和 Loceva 的输出结果进行验证，或者列出追踪文件中的一些特定对象。例如，Access Point Lister 工具可以打印所有的 AP 及其在追踪文件中出现的次数。

Locana 还包含 Radiomap 工具。Radiomap 提供了两种操作模式：Loctrace 模式和 Loceva 模式。Loctrace 模式对 Loctrace 产生的追踪文件进行可视化显示，主要用于可视化研究 LFDB 方面。对于每个参考点和 AP，读数次数、RSSI 均值和标准差都可被显示，而网格维数和参考点网格的起始点则可被调节。

正如前述，Loceva 可以产生一个定位算法运行的中间结果日志文件，这个日志文件可以用 Loceva 模式被 Radiomap 显示。这有助于理解被选择的定位算法的工作情况，并且验证定位算法是否与它预期的那样运行。

图 5-14 所示为 Radiomap 工作在 Loctrace 模式下的截图。

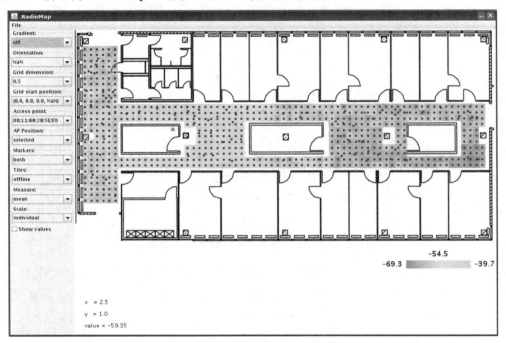

图 5-14　Radiomap 工作在 Loctrace 模式下

图 5-15 所示为 Radiomap 工作在 Loceva 模式下的截图。

Radiomap 可以通过如下命令进行执行：

```
java -Xmx512M -cp batik-awt-util.jar:batik-bridge.jar:batik-css.jar:
  batik-dom.jar:batik-extension.jar:batik-ext.jar:batik-gui-util.jar:batik-gvt.jar:
  batik-parser.jar:batik-script.jar:batik-svg-dom.jar:batik-svggen.jar:batik-swing.jar:
  batik-transcoder.jar:batik-util.jar:batik-xml.jar:locana-0.5.1.jar:locutil1-0.5.1.jar:
  locutil2-0.5.2.jar:xerces_2_5_0.jar:xml-apis.jar org.pi4.locana.radiomap.RadioMap
  [-offline FILENAME] [-online FILENAME] [-maxgrid DOUBLE]
```

FILENAME 可以是 Loctrace 文件（.trace）或 Loceva 文件（.ptrace）来切换 Loctrace 模式和 Loceva 模式。-offline 和-online 参数值使用其中一个，同时使用两个参数也是可以的。-maxgrid 参数作为可选参数被用来设置最大的网格间隔，默认值是 5.0。

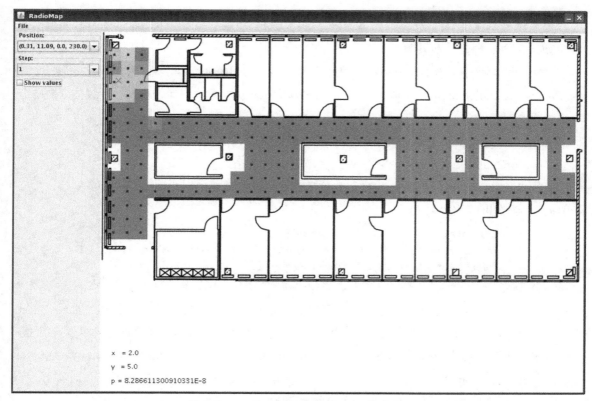

图 5-15　Radiomap 工作在 Loceva 模式下

5.5　HTML5 GeoLocation 定位实例

　　本节讲述 Wi-Fi 定位的实例，即 HTML5 GeoLocation。在接入 Wi-Fi 网络移动终端的浏览器中，输入相关网址，会出现 Google 地图，单击地图左上角小人上的小点就可以看到定位效果。如果读者的实验也有误差，那么有可能是浏览器版本太旧了（目前支持 HTML5 GeoLocation 的浏览器是 Firefox 3.5+、Chrome 5.0+、IE 9.0+、Safari 5.0+、Opera 10.6+、iPhone 3.1+、Android 2.0+、BlackBerry 6+），或者 Google 的数据库没有 AP 的 MAC 地址，或者是由其他原因造成的。

　　在开始使用 HTML5 GeoLocation API 前，必须检查浏览器是否支持 HTML5 GeoLocation，代码（使用 JavaScript 脚本）如下：

```javascript
if (navigator.geolocation) {
    ...                          // do something
}
else{
    alert('您的浏览器不支持HTML5 GeoLocation!');
}
```

如果浏览器支持 HTML5 GeoLocation，那么如何获取用户的当前地理位置信息呢？可以使用如下语句进行位置的获取。

```
navigator.geolocation.getCurrentPosition(successCallback,errorCallback, positionOptions);
```

navigator.geolocation 对象通过 getCurrentPosition 来获取用户当前位置信息，该方法包含以下 3 个参数。

① successCallback：成功获取用户位置信息后的回调函数。

② errorCallback：获取用户位置信息失败时的回调函数。

③ positionOptions：可选，获取用户位置信息的配置参数。

successCallback 代码如下：

```
var successCallback = function(position){
    var lat = position.coords.latitude, lon = position.coords.longitude;
    alert('您的当前位置的纬度为：'+lat+'，经度为'+lon);
};
```

successCallback 非常简单，带有一个参数，表示已经获取到的用户位置数据，也就是以上代码中的 position。该对象包含两个属性 coords 和 timestamp。coords 属性中包含以下 7 个值：accuracy（准确度）、latitude（纬度）、longitude（经度）、altitude（海拔高度）、altitudeAcuracy（海拔的精确度）、heading（行进方向）、speed（地面的速度）。如果浏览器没有获取到以上 7 个属性的值，就返回 null。timestamp 属性表示的是时间戳，不过在实际开发中用处不大。

errorCallback 代码如下：

```
var errorCallback = function(error){
    alert('错误代码:'+error.code+'，错误信息:'+error.message);
}
```

errorCallback 也很简单，带有一个参数，表示 HTML5 GeoLocation 返回的错误数据，包含两个属性：message 和 code。

message 属性表示错误信息。code 属性表示错误代码：0（UNKNOWN_ERROR）表示不包括在其他错误代码中的错误，需要通过 message 参数查找错误的更多详细信息；1（PERMISSION_DENIED）表示用户拒绝浏览器获取位置信息的请求；2（POSITION_UNAVALIABLE）表示获取位置信息失败；3（TIMEOUT）表示获取位置信息超时。在 options 中指定了 timeout 值时才有可能发生这种错误。某些浏览器可能没有 message 属性的值，则返回 null。

可选参数 positionOptions 的数据格式为 JSON。positionOptions 有以下 3 个可选属性。

① enableHighAcuracy：布尔值，表示是否启用高精确度模式，如果启用，浏览器在获取位置信息时可能需要耗费更多的时间。

② timeout：整数，表示浏览器需要在指定的时间内获取位置信息，否则触发 errorCallback。

③ maximumAge：整数/常量（infinity），表示浏览器重新获取位置信息的时间间隔。

通过这个例子可以发现，该接口的使用还是比较简单的。通过跟踪 HTML5 GeoLocation 的接口实现，可以来看 Google 地图到底是通过什么技术手段来对移动终端进行定位的。由于对 Google 地图的访问，以及对 HTML5 GeoLocation 接口的使用都是通过浏览器来完成的，那么最方便的方法是打开浏览器一探究竟。这里使用的是 Google 的一个开源项目 Chromium，从中可以看到 Google 浏览器是如何实现 HTML5 GeoLocation 这个接口的。

打开浏览器，输入网址：http://src.chromium.***/svn/trunk/src/content/browser/ geolocation/，就会看到 Google 浏览器对 GeoLocation 接口的实现。图 5-17 所示为一部分截图。

- osx_wifi.h
- wifi_data_provider_common.cc
- wifi_data_provider_common.h
- wifi_data_provider_common_unittest.cc
- wifi_data_provider_common_win.cc
- wifi_data_provider_common_win.h
- wifi_data_provider_corewlan_mac.mm
- wifi_data_provider_linux.cc
- wifi_data_provider_linux.h
- wifi_data_provider_linux_unittest.cc
- wifi_data_provider_mac.cc
- wifi_data_provider_mac.h
- wifi_data_provider_unittest_win.cc
- wifi_data_provider_win.cc
- wifi_data_provider_win.h
- win7_location_api_unittest_win.cc
- win7_location_api_win.cc
- win7_location_api_win.h
- win7_location_provider_unittest_win.cc
- win7_location_provider_win.cc
- win7_location_provider_win.h

图 5-17　Chromium 对 Wi-Fi 定位的实现

再打开 wifi_data_provider_common_win.cc 文件，其中一个函数的代码如下。

```
bool ConvertToAccessPointData(const NDIS_WLAN_BSSID& data,
                             AccessPointData *access_point_data) {
    // Currently we get only MAC address, signal strength and SSID.
    // TODO(steveblock): Work out how to get age, channel and signal-to-noise.
    DCHECK(access_point_data);
    access_point_data->mac_address = MacAddressAsString16(data.MacAddress);
    access_point_data->radio_signal_strength = data.Rssi;
    // Note that _NDIS_802_11_SSID::Ssid::Ssid is not null-terminated.
    UTF8ToUTF16(reinterpret_cast<const char*>(data.Ssid.Ssid), data.Ssid.SsidLength,
            &access_point_data->ssid);
    return true;
}
```

可以看出，在 Windows 环境下，Google 浏览器目前只是获取了 AP 的 MAC 地址和信号强度(也就是之前讲的 RSSI)，这也表明 Google 浏览器采用的 Wi-Fi 定位手段是基于 RSSI 的。

前面所讲的是实际环境下定位系统的一个定位客户端。下面再讲一下定位的服务端主要都做些什么。依然以 Google 举例，图 5-17 为 Google 用于收集 Wi-Fi 信号的小车，即街景车，上面的摄像头用来拍摄沿途的风景。不过除了拍摄风景，车上还配备了 GPS 接收装置和 Wi-Fi 信号收集装置，用于收集途中各 AP 的信息。Google 的 Wi-Fi 定位数据库正是由众多这样的小车在全球收集 Wi-Fi 信号，然后传回 Google 的服务器，经过处理后构建而来的。

图 5-17　Google 街景车

Google Wi-Fi 信号收集程序如图 5-18 所示。

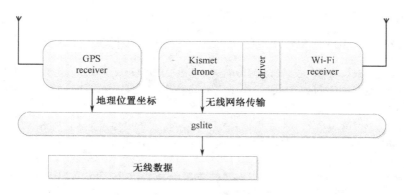

图 5-19　Google Wi-Fi 信号收集程序

这种程序实际上由两部分组成：一部分用于 Wi-Fi 信号收集的 Kismet，另一部分用于 GPS 信号收集和对收集到的 Wi-Fi、GPS 进行处理的 gslite。

Kismet 是一款开源免费的用于无线网络检测和抓包的软件，通过把无线网卡设置成监听模式（monitor mode）来抓取无线网络中传输的报文。Kismet 使用被动模式来获取报文，是一个独立的抓包和包过滤的程序。不过，Kismet 也可以配置为 drone 模式。在 drone 模式下，Kismet 不会记录和处理抓到的报文，而是直接把抓到的网络数据流传递给那些需要这个数据流的程序。Kismet 还会在抓到 IEEE 802.11 MAC 帧之前加上一个 Kismet 头，这个 Kismet 头存放的就是一些无线传输的属性数据，我们所需要的 RSSI 也在其中。

gslite 来源于 Google 的一个开源项目 gstumbler。gstumbler 是在 2006 年创建并通过 gstumbler 项目编译出来的一个可执行程序，起初叫作 gstumbler，不过从 2006 年后，这个可执行程序被配备到了 Google 的街景车上用来获取数据，这样它就有了一个新的名字，即 gslite。gslite 的作用是分析处理抓取到的 Wi-Fi 帧，同时接收从 GPS 系统传递的地理位置坐标，然后把处理后的 Wi-Fi 帧、GPS 返回的坐标与 Wi-Fi 帧的接收时间关联，最后一并存储到数据库中。默认状态下，gslite 会收集所有的 Wi-Fi 帧，去除那些被加密的数据帧的数据部分。

Google 就是通过这样的街景车在全球范围内收集 Wi-Fi 信号的，然后构建出用于 Wi-Fi 定位的数据库，用户只要把自己周围的 AP 的 MAC 地址和从 AP 得到的 RSSI 发给 Google 的定位服务器，就可以计算用户的位置，并且返回。

习 题 5

1. IEEE 802.11 的第一个版本是在哪一年被制定的？Wi-Fi 联盟又是在哪一年成立的？

2. IEEE 802.11b 的工作频段是多少赫兹？IEEE 802.11a、802.11g、802.11n 的工作频段又分别是多少赫兹？

3. 根据 IEEE 802.11 MAC 帧的 Frame Control 字段的 Type 取值，MAC 帧可以被分为哪几种类型？

4. 现有一个 IEEE 802.11 MAC 帧，它的 Frame Control 字段的值为 0x0080，请判断它的类型（精确到子类型）。

5. Wi-Fi 扫描的类型有哪两种？

6. 假设离线阶段，9 个不同位置对 4 个 AP 采样得到的均值结果如下表所示。

样点	样点位置	AP1/dBm	AP2/dBm	AP3/dBm	AP4/dBm
样点 1	(0, 0)	−26	−39	−37	−41
样点 2	(3, 0)	−34	−35	−36	−36
样点 3	(6, 0)	−36	−27	−36	−38
样点 4	(0, 3)	−33	−36	−36	−34
样点 5	(3, 3)	−37	−39	−37	−36
样点 6	(6, 3)	−36	−34	−34	−36
样点 7	(0, 6)	−36	−38	−36	−29
样点 8	(3, 6)	−35	−36	−34	−34
样点 9	(6, 6)	−38	−40	−27	−38

在线阶段时，某移动设备采集到的 4 个 AP 的 RSSI 从 AP1 到 AP4 分别为(-33, -34, -36, -36)，试用最近邻算法估算移动设备的位置坐标。

7．假设在某位置 x 上对 4 个 AP 进行采样的采样情况如下所示。

对 AP1 的 RSSI 采样	
RSSI/dBm	样点数
-71	20
-70	150
-69	260
-68	70

对 AP2 的 RSSI 采样	
RSSI/dBm	样点数
-71	50
-70	210
-69	200
-68	40

对 AP3 的 RSSI 采样	
RSSI/dBm	样点数
-45	140
-46	240
-47	120

对 AP4 的 RSSI 采样	
RSSI/dBm	样点数
-39	160
-38	200
-37	140

试画出位置 x 上各 AP 采样得到的 RSSI 值的归一化平面分布直方图。

参考文献

[1] SWANGMUANG N. A Location Fingerprint Framework Towards Efficient Wireless Indoor Positioning Systems[D]. Pittsburgh, PA, USA: University of Pittsburgh, 2008.

[2] KING T, KOPF S, HAENSELMANN T, et al. COMPASS: A Probabilistic Indoor Positioning System Based on 802.11 and Digital Compasses[C']//Procedings ot WiNTECH, Los Angeles, CA, USA, 2006: 34-40.

[3] ZEKAVAT S A R, BUEHRER R M. Handbook of Position Location: Theory, Practice and Advances[M]. Piscataway, NJ: Wiley-IEEE Press, 2011.

[4] IEEE Standard For Information Technology-Telecommunications and Information Exchange Between Systems Local and Metropolitan Area Networks-Specific Requirements Part 11: Wireless LAN Medium Access Control (MAC) and Physical Layer (PHY) Specifications: IEEE Std 802.11[S]. New York, NY, USA: IEEE Press, 2012.

[5] KING T, BUTTER T, HAENSELMANN T. Loc{lib, trace, eva, ana} : Research Tools for 802.11-based Positioning Systems[C']//Procedings ot WiNTECH, Montreal, Quebec, Canada, 2007: 67-74.

[6] LAMARCA A, CHAWATHE Y, CONSOLVO S, et al. Place Lab: Device Positioning Using Radio Beacons in the Wild[C]//Pervasive Computing, 2005, LNCS 3468: 116-133.

[7] HAEBERLEN A, FLANNERY E, LADD A M, et al. Practical Robust Localization over Large-Scale 802.11 Wireless Networks[C']//Proceedings ot MobiCom, Philadelphia, PA, USA, 2004: 70-84.

[8] BAHL P, PADMANABHAN. RADAR : An In-Building RF-based User Location and Tracking System[C']// Proceedings IEEE INFOCOM, Tel Aviv, Israel, 2000: 775-784.

[9] YOUSSEF M, AGRAWALA A K. The Horus WLAN Location Determination System[C']//Proceedings ot MobiSys, Seattle, Washington, USA, 2005: 205-218.

[10] SEN S, RADUNOVIC B, CHOUDHURY R R, et al. You are Facing the Mona Lisa: Spot Localization Using PHY Layer Information[C']//Proceedings ot MobiSys, Low Wood Bay, Lake District, UK, 2012: 183-196.

[11] GAST M S. 802.11 无线网络权威指南[M]. 2 版. 南京：东南大学出版社，2007.

[12] 高峰，高泽华，文柳，等. 无线城市：电信级 Wi-Fi 网络建设与运营[M]. 北京：人民邮电出版社，2011.

[13] 王洁. 基于贝叶斯估计方法的无线定位跟踪技术研究[D]. 大连：大连理工大学，2011.

第6章 UWB 定位技术

本章导读

✿ UWB 技术概述
✿ UWB 定位技术
✿ UWB 定位应用

UWB 技术是一种使用 1 GHz 以上带宽且无须载波的无线通信技术，而且传输速率可达每秒几百兆比特以上。由于不需要价格昂贵、体积庞大的中频设备，UWB 系统的体积小且成本低，其发射的功率谱密度可以非常低，甚至低于 FCC 规定的电磁兼容背景噪声电平，因此，短距离 UWB 系统可以与其他窄带无线通信系统共存。

近年来，UWB 技术受到越来越多的关注，并成为通信技术的一个热点。作为室内通信，FCC 已经将 3.1～10.6 GHz 频带向 UWB 通信开放。IEEE 802 委员会也已将 UWB 作为 PAN 的基础技术候选对象进行探讨。UWB 技术被认为是无线通信技术的革命性进展，在无线通信、雷达跟踪和精确定位等方面有着广阔的应用前景。

6.1 UWB 技术概述

6.1.1 UWB 定义

UWB 的定义经历了以下三个阶段。

第一阶段。1989 年前，UWB 信号主要是通过发射极短脉冲获得的，广泛用于雷达领域并使用"脉冲无线电"这个术语，属于无载波技术。

第二阶段。1989 年，DARPA 首次使用 UWB 这个术语，并规定，若一个信号在衰减 20 dB 处的绝对带宽大于 1.5 GHz 或相对带宽大于 25%，则这个信号就是 UWB 信号。

第三阶段。为了促进并规范 UWB 技术的发展，2002 年 4 月，FCC 发布了 UWB 无线设备的初步规定, 并重新对 UWB 做了定义。按此定义, UWB 信号的绝对带宽应不低于 500 MHz 或相对带宽大于 20%。这里, 相对带宽定义为

$$\frac{f_H - f_L}{f_c} \tag{6-1}$$

其中, f_H、f_L 分别为功率较峰值功率下降 10 dB 时所对应的高端频率和低端频率; f_c 为信号的中心频率, $f_c = (f_H - f_L)/2$, 如图 6-1 所示。

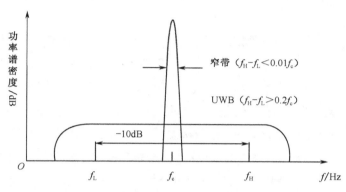

图 6-1　超宽带信号与窄带信号的比较

从 FCC 的定义可以看出, 现在的 UWB 已经不局限于最初的脉冲通信了, 而是包括任何使用超宽频谱(带宽大于 500 MHz 或相对带宽大于 20%)的通信形式。另外, FCC 规定了 UWB 室内通信、室外手持设备、穿墙成像、医疗成像等应用场景下的频谱限制。根据规定, 室内 UWB 通信实际使用的频谱范围为 3.1～10.6 GHz, 该范围内的有效全向辐射功率(Effective Isotropic Radiated Power, EIRP)不超过-41.3 dBm/MHz。

6.1.2　UWB 的发展与现状

UWB 的历史可以追溯到 100 多年前波波夫和马克尼发明越洋无线电报的时代。1942 年, De Rose 提交了涉及 UWB 型随机脉冲系统的专利, 但由于第二次世界大战, 直至 1954 年才得以发表;1961 年, Hoeppner 的专利也涉及了脉冲通信系统的表述;1964 年至 1987 年, Harmuth 的著作奠定了 UWB 收发信机的设计基础;Ross 和 Robbins (R&R) 的美国专利于 1974 年发表, 是 UWB 通信领域最早的里程碑式专利。

脉冲 UWB 技术的脉冲宽度通常为亚纳秒量级, 信号带宽经常达数吉赫兹, 比当时各类无线通信技术的带宽要大得多, 因此在 1989 年被美国国防部确定为 UWB 技术。直至 2002 年, FCC 批准 UWB 无线电在严格限制条件下可在公众通信频段 3.1～10.6 GHz 上运行, 才有力推进了 UWB 通信的发展, 并催生了有载波型 UWB, 诸如高速直接序列扩频 DS-UWB 和多频带 OFDM MB-OFDM-UWB 的快速创新与发展应用。2005 年年初, WiMedia 联盟和 ECMA (European Computer Manufacturers Association, 欧洲计算机制造商协会) 的成员将 WiMedia

UWB 平台规范提交给 ECMA，推出了 ECMA-368 和 ECMA-369 标准；2005 年 3 月，FCC 批准 MBOA-UWB、DS-UWB 的高速产品测试；2005 年 6 月，英国政府监管部门表示支持 UWB 发展，并向欧盟提出规范和标准建议；2005 年 8 月，日本政府批准 UWB 所使用的 3.4~4.8 GHz 的频谱和辐射规范；2006 年 2 月，ITU 在确定了各国频谱分配原则后，第一次核准 UWB 全球性监管标准建议；2006 年 6 月，WiMedia 联盟又将 ECMA-368 和 ECMA-369 标准提交至 ISO；2007 年 3 月，ISO 通过了 WiMedia 联盟提交的 MB-OFDM 标准，正式成为 UWB 技术的第一个国际标准。

2006 年，英国、日本、韩国等国家根据 ITU 的规定，陆续公布了 UWB 的监管规范，以逐步开放民用 UWB 产品的研发。2007 年 2 月 28 日，欧盟批准欧洲 27 个成员国家可以使用 UWB 有源 RFID 定位系统。目前，已有超过 20 多家厂商开发推出了 UWB 芯片、应用开发平台和相关设备。其中走在前列的主要是美国和以色列、日本、英国、欧洲国家及中国台湾地区的企业，如美国的 XtremeSpectrun 公司已经研发出了能够在各种设备之间进行无线传输音频、视频的 UWB 芯片组；Pulse Link 公司在 2003 年第一季度推出了传输速率达 400 Mbps 的 UWB 芯片组。另外，一些 UWB-USB 典型产品也已问世，如贝尔金（Belkin）和利用 Alereon 解决方案的 IOGEAR 等都推出了 UWB-USB 产品。还出现了一些围绕 UWB 的系统与网络制造商，如 Aetherwire、Memsen、MeshDynamics、Multispectral Solutions 等。

我国的 UWB 研发起步相对较晚。从 1999 年开始，我国研究者开始关注 UWB 技术的发展。2001 年，国家"863"计划启动了高速 UWB 实验演示系统的研发项目，经过遴选，由东南大学、清华大学、中国科技大学分别进行研发，各自提出方案，分别于 2005 年 12 月和 2006 年 4 月完成并通过验收。另外，我国学者在国内外学术刊物和重要会议上所发表的有关 UWB 学术文章的数量也在逐年增加。在 2011 年的中国国际信息通信展览会上，深圳国人通信有限公司推出了超宽带数字光纤分布系统（UW-DDS），这是可实现多制式多业务共同接入、协同发展及共建共享的最新解决方案，已经在国家大剧院等场所应用并获得巨大成功。

6.1.3 UWB 的特点与优势

UWB 技术具有很多吸引人的特点和优势，在军事应用、航空航天及民用和商用上具有巨大的潜力，引起人们的广泛关注。其主要特点如下。

1．结构简单

UWB 通过发送纳秒级脉冲来传输数据信号，不需要传统收发器所需的上、下变频，也不需要本地振荡器、功率放大器和混频器等，系统结构实现比较简单，设备集成更为简化。

2．隐蔽性好，保密性强

UWB 通信系统发射的信号是占空比很小的窄脉冲，所需的平均功率很小，可以隐蔽在噪声或其他信号中传输。另外，采用编码技术对脉冲参数进行伪随机化后，其他系统对这种脉冲信号的检测将更加困难。

3. 功耗低

UWB 系统使用间歇的脉冲来发送数据，脉冲持续时间很短，UWB 的发射功率一般小于 0.56 mW，所以其系统耗电很低。

4. 多径分辨力强

UWB 发射的是持续时间极短的单脉冲且占空比（在一串理想的脉冲周期序列中，正脉冲的持续时间与脉冲总周期的比值）较低，多径信号在时间上很容易分离，不容易产生符号间干扰。

5. 数据传输率高

UWB 以非常宽的频率范围来换取高速的数据传输，近距离传输速率可达 500 Mbps，是实现个人通信和无线局域网的理想调制技术。

6. 穿透能力强，定位精确

超宽带无线电具有很强的穿透障碍物的能力，还可在室内和地下进行精确定位，定位精度可达厘米级。

7. 抗干扰能力强

UWB 采用跳时扩频信号，系统具有较宽的频带，根据香农公式 $C = B \times \text{lb}(1 + S / N)$，在 C 一定的情况下，高带宽可以降低信噪比，因此 UWB 具有很强的抗干扰性。

可以看出，UWB 技术满足低速率 WPAN（Wireless Personal Area Network，无线个人局域网）对物理层基本的业务要求，在 IEEE 802.15.4a 标准中明确提出，使用 UWB 技术作为物理层标准正是基于上述原因。此外，在高速通信及传感（含定位、测距、成像等）/通信一体化领域，UWB 技术也体现出其独特的优势。表 6-1 给出了几种近距离无线通信技术的比较。

表 6-1　几种近距离无线通信技术的比较

参　数	UWB	IEEE 802.11a	HomeRF	蓝牙	ZigBee
频率范围	3.1～10.6 GHz	5 GHz	2.4 GHz	2.4～2.4835 GHz	0.868/0.915/2.4 GHz
传输速率	1 Gbps	54 Mbps	1～2 Mbps	1 Mbps	20/40/250 Gbps
通信距离	<10 m	10～100 m	50 m	0.1～10 m	30～70 m
发射功率	<1 mW	>1000 mW	>1000 mW	1～100 mW	1 mW
应用范围	近距离多媒体	无线局域网	家庭语音和数据流	家庭与办公室互连	数据量较小的工业控制

可以看出，UWB 的优势较为明显，在 10 m 以内，具有每秒几百兆比特的高传输速率，其不足之处在于，较小的发射功率限制了传输距离。各种技术有其各自的特点，因此相互间存在着竞争，但可以互相结合、互相弥补、共同发展。

6.1.4 UWB 关键技术

1. 脉冲信号

超宽带无线电中的信息载体为脉冲无线电（Impulse Radio，IR）。脉冲无线电是指采用冲激脉冲（超短脉冲）作为信息载体的无线电技术。这种技术的特点是：通过对非常窄（往往小于 1 ns）的脉冲信号进行调制，以获得非常宽的带宽来传输数据。典型的脉冲波形有高斯脉冲、基于正弦波的窄脉冲、Hermite 多项式脉冲等。这些脉冲波形都能够满足单个无载波窄脉冲信号的两个特点：一是激励信号的波形为具有陡峭前后沿的单个短脉冲，二是激励信号具有包括从直流到微波的很宽的频谱。目前，脉冲源的产生可采用集成电路或现有半导体器件实现，也可采用光导开关的高开关速率特性实现。

IR-UWB 直接通过天线传输，不需要对正弦载波进行调制，因而实现简单，成本低，功耗小，抗多径能力强，空间/时间分辨率高。IR-UWB 是 UWB 技术早期采用的方式。

2. 调制方式

UWB 无线通信的调制方式有两种：传统的基于脉冲无线电方式和非传统的基于频域处理方式。传统的基于脉冲无线电的调制方式又包括脉冲位置调制（Pulse-Position Modulation，PPM）、脉冲幅度调制（Pulse-Amplitude Modulation，PAM）等。

最典型的超宽带无线通信调制方式是脉冲位置调置，是一种利用脉冲位置承载数据信息的调制方式，即采用改变发射脉冲的时间间隔或发射脉冲相对于基准时间的位置来传输信息，脉冲的极性和幅度都不改变。在脉冲位置调制中，一个脉冲重复周期内脉冲可能出现的位置有 2 个或 M 个，脉冲位置与符号状态一一对应。按照采用的离散数据符号状态数的不同，脉冲位置调制可以分为二进制 TH-PPM（Time-Hopping Pulse Position Modulation，跳时-脉冲位置调制）和多进制 TH-PPM。其中，多进制 TH-PPM 又分为正交调制和相关调制。两者的区别在于信息符号控制脉冲时延的机理不同等，相关调制比正交调制相对复杂。还有一种脉冲位置调制称为伪混沌脉冲位置（Pseudo Chaotic-PPM，PC-PPM）调制，在 PPM 的基础上采用了伪混沌理论，虽然具有很好的频谱特性，但不能满足多用户系统的需求。

另一种典型的超宽带无线通信调制方式为脉冲幅度调制，利用信息符号控制脉冲幅度，既可以改变脉冲幅度的极性，也可以仅改变脉冲幅度的绝对值。PAM 通常只改变脉冲幅度的绝对值，即信息直接触发超宽带脉冲信号发生器，以产生超宽带脉冲。对于数字信号 1，驱动信号发生器产生一个较大幅度的超宽带脉冲；对于数字信号 0，则产生一个较小幅度的超宽带脉冲，而发射脉冲的时间间隔是固定不变的。二元相位调制（Bi-Phase Modulation，BPM）和开关键控（On Off Keying，OOK）是 PAM 的两种简化形式。二元相位调制通过改变脉冲的正负极性来调制二元信息，所有脉冲幅度的绝对值相同；开关键控则通过脉冲的有和无来传输信息。

传统的基于脉冲无线电的调制方式中，除了以上两种，还有其他调制方式，如直接序列超宽带（Direct-Sequence UWB，DS-UWB）调制、混合调制、数字脉冲间隔调制（Digital Pulse Interval Modulation，DPIM）等。DS-UWB 的调制方式与 DS-CDMA 的基带信号有很多相同的地方，但它采用了占空比极低的窄高斯脉冲，因此这种信号有很大的带宽；混合调制方式是将 DS-UWB 和 PPM 进行结合；DPIM 在传输带宽需求和传输容量方面具有较高的效率，同步也相对简单（只需要时隙同步），但没有考虑多用户的情况。

非传统的基于频域处理的调制方式为载波干涉（Carrier Interferometry，CI），它的波形能量不是分布在连续的频域，而是分布在离散的单频上。另外，多频带调制可以采用正交频分复用（Orthogonal Frequency Division Multiplexing，OFDM）或时频多址（Time Frequency Multiple Access，TFMA）。

多频带调制的优势如下。

① 多频带调制方式的带宽可以根据不同的情况进行调整，因此可以提高 UWB 的频谱利用率。

② UWB 的允许频带是一系列的分离频带，多频带调制可以使这些频带独立应用，提高频带利用的灵活性。

③ 多频带调制中的多个频带相互独立，因此可以根据不同的情况进行取舍，更有利于与现存无线系统的共存。

多频带调制有很多优点，但它也有系统复杂、成本高和功耗高的缺点。

3. 信道模型

信道的传播环境是影响无线通信系统性能的主要因素之一，因此，建立准确的传输信道模型对于系统的设计是十分重要的。

UWB 信道不同于一般的无线多径衰落信道。传统无线多径衰落信道一般采用瑞利分布（Rayleigh Distribution）来描述单个多径分量幅度的统计特性，前提是每个多径分量可以视为多个同时到达多径分量的合成。UWB 可分离的不同多径到达时间之差可短至纳秒级，在典型的室内环境下，每个多径分量包含的路径数目是有限的，而且频率选择性衰落比一般窄带信号严重得多。

通信信道的数学模型可用输入和输出信号之间的统计相关性来表示，最简单的情况是用信道输出在相应输入条件下的条件概率来建模，建模的关键点和难点是构建准确而完整的模型。迄今为止，人们对 UWB 的信号传播进行了大量的测试，主要集中在室内环境，由于不同的测量有很多不同之处，基于不同的测量数据，已提出了很多 UWB 的室内信道模型，其中包括信道测量实验环境、数据描述、路径损耗模型、多径模型等。但目前尚未有一个通用的 UWB 信道模型。IEEE 802 委员会关于 UWB 的信道模型提案主要有 Intel 的 S-V 模型、D-K 模型、Win-

Cassioli 模型、Ghassemzadeh-Greenstein 模型和 Pendergrass-Beeler 模型。其中，修正后的 S-V 模型被推荐为 IEEE 802.15.3a 的室内信道模型，该模型能很好地拟合得到的数据，已得到广泛认可，成为各研究机构进行 UWB 系统性能仿真的公共信道平台。

由于 UWB 系统工作环境带来的诸多挑战，对各种 UWB 信道模型的评价方面还缺乏准确的比较准则；现在的研究也主要集中于室内传播环境，对室外传播信道特点的研究还远远不够。

4．天线设计

天线是任何无线系统物理层的重要组成部分，UWB 系统也不例外。天线都是受带宽限制的，但是 UWB 系统的频带宽度非常宽，甚至高达吉赫兹，如何在如此宽的频宽范围内兼顾不同频率的信号特点，实现一个高性能的匹配阻抗的天线是一个十分棘手的问题。

半波偶极子天线是通信系统中常用的天线，但是它不适合 UWB 系统。因为在 UWB 系统中，它会产生严重的色散，导致波形严重畸变。对数周期天线可以发射宽带信号，但它是窄带系统中常用的宽带天线，同样不适合 UWB 系统，因为它会带来拖尾振荡。UWB 系统中通常使用的是面天线，它的特点是能产生对称波束，可平衡 UWB 馈电，因此能够保证比较好的波形。目前，UWB 系统天线设计还处于研究阶段，没有形成有效的统一数学模型。

5．收发信机设计

在得到相同性能的前提下，UWB 收发信机（接收机和发射机）的结构比传统的无线收发信机要简单。在 UWB 收发信机中，信息可被不同技术调制。天线收集信号能量经放大后，通过匹配滤波或相关接收机处理，再经高增益门限电路恢复原来信息。相对于超外差式接收机而言，它的实现相对简单且制造成本低，无须本振、功放、压缩振荡器、锁相环、混频器等器件。另外，数字信号处理（Digital Signal Processing，DSP）芯片和软件无线电可以提高系统的性能。UWB 收发信机的基本结构如图 6-2 所示。

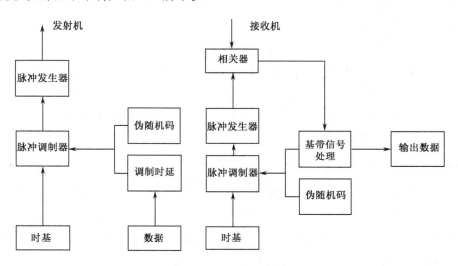

图 6-2　UWB 收发信机的基本结构

6.2　UWB 定位技术实现

6.2.1　UWB 定位方法

　　无线定位系统实现定位，一般要先获得与位置相关的变量，建立定位的数学模型，再利用这些参数和相关的数学模型来计算目标的位置坐标。因此，按测量参数的不同，UWB 的定位方法可以分为基于 RSS（Received Signal Strength，接收信号强度）法、基于 AOA 法和基于 TOA/TDOA 法。在给定开销和复杂性限制的条件下，每种技术都有自己的优点和缺点。特别是在传感器网络应用中，低成本、低功耗和低复杂度变得很重要。本节将简单介绍基于 RSS、AOA 和 TOA/TDOA 的定位技术，并讨论它们在 UWB 技术应用中的可行性。

　　基于 RSS 法由测量节点间能量的情况来估计距离，利用接收信号强度与移动台至基站距离成反比的关系，通过测出接收信号的场强值、已知的信道衰落模型和发射信号的场强值估算收发信号机之间的距离，根据多个距离值估计出目标移动台的位置。这种方法操作简单、成本较低，但容易受多径衰落和阴影效应的影响，从而导致定位精度较差。另外，这种方法的精度与信号的带宽没有直接关系，因此不能充分体现 UWB 很宽的带宽的优势。

　　基于 AOA 法是指通过测量未知节点和参考节点间的角度来估计位置，通过多个基站的智能天线矩阵测量从定位目标最先到达的信号的到达角度，从而估计定位目标的位置。在障碍物较少的地区，该定位方法可获得较高的精确度，而在障碍物较多的环境中，由于无线传输存在多径效应，定位误差将会增大。而 UWB 无线信号具有非常宽的带宽，从而具有明显的多径效应，尤其是在室内环境下，这样从各种物体上反射回来的信号将严重影响角度的估计。因此，该方法同样不适合 UWB 定位。

　　基于 TOA/TDOA 法是由接收信号的传播时间来估计距离的。相对于前两种方法，TOA 方法有着不可比拟的优势：定位精度最高，可以充分利用 UWB 超宽带宽的优势，而且最能体现出 UWB 信号时间分辨率高的特点。除此之外，RSS 比 AOA 成本更加低廉。尽管采用估计 RSS 的方法简单易行，但是与 TOA 的高精度测距相比，所得到的测距信息的精度相对很低。因此，本书重点介绍基于 TOA 的 UWB 定位技术，有关 TOA 定位方法的基本内容已在前面论述过，在此不再赘述。

6.2.2　基于时间的 UWB 测距技术

　　由于 TOA 方法是雷达领域使用最为普遍的距离估计方法，术语 TOA 也经常与"测距"互换使用。"测距"定义为计算从一个参考节点到一个目标节点的距离。在网络中，参考节点希望得到关于目标节点的距离信息，可以通过建立一条到达目标节点的链路来获得。利用这条链路，可以计算所需的参数值，如接收信号强度、到达角度、接收信号时间等，进而可以估计出参考节点到目标节点的距离。

本书中采用的是基于 TOA/TDOA 的 UWB 定位方法，所需的定位参数为发送机与接收机之间的传播时延。在测得传播时延的基础上，参考节点和目标节点的距离可通过乘法计算得出。因此，在该方法中，测距的实质即为测量传播时延。

1．TOA 测距

传统的 TOA 测距方式包括双程测距（Two Way Ranging，TWR）和单程测距（One Way Ranging，OWR）。

（1）双程测距

双程测距是指在节点间没有公共时钟的情况下，可以利用收发节点间的往返时间来估计这两个节点间的距离。如图 6-3 所示，节点 A 在 T_0 时刻发送含有时间标记信息的包给节点 B，等节点 B 和此时间标记信息做好同步后，便会回送一个信号给节点 A，以表示同步完成，节点 A 根据收到的信号来决定传播时间。

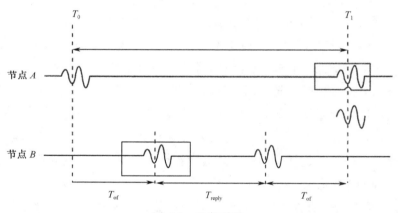

图 6-3　双程测距

节点 A、B 间的距离可以由两个公式得到，即

$$T_{\text{of}} = \frac{1}{2}\Big[\big(T_1 - T_0\big) - T_{\text{reply}}\Big] \tag{6-2}$$

$$d = T_{\text{of}} \times c \tag{6-3}$$

其中，c 为光速（$c=3\times10^8$ m/s）。

（2）单程测距

单程测距适用于节点间有一个共同时钟的情况，可以直接估计节点间的传播时间，如图 6-4 所示。

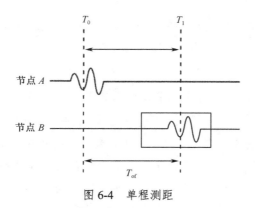

图 6-4　单程测距

节点 A、B 之间的距离可由两个公式得到，即

$$T_{of} = T_1 - T_0 \tag{6-4}$$

$$d = T_{of} \times c \tag{6-5}$$

其中，c 为光速（$c=3\times10^8$ m/s）。

2．TDOA 测距

TDOA 技术适用于参考节点之间同步而未知节点与参考节点不同步的情况。TDOA 可以通过估计未知节点和两个参考节点间两个信号的到达时间差来获得测距，传统上采用的是 TOA 测距中的单程测距方式，在此不再赘述。

3．主要误差来源

对基于 TOA 测距的方式来讲，误差来源主要是时钟同步精度、多径传播、NLOS 传播、多址干扰等。

（1）时钟同步精度

由于 UWB 信号的时间超分辨特性，利用 UWB 信号进行定位的系统通过测量信号 TOA 或 TDOA，再将之转换为目标节点与参考节点之间的距离或距离差，然后利用定位算法计算目标节点的位置。因而，TOA/TDOA 估计误差直接导致测距误差，从而产生目标节点定位误差。

TOA 估计需要目标节点与参考节点之间精确的时间同步，TDOA 估计需要参考节点之间精确的时钟同步，因此，非精确的时间同步将导致 UWB 系统的定位误差。但由于硬件的局限，完全精确的时钟同步是不可能的。

（2）多径传播

TOA 估计算法中，经常用匹配滤波器输出最大值的时刻或相关最大值的时刻作为估计值。多径使相关峰值的位置有了偏移，从而估计值与实际值之间存在很大误差。多径传播（Multipath Propagation）是引起各种信号测量值出现误差的主要原因之一，尤其在基于信号强度定位和基于 AOA 定位中。对 TOA 和 TDOA 来说，即使在基站和移动站之间存在 LOS 传播，多径传播也会引起时间测量误差。超宽带无线电采用持续时间极短的窄脉冲，其时间、空间分辨力都很强，因此，UWB 系统的多径分辨率极高，在进行测距、定位、跟踪时可以达到更高的精度。

目前已经提出了诸如 MUSIC（Multiple Signal Classification，多信号分类）、ESPIT、边缘检测等抑制多径的方法。

（3）NLOS 传播

LOS 传播是得到准确的信号特征测量值的必要条件，当两个点之间不存在直接传播路径时，只有信号的反射和衍射成分能够到达接收端，此时第一个到达的脉冲时间不能代表 TOA 的真实值，信号到达角度也不能代表 AOA 的真实值，因此存在 NLOS 误差。

在没有任何 NLOS 误差的条件下，正确估计目标的位置是不可能的，可以使用非参数估计技术（如模式识别）。非参数估计技术的基本思想是：预先从所有已知位置的参考节点处收集一系列 TOA 测量值，当获得一组新的 TOA 测量值时，利用预先测得的 TOA 值作为参考。

在实际的系统中，获得 NLOS 误差的统计信息通常是比较容易的。有研究人员经过观察发现，NLOS 情况下的 TOA 测量值的方差通常大于 LOS 情况下的 TOA 测量值的方差。利用该方差的差别来识别 NLOS 场景，然后使用简单的 LOS 重建算法减少定位估计误差。在无线定位系统中，要跟踪一个移动用户，可以使用有偏或无偏卡尔曼滤波器对目标位置进行精确定位。NLOS 传播也会导致首达路径不是信号最强的路径，因此，传统的选择信号最强的路径作为首达路径的 TOA 估计方法亦会对 TOA 估计值产生偏差。

（4）多址干扰

在多用户环境下，其他用户的信号会干扰目标信号，从而降低了估计的准确性。减小这种干扰的一种方法是把来自不同用户的信号从时间上分开，即对不同节点使用不同的时隙进行传输。例如，在 IEEE 802.15.3 PAN 标准中，不同节点之间采用时分复用（TDM）方式进行传输，这样在一个给定的网络中的任何两个节点都不会同时发射信号。然而，即使是使用时分复用方式进行传输，来自邻近网络的多址干扰仍然存在。而且，由于时分复用会使得频谱效率降低，有时该方法不太适用。

6.2.3　UWB 信号时延估计方法

前面已经提到，UWB 信号具有极宽的带宽和良好的时间分辨能力，因此使用基于 TOA 的测距技术进行定位，理论上可以达到很高的精度。但 UWB 定位通常是在密集多径环境中进行的，能量最大的路径往往不是最早到达的直达路径（Direct Path，DP），使用传统的 TOA 估计方法很难确定直达路径的位置，因而难以达到理论上的测距精度。高精度的 TOA 估计值是精确定位的基础，所以，如何获得高精度的 TOA 估计值是 UWB 定位的关键问题。

近年来，TOA 估计方法得到了较为充分的研究，包括采用高采样速率、基于匹配滤波器的相干 TOA 估计方法，以及采用较低采样速率、基于能量检测的非相干 TOA 估计方法。基于匹配滤波器的相干 TOA 方法是采用高采样速率、高精度的匹配滤波器，通过对匹配滤波器的峰值检测或与设置门限相比较，实现对直达路径的判断，但是由于最大值对应的是最强路径，而最强路径可能不是直达路径，所以匹配滤波器方法限制了 TOA 的估计精度，而且速度较慢。基于非相干能量检测的 TOA 估计方法是采用较低的采样速率，同时不需要产生精确的本地模板，直接计算信号的能量，从低速率的能量采样序列中检测到直达路径所在的能量块。但由于采样速率较低导致时间辨析度也相对较低，无法确定直达路径的精确位置，从而导致 TOA 估计的精度不高。下面分别对几种传统的时延估计方法进行介绍。

1. 相关函数法

相关函数法是最基本的时延估计算法，用来检测两路信号的相关程度。在 UWB 系统中，相关接收机中会保留一定时长的脉冲信号，用来检测接收到的信号，当接收机与发射机时钟同步时，就可以用相关函数法来检测信号的时延值，如图 6-5 所示。

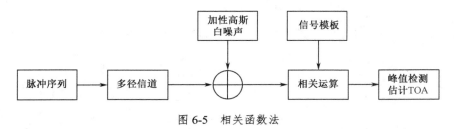

图 6-5　相关函数法

如果发送的脉冲序列为

$$s_{\text{tx}}(t) = \sum_{j=0}^{N-1} p(t - jT_f) \tag{6-6}$$

其中，$p(t)$ 为 UWB 脉冲；T_f 为帧周期；N 为发送序列中的脉冲个数。经过多径信道后，接收信号可表示为

$$s_{\text{rx}}(t) = s_{\text{tx}}(t) * h(t) + w(t) \tag{6-7}$$

其中，$w(t)$ 为零均值加性高斯白噪声，通常情况下，认为在一个符号周期内信道是非时变的。

传统方法是对接收信号做相关运算，有

$$R(t) = \int_0^{T_f} s_{\text{rx}}(\tau) p(t - \tau) \mathrm{d}\tau \tag{6-8}$$

对式 (6-8) 进行峰值检测，即检测信号 $R(t)$ 的最大值对应的时间，即时延估计值。由于存在噪声，要进行多次试验，最后对每次估计的时延结果进行平均计算来提高估计性能。

2. 三阶累积量方法

三阶累积量方法可以解决相关函数法对高斯噪声敏感的问题，而且对相关高斯噪声同样有效，这主要是因为高斯噪声的三阶累积量理论上为 0。

考虑两个空间上分离传感器的情况，它们的测量数据 $x_1(n)$ 和 $x_2(n)$ 可表示为

$$\begin{cases} x_1(n) = s(n) + w_1(n) \\ x_2(n) = s(n - D) + w_2(n) \end{cases} \tag{6-9}$$

其中，$s(n-D)$ 代表 $s(n)$ 的时延信号；D 代表时延；$w_1(n)$ 和 $w_2(n)$ 是高斯噪声，可以相关，也可以不相关，且都与 $s(n)$ 相互独立。

那么，$x_1(n)$ 的三阶累积量为

$$
\begin{aligned}
c_{3x_1} &= E\{x(n)x(n+\tau_1)x(n+\tau_2)\} \\
&= E\{s(n)s(n+\tau_1)s(n+\tau_2)\} \\
&= c_{3s}
\end{aligned}
\tag{6-10}
$$

定义 $x_1(n)$ 和 $x_2(n)$ 的互三阶累积量为

$$
\begin{aligned}
c_{x_1 x_2 x_1} &= E\{x_1(n)x_2(n+\tau_1)x_1(n+\tau_2)\} \\
&= E\{s(n)s(n-D+\tau_1)s(n+\tau_2)\} \\
&= c_{3s}(\tau_1-D,\tau_2)
\end{aligned}
\tag{6-11}
$$

分别对式(6-10)和式(6-11)做二维傅里叶变换，得到双谱关系

$$
P_{3x_1}(\omega_1,\omega_2) = P_{3s}(\omega_1,\omega_2)
\tag{6-12}
$$

互双谱关系

$$
P_{x_1 x_2 x_1}(\omega_1,\omega_2) = P_{3s}(\omega_1,\omega_2)\mathrm{e}^{j\omega_1 D}
\tag{6-13}
$$

所以

$$
\begin{aligned}
T(\tau) &= \int_{-\infty}^{+\infty}\int_{-\infty}^{+\infty}\frac{P_{x_1 x_2 x_1}(\omega_1,\omega_2)}{P_{3x_1}(\omega_1,\omega_2)}\mathrm{d}\omega_1\omega_2 \\
&= \int_{-\infty}^{+\infty}\mathrm{d}\omega_2\int_{-\infty}^{+\infty}\mathrm{e}^{j\omega_1(D-\tau)}\mathrm{d}\omega_1
\end{aligned}
\tag{6-14}
$$

对式(6-14)进行谱峰检测可知，在 $\tau=D$ 处取峰值，即可得到估计的信号时延值。

3．四阶累积量法

四阶累积量法采用 DS-UWB 二进制 PAM 模型，其表达式为

$$
s(t) = \sum_{m=-\infty}^{+\infty}\sum_{n=0}^{N_c-1}b_m c_n p(t-mT_s-nT_c)
\tag{6-15}
$$

其中，b_m 为二进制调制数据；c_n 为扩频码；T_s 代表符号所占用的时间长度；T_c 代表码片所占用时间长度；$p(t)$ 为单个 UWB 脉冲波形，其表达式为

$$
p(t) = (1-4\pi t^2/\tau_m^2)\exp\left(-\frac{2\pi t^2}{\tau_m^2}\right)
\tag{6-16}
$$

其中，τ_m 是脉冲宽度因子。

根据 S-V（Saleh-Valenzuela）模型，第 k 簇的信道冲激响应表达式为

$$
h^{(k)}(t) = \sum_{l=1}^{L}\alpha_l \mathrm{e}^{j\phi_l^{(k)}}\delta(t-\tau_l^{(k)})
\tag{6-17}
$$

其中，L 是第 k 簇中包含的总多径数；α_l 是第 k 簇中第 l 条路径的幅度，服从瑞利分布，$\tau_l^{(k)}$ 是第 k 簇中第 l 条路径的时延；相位 $\phi_l^{(k)}$ 服从 $[0, 2\pi]$ 的均匀分布。$\alpha_l^{(k)} = \alpha_l \mathrm{e}^{\mathrm{j}\phi_l^{(k)}}$，代表整个衰减幅度。相对于幅度衰减，簇之间各多径的时延可以认为是不变的，即 UWB 信道可视为准静态信道，所以认为 $\tau_l^{(k)} = \tau_l$，于是第 k 簇的信道冲激响应表示为

$$h^{(k)}(t) = \sum_{l=1}^{L} \alpha_l^{(k)} \delta(t - \tau_l) \tag{6-18}$$

所以，收到的 UWB 信号可表示为

$$y^{(k)}(t) = s(t) * h^{(k)}(t) + w^{(k)}(t) = \sum_{l=1}^{L} \alpha_l^{(k)} s(t - \tau_l) + w^{(k)}(t) \tag{6-19}$$

将收到的信号进行傅里叶变换，则接收信号的频域表达式为

$$Y^{(k)}(f) = S(f)H^{(k)}(f) + W^{(k)}(f) = S(f)\sum_{l=1}^{L} \alpha_l^{(k)} \mathrm{e}^{-\mathrm{j}2\pi f \tau_l} + W^{(k)}(f) \tag{6-20}$$

其中，$Y(f)$、$S(f)$、$W^{(k)}(f)$ 和 $H^{(k)}(f)$ 分别是 $y(t)$、$s(t)$、$w^{(k)}(t)$ 和 $h^{(k)}(t)$ 的傅里叶变换。

由式 (6-20) 可得

$$\hat{H}^{(k)}(f) = \frac{Y^{(k)}(f)}{S(f)} = \sum_{l=1}^{L} \alpha_l^{(k)} \mathrm{e}^{-\mathrm{j}2\pi f \tau_l} + V^{(k)}(f) = X^{(k)}(f) + V^{(k)}(f) \tag{6-21}$$

其中，$V^{(k)}(f) = W^{(k)}(f) / S(f)$。

$\hat{H}^{(k)}(f)$ 的四阶累积量为

$$\begin{aligned} C_{4\hat{H}}(f_1, f_2, f_3) &= C_{4X}(f_1, f_2, f_3) + C_{4V}(f_1, f_2, f_3) \\ &= C_{4X}(f_1, f_2, f_3) \end{aligned} \tag{6-22}$$

其中，$C_{4\hat{H}}(f_1, f_2, f_3)$ 的定义为

$$C_{4\hat{H}}(f_1, f_2, f_3) = \mathrm{cum}[\hat{H}^*(f), \hat{H}^*(f - f_1), \hat{H}^*(f - f_2), \hat{H}^*(f - f_3)] \tag{6-23}$$

因为 $X(f)$ 是一个类似复谐波信号的模型，所以

$$\begin{aligned} C_{4\hat{H}}(f) &= C_{4X}(f) \\ &= -2\sum_{i=1}^{L_\rho - 1} \alpha_i^{4} \mathrm{e}^{\mathrm{j}2\pi \tau_k f} \end{aligned} \tag{6-24}$$

因此，$C_{4\hat{H}}(f)$ 也是一个复谐波信号模型。$C_{4\hat{H}}(f)$ 的傅里叶变换是 $C_{4\hat{H}}(f)$ 的 $2\frac{1}{2}$ 谱，通过搜索谱峰就会得到信号的多径到达时延。

4. MUSIC 方法

MUSIC 方法是一种高分辨率的信号到达时间估计方法。实验证明，MUSIC 方法能够在多径成分密集的情况下，解决传统相关方法中多径分辨率低的问题，也能解决三阶累积量法和四

阶累积量法不能分辨更多多径的问题。

根据式(6-19)所表示的四阶累积量法中的信号模型，$y^{(k)}(t)$ 的离散形式可以写为

$$y^{(k)}(n) = \sum_{l=1}^{L} \alpha_l^{(k)} s(n - \tau_l) + w^{(k)}(n) \quad (n = 1, 2, \cdots, N) \tag{6-25}$$

其中，N 为每个分量的离散抽样数。每个分量的接收信号可以写成向量形式，即

$$Y^{(k)} = Sa^{(k)} + W^{(k)} \tag{6-26}$$

其中

$$Y^{(k)} = [Y^{(k)}[1], \cdots, Y^{(k)}[N]]_{N \times 1}^{\mathrm{T}}$$
$$a^{(k)} = [\alpha_1^{(k)}, \cdots, \alpha_L^{(k)}]_{L \times 1}^{\mathrm{T}}$$
$$W^{(k)} = [W^{(k)}[1], \cdots, W^{(k)}[N]]_{N \times 1}^{\mathrm{T}}$$
$$S = [s(t - \tau_1), \cdots, s(t - \tau_L)]_{N \times L}$$
$$s(t - \tau_l) = [s(1 - \tau_1), \cdots, s(N - \tau_L)]_{N \times 1} \quad (1 \leqslant l \leqslant L)$$

在式(6-26)收到的宽带信号的向量表达式中，假设噪声的自相关矩阵为 $C_w = \sigma_w^2 I$，则接收信号的自相关矩阵为

$$\begin{aligned} R_{\mathrm{YY}} &= E[Y^{(k)} Y^{(k)\mathrm{T}}] \\ &= E\{[Sa^{(k)} + W^{(k)}][Sa^{(k)} + W^{(k)}]^{\mathrm{T}}\} \\ &= SE[a^{(k)} a^{(k)\mathrm{T}}] S^{\mathrm{T}} + \sigma_w^2 I \\ &= SPS^{\mathrm{T}} + \sigma_w^2 I \end{aligned} \tag{6-27}$$

其中，$P = E[a^{(k)} a^{(k)\mathrm{T}}]$，且 P 为秩为 L 的对称正定矩阵。

相关矩阵 R_{YY} 具有如下特性。

① 赫米特特性，即 $R_{\mathrm{YY}}^{\mathrm{T}} = R_{\mathrm{YY}}$。

② 非负定性，即对任何非零向量 W 均有 $W^{\mathrm{T}} R_{\mathrm{YY}} W \geqslant 0$。

同样，相关矩阵 $R_{\mathrm{SS}} = SPS^{\mathrm{T}}$ 和 $C_w = \sigma_w^2 I$ 也具有以上特性。由于 R_{SS} 为非负定、赫米特矩阵，因此 R_{SS} 有 N 个非负特征值，即

$$\lambda_{s_1} \geqslant \lambda_{s_2} \geqslant \cdots \geqslant \lambda_{s_N} \geqslant 0 \tag{6-28}$$

且有相应的 N 个归一化正交的特征向量 $q_i (i = 1, 2, \cdots, N)$ 满足

$$R_{\mathrm{ss}} q_i = \lambda_{s_i} q_i \quad (i = 1, 2, \cdots, N) \tag{6-29}$$

和

$$q_i^{\mathrm{T}} q_j = \begin{cases} 1, & i = j \\ 0, & i \neq j \end{cases} \tag{6-30}$$

特征向量构成的矩阵 $Q = [q_1, q_2, \cdots, q_N]$ 为酉矩阵，即

$$QQ^{\mathrm{T}} = Q^{\mathrm{T}}Q = I = \sum_{i=1}^{N} \boldsymbol{q}_i \boldsymbol{q}_i^{\mathrm{T}} \tag{6-31}$$

因此，$\boldsymbol{R}_{\mathrm{ss}}$ 可以表示为

$$\boldsymbol{R}_{\mathrm{ss}} = \boldsymbol{Q}\Lambda\boldsymbol{Q}^{\mathrm{T}} = \sum_{i=1}^{N} \lambda_{s_i} \boldsymbol{q}_i \boldsymbol{q}_i^{\mathrm{T}} \tag{6-32}$$

其中，$\Lambda = \mathrm{diag}[\lambda_{s_1}, \cdots, \lambda_{s_N}]$ 为特征值构成的对角矩阵。

设 L 个信号源互不相关且离散抽样数 $N > L$，则可以证明，N 个特征值中有 L 个特征值大于 0，$N-L$ 个特征值等于 0，即

$$\begin{aligned} \lambda_{s_1} &\geqslant \lambda_{s_2} \geqslant \cdots \geqslant \lambda_{s_L} > 0 \\ \lambda_{s_{L+1}} &= \lambda_{s_{L+2}} = \cdots = \lambda_{s_N} = 0 \end{aligned} \tag{6-33}$$

则

$$\boldsymbol{R}_{\mathrm{ss}} = \sum_{i=1}^{L} \lambda_{s_i} \boldsymbol{q}_i \boldsymbol{q}_i^{\mathrm{T}} \tag{6-34}$$

根据 $\boldsymbol{W}^{(k)} = [\boldsymbol{W}^{(k)}[1], \cdots, \boldsymbol{W}^{(k)}[N]]_{N \times 1}^{\mathrm{T}}$ 和式（6-31），噪声相关矩阵 $\boldsymbol{C}_{\mathrm{w}}$ 可表示为

$$\boldsymbol{C}_{\mathrm{w}} = \sigma_{\mathrm{w}}^2 \boldsymbol{I} = \sum_{i=1}^{N} \sigma_{\mathrm{w}}^2 \boldsymbol{q}_i \boldsymbol{q}_i^{\mathrm{T}} \tag{6-35}$$

也就是说，$\boldsymbol{q}_i$ 也是 $\boldsymbol{C}_{\mathrm{w}}$ 的特征向量，而相应的特征值为 σ_{w}^2。

将式（6-34）、式（6-35）代入式（6-27），可得

$$\begin{aligned} \boldsymbol{R}_{\mathrm{YY}} &= \boldsymbol{R}_{\mathrm{ss}} + \boldsymbol{C}_{\mathrm{w}} \\ &= \sum_{i=1}^{L} \lambda_{s_i} \boldsymbol{q}_i \boldsymbol{q}_i^{\mathrm{T}} + \sum_{i=1}^{N} \sigma_{\mathrm{w}}^2 \boldsymbol{q}_i \boldsymbol{q}_i^{\mathrm{T}} \\ &= \sum_{i=1}^{L} (\lambda_{s_i} + \sigma_{\mathrm{w}}^2) \boldsymbol{q}_i \boldsymbol{q}_i^{\mathrm{T}} + \sum_{i=L+1}^{N} \sigma_{\mathrm{w}}^2 \boldsymbol{q}_i \boldsymbol{q}_i^{\mathrm{T}} \end{aligned} \tag{6-36}$$

或者

$$\boldsymbol{R}_{\mathrm{YY}} = \sum_{i=1}^{N} \lambda_i \boldsymbol{q}_i \boldsymbol{q}_i^{\mathrm{T}} \tag{6-37}$$

即 $\boldsymbol{q}_i$ 也是 $\boldsymbol{R}_{\mathrm{YY}}$ 的特征向量，而相应的特征值为

$$\lambda_i = \begin{cases} \lambda_{s_i} + \sigma_{\mathrm{w}}^2, & i = 1, 2, \cdots, L \\ \sigma_{\mathrm{w}}^2, & i = L+1, L+2, \cdots, N \end{cases} \tag{6-38}$$

也就是说，$\boldsymbol{q}_1, \cdots, \boldsymbol{q}_L$ 对应信号，而 $\boldsymbol{q}_{L+1}, \cdots, \boldsymbol{q}_N$ 对应噪声，其组成的子空间分别为信号子空间 $\boldsymbol{U}_{\mathrm{s}}$ 与噪声子空间 $\boldsymbol{U}_{\mathrm{w}}$，且

$$\begin{cases} \boldsymbol{U}_{\mathrm{s}} = [\boldsymbol{q}_1, \cdots, \boldsymbol{q}_L] \\ \boldsymbol{U}_{\mathrm{w}} = [\boldsymbol{q}_{L+1}, \cdots, \boldsymbol{q}_N] \end{cases} \tag{6-39}$$

由式(6-27)和式(6-38)可以得到

$$
\begin{aligned}
(\boldsymbol{R}_{YY} - \sigma_w^2 \boldsymbol{I})\boldsymbol{q}_i &= (\lambda_i - \sigma_w^2)\boldsymbol{I}\boldsymbol{q}_i \\
&= 0 \qquad (i = L+1, \cdots, N) \\
&= \boldsymbol{S}\boldsymbol{P}\boldsymbol{S}^{\mathrm{T}}\boldsymbol{q}_i
\end{aligned}
\tag{6-40}
$$

因为 $\boldsymbol{S}$ 满秩，$\boldsymbol{P}$ 非奇异，所以

$$
\boldsymbol{S}^{\mathrm{T}}\boldsymbol{q}_i = 0 \quad (i = L+1, \cdots, N)
\tag{6-41}
$$

因此，路径延时参数可以通过寻找 MUSIC 伪频谱峰值处的路径时延而进行估计，MUSIC 伪频谱可以写为

$$
F_{\mathrm{MUSIC}}(\tau) = \frac{1}{s(t-\tau)^{\mathrm{T}}\boldsymbol{U}_{\mathrm{w}}\boldsymbol{U}_{\mathrm{w}}^{\mathrm{T}}s(t-\tau)}
\tag{6-42}
$$

时延值 $\hat{\tau}$ 的计算公式为

$$
\hat{\tau} = \arg(\min \operatorname{trace}\{(\boldsymbol{I} - \boldsymbol{S}(\boldsymbol{S}^{\mathrm{T}}\boldsymbol{S})^{-1}\boldsymbol{S}^{\mathrm{T}})\hat{\boldsymbol{U}}_{\mathrm{s}}\hat{\boldsymbol{U}}_{\mathrm{s}}^{\mathrm{T}}\}
\tag{6-43}
$$

6.2.4　UWB 定位算法实现

UWB 定位的过程是首先测量定位的参数，根据定位参数信息确定定位的几何模型，由几何模型列出对应的方程组，解方程组即可得到目标节点的位置。定位的方程组一般是非线性的，求解非线性方程组的算法有很多，不同的方法最终的定位精度也不同。为了减小无解或发生迭代溢出的可能性，一般会设定 5 个参考节点，从中选出 4 个接收信号功率最高的节点作为最佳参考点，再联立方程组进行计算。提高 UWB 定位精度的方法包括选择高精度的定位算法、提高定位参数的测量精度和增加参考节点数目等。

UWB 定位算法中，位置的估计就是求解定位方程组以获得目标所在位置坐标的过程，前面已经讨论过在二维平面中采用基于 TOA/TDOA 方法进行定位的具体计算过程。下面以采用 TOA 参数的球形定位为例，讨论 UWB 定位算法的实现。

在获得信号的传输时间 TOA 后，可以根据球型定位模型建立方程组，三维定位至少需要 4 个参考节点，从而需要建立 4 个方程。

在笛卡儿坐标系中，设参考节点 i 的坐标位置为 (x_i, y_i, z_i)，目标节点坐标位置为 (x, y, z)，则根据每个参考节点到目标节点的距离可得出方程如下：

$$
\sqrt{(x-x_i)^2 + (y-y_i)^2 + (z-z_i)^2} = ct_i \quad (i = 1, 2, 3, 4)
\tag{6-44}
$$

其中，c 为光速；t_i 为信号传输到第 i 个参考节点的传输时间，即 TOA。

该非线性方程组的求解方法有迭代算法、非迭代算法和最优化法等。非迭代算法包括几何

法、球面插值法和最小二乘（Least Square Error，LSE）法；迭代算法有泰勒序列展开法等；最优化法有高斯-牛顿法等。下面详细介绍几种典型算法。

1．几何法

几何法又称为直接计算法。将非线性方程组两边平方，可得

$$\begin{cases} (x-x_1)^2 + (y-y_1)^2 + (z-z_1)^2 = c^2 t_1^2 \\ (x-x_2)^2 + (y-y_2)^2 + (z-z_2)^2 = c^2 t_2^2 \\ (x-x_3)^2 + (y-y_3)^2 + (z-z_3)^2 = c^2 t_3^2 \\ (x-x_4)^2 + (y-y_4)^2 + (z-z_4)^2 = c^2 t_4^2 \end{cases} \tag{6-45}$$

将方程组中第 2、3、4 式分别减去第 1 式，可得

$$c^2(t_i^2 - t_1^2) = 2x_{1i}x + 2y_{1i}y + 2z_{1i}z + \beta_{i1} \quad (i=2,3,4) \tag{6-46}$$

其中

$$x_{1i} = x_1 - x_i$$
$$y_{1i} = y_1 - y_i$$
$$z_{1i} = z_1 - z_i$$
$$\beta_{i1} = x_i^2 + y_i^2 + z_i^2 - (x_1^2 + y_1^2 + z_1^2)$$

式 (6-46) 又可以简化为

$$\begin{cases} a_2 x + b_2 y + c_2 z = g_2 \\ a_3 x + b_3 y + c_3 z = g_3 \\ a_4 x + b_4 y + c_4 z = g_4 \end{cases} \tag{6-47}$$

其中

$$a_i = x_{1i}$$
$$b_i = y_{1i}$$
$$c_i = z_{1i}$$
$$g_i = \left[c(t_i + t_1)/2 - \beta_{i1}/2ct_{i1} \right] ct_{i1}$$

联立式 (6-47) 中的第 1、2 式，消去 y，可得

$$x = Az + B \tag{6-48}$$

其中

$$A = \frac{b_2 c_3 - b_3 c_2}{a_2 b_3 - a_3 b_2}$$
$$B = \frac{b_3 g_2 - b_2 g_3}{a_2 b_3 - a_3 b_2}$$

联立式 (6-47) 中的第 1、2 式，消去 x，可得

$$y = Cz + D \tag{6-49}$$

其中

$$C = \frac{a_2 c_3 - a_3 c_2}{a_3 b_2 - a_2 b_3}$$

$$D = \frac{a_3 g_2 - a_2 g_3}{a_3 b_2 - a_2 b_3}$$

将式(6-48)和式(6-49)代入式(6-47)，并令 $i=1$，得到

$$Ez^2 + Fz + G = 0 \tag{6-50}$$

其中

$$E = A^2 + C^2 + 1$$
$$F = 2A(B - x_1) + 2C(D - y_1) - 2z_1$$
$$G = (B - x_1)^2 + (D - y_1)^2 + z_1{}^2 - c^2 t_1{}^2$$

那么，式(6-50)的两个根为

$$z = \frac{-F \pm \sqrt{F^2 - 4EG}}{2E} \tag{6-51}$$

如果式(6-51)求出的两个根均合理，就将这两个根分别代入式(6-48)和式(6-49)，求出横坐标 x 和纵坐标 y。但是其中仅有一个点为待定位的目标节点，如果其中一个点坐标无物理意义或超出了待定位区域，就可以舍去，如果求出的两个点坐标都是合理的且距离较近，就可以选取该两点的中心位置作为待定位的目标节点的坐标值。但是，由于实际使用过程中不可避免存在误差，采用几何法得到的解有可能是两个复根，或两个解均超过了待定位区域，因而可以引入冗余，通过增加额外的目标节点来减少定位误差。

2. 最小二乘法

当时延估计中存在误差时，几何法仍然适用，因为目标节点的位置是通过直接计算获得的，但此时更好的定位方法是进行统计。当存在测量误差时，多个球面、多个双曲面相交时存在多个交点，因此，通过统计能够获得比较理想的解。

一般而言，从 N 个参考节点接收到的信号向量 $\pmb{r}_m$ 可以建模为

$$\pmb{r}_m = C(\pmb{\theta}_s + \pmb{n}_m) \tag{6-52}$$

其中，$\pmb{n}_m$ 为测量的噪声向量，并设该噪声向量均值为 0，协方差矩阵为 $\sum m$；$\pmb{\theta}_s$ 为待估计的参数向量。对于 TOA 方法，向量 $\pmb{r}_m$ 和 $\pmb{n}_m$ 为 $N\times 1$ 的矩阵；对于 TDOA 方法，向量 $\pmb{r}_m$ 和 $\pmb{n}_m$ 为 $(N\text{-}1)\times 1$ 的矩阵。$C(\pmb{\theta}_s)$ 值取决于所使用的定位方法，即

$$C(\pmb{\theta}_s) = \begin{cases} T(\pmb{\theta}_s), & \text{TOA} \\ R(\pmb{\theta}_s), & \text{TDOA} \end{cases} \tag{6-53}$$

其中

$$T(\boldsymbol{\theta}_s) = \left[\boldsymbol{t}_1, \boldsymbol{t}_2, \cdots, \boldsymbol{t}_N\right]^{\mathrm{T}}$$

$$R(\boldsymbol{\theta}_s) = \left[\boldsymbol{t}_2 - \boldsymbol{t}_1, \boldsymbol{t}_3 - \boldsymbol{t}_1, \cdots, \boldsymbol{t}_N - \boldsymbol{t}_1\right]^{\mathrm{T}}$$

t_i、$t_i - t_1$ 分别为 TOA、TDOA 的测量值，均为 $\boldsymbol{\theta}_s$ 的线性函数。

求解式 (6-52) 的一种典型方法为最小二乘估计法，即

$$f(\hat{\boldsymbol{\theta}}_s) = [\boldsymbol{r}_m - C(\hat{\boldsymbol{\theta}}_s)]^{\mathrm{T}} [\boldsymbol{r}_m - C(\hat{\boldsymbol{\theta}}_s)] \tag{6-54}$$

$C(\boldsymbol{\theta}_s)$ 为未知参数向量 $\boldsymbol{\theta}_s$ 的非线性函数，一种比较直接的求解方法为使用梯度下降法迭代搜索函数的最小值。使用该方法需要给出目标位置的初始估计，然后根据式（6-55）进行更新。

$$\hat{\boldsymbol{\theta}}_s^{(k+1)} = \hat{\boldsymbol{\theta}}_s^{(k)} - \delta \nabla f(\hat{\boldsymbol{\theta}}_s^{(k)}) \tag{6-55}$$

其中，$\delta = \mathrm{diag}(\delta_x, \delta_y, \delta_z)$ 为步长矩阵，$\hat{\boldsymbol{\theta}}_s^{(k)}$ 为第 k 次估计值，$\nabla = \partial/\partial\theta$ 是指对向量 $\boldsymbol{\theta}$ 进行求导。

3. DFP 算法

DFP 算法是指由 Davidon 提出，后来 Fletcher 和 Powell 加以改进而最终形成的 Davidon-Fletcher-Powell 算法。

目标函数定义为

$$f(p) = \sum_{i=1}^{k} \left(\sqrt{(x - x_i)^2 + (y - y_i)^2 + (z - z_i)^2} - r_i \right)^2 \tag{6-56}$$

其中，k 为参考节点数目；r_i 为第 i 个参考节点到目标节点的距离；$p = [x, y, z]^{\mathrm{T}}$ 为目标节点的位置坐标。显然，目标函数为所有参考节点到目标节点测距误差的平方和。优化的目标是求目标函数的最小值。

第一步，给定一个初始点 p_0（通常取所有节点位置的均值），初始矩阵 $\boldsymbol{B}_0$（通常取单位阵），令 $k=0$，计算 $\boldsymbol{g}_0$。其中，$\boldsymbol{g}$ 为目标函数的梯度

$$\boldsymbol{g}_k = \nabla f(p)$$
$$= \left[\frac{\partial f}{\partial x}, \frac{\partial f}{\partial y}, \frac{\partial f}{\partial z} \right]^{\mathrm{T}}_{p = p_k}$$

第二步，令 $s_k = -B_k g_k$。

第三步，通过精确一维搜索确定步长 α_k，$f(p_k + \alpha_k s_k) = \min f(p_k + \alpha_k s_k)$，其中 $\alpha_k \geq 0$。

第四步，令 $p_{k+1} = p_k + \alpha_k s_k$，若 $\|g_{k+1}\| \leq \varepsilon$，则 $p^* = p_{k+1}$，停止计算，否则令 $s_k = p_{k+1} - p_k$，$y_k = g_{k+1} - g_k$。

第五步，由 DFP 修正公式

$$\boldsymbol{B}_{k+1} = \boldsymbol{B}_k - \frac{\boldsymbol{B}_k \boldsymbol{y}_k \boldsymbol{y}_k^{\mathrm{T}} \boldsymbol{B}_k}{\boldsymbol{y}_k^{\mathrm{T}} \boldsymbol{B}_k \boldsymbol{y}_k} + \frac{\boldsymbol{s}_k \boldsymbol{s}_k^{\mathrm{T}}}{\boldsymbol{y}_k^{\mathrm{T}} \boldsymbol{s}_k}$$

求得 B_{k+1}。

令 $k = k+1$（k 为迭代次数，可预先设定，k 越大，精确度越高，但耗时越长），如果 k 小于预先设定的值，就继续第二步，否则退出循环，输出最后结果。

4．泰勒级数展开法

为了将式(6-52)表示的问题转换为最小二乘问题，可以通过泰勒级数展开法（Taylor Series Expansion，TSP）将非线性函数 $C(\theta_s)$ 线性化，将 $C(\theta_s)$ 在初始位置 θ_0 处进行泰勒级数展开，即

$$C(\theta_s) \approx C(\theta_0) + H(\theta_s - \theta_0) \tag{6-57}$$

其中，H 为矩阵 $C(\theta_s)$ 的雅可比行列式，则得到 θ_s 的最小二乘解为

$$\hat{\theta}_s = \theta_0 + (H^T H)^{-1} H^T [r_m - C(\theta_0)] \tag{6-58}$$

在下一次递归中，令 $\theta_0 = \theta_0 + \hat{\theta}_s$，重复以上过程，直到 $\hat{\theta}_s$ 足够小，满足设定的门限为

$$\|\hat{\theta}_s\| < \varepsilon \tag{6-59}$$

此时的 θ_0 即为目标节点的估计位置。

使用泰勒级数展开法，每次迭代后，位置估计值都接近于目标的真实解，但是该算法需要目标位置的初始估计值，且该初始估计的精度对算法的性能影响较大；另外，在将非线性函数 $C(\theta_s)$ 线性化的过程中，如果线性化后的函数与 $C(\theta_s)$ 差别较大，通常会带来一定的误差。

6.2.5 其他形式的 UWB 定位

1．24 GHz UWB 定位

除了 3.1～10.6 GHz，FCC 还为 UWB 设备分配了高频段 22～29 GHz。MEIER C 等设计并实现了工作在 24 GHz 左右的 UWB 定位系统，利用伪噪声（Pseudo Noise，PN）码的延迟相关来进行时延估计，实现时利用了宽带扩频和高速数字信号处理技术。RN（Reference Node，参考节点）端与 UN（Unknown Node，未知节点）端相距 1～2.5 m，UN 端以 5 cm/s 的速度在该范围内移动，其定位精度达到 2 mm 左右，在使用了相位误差纠正算法并利用卡尔曼滤波对定位误差（视为高斯分布）进行平滑处理后，定位精度可达毫米级。

这个高频段 UWB 定位系统要求 1.6 GHz 的码片速率，有利于抑制其他 MPC 对直达路径检测的影响，只是吉赫兹的码片速率远远超出了一般扩频系统的承受能力，实现起来成本相当高。而对比现有文献资料，达到毫米级是相当高的定位精度，该系统展示了 UWB 在小范围内的高精度定位和跟踪能力，因此在某些特定场合中具有应用价值。

2．调频连续波 UWB 定位

调频连续波利用了线性扫频技术（Linear Frequency Sweep），因而在雷达中得到广泛应用，

但易受到多径效应干扰，且室内定位能力较差。将调频连续波与 UWB 技术结合，一方面可满足 UWB 规范，另一方面可通过对脉冲波形的选择来进行脉冲频率调制（Pulsed Frequency Modulation，PFM），其接收设计较为简单。目前，有研究人员设计的 PFM-UWB 定位系统工作频率为 7.5 GHz，扫频宽度为 1 GHz，采用雷达中常见的 RTT（Round Trip Time，往返时间）定位方式，定位距离在 10 m 内时精度可达 2 cm。

3．声学超宽带定位及其推广

从 FCC 对 UWB 信号相对带宽的定义可得，声学信号也可以视为超宽带（Acoustic UWB，A-UWB）信号。尽管 A-UWB 信号带宽通常在千赫兹以下，但考虑到声音传播速度，也可认为具备了与 UWB 同等的距离分辨率：空气中传播时光速为 $3×10^8$ m/s，声速为 340 m/s，其传播速度比值约为 $1.13×10^6$，因此，当 A-UWB 信号带宽在 3.6～12.2 kHz 时，相当于 3.1～10.6 GHz 的 UWB 信号。A-UWB 定位系统相对于 UWB 系统更易于实现，同样能反映超宽带条件下的定位性能。初步实验结果表明，A-UWB 可以获得厘米级的定位精度。

A-UWB 是机械波的形式，其原理与常见的 UWB 无线电信号存在很大差别，但其应用远远早于采用电磁波方式的 UWB。例如，自然界中的蝙蝠就是成功运用 A-UWB 的典型代表，它通过 RTT 定位方式发送超声波，能在运动中辨识空间位置和周围环境。事实上，这种自主式的测距定位导航一直是研究者们梦寐以求的目标之一。

6.3　UWB 定位应用

UWB 技术自身的特点使得它在实际应用中具有四大优势：高数据速率；功耗低，绿色环保；穿透能力强，定位精确；较现有技术实现成本低。因此，UWB 非常适合 WPAN。UWB 可在数字电视、投影机、摄录一体机、个人计算机、机顶盒之间传输可视文件和数据流，或者在笔记本电脑与外围设备之间实现数据传输。

UWB 可方便地应用于高精度定位导航和智能交通系统中，为车辆防撞、电子牌照、电子驾照、智能收费、车内智能网络、测速、监视、分布式信息站等应用提供高性能、低成本的解决方案。

UWB 也可应用在小范围，高分辨率，能够穿透墙壁、地面、身体的雷达和图像系统中，诸如军事、公安、消防、医疗、救援、测量、勘探和科研等领域，用作隐秘安全通信、救援应急通信、精确测距和定位、探测雷达、穿墙雷达、监视和入侵检测、医学成像等。

6.3.1 UWB 定位应用现状

1. UWB 测距应用

最新的 FCC 报告为 UWB 雷达与传感器应用开放了更宽的频带：5.925～7.250 GHz，16.2～17.7 GHz，23.12～29.0 GHz。UWB 定位研究的著名学者 Fontana 总结了近年来 UWB 测距应用，从不同精度需求和应用场合，可分为入侵检测（Intrusion Detection）系统、防冲撞（Obstacle Avoidance）系统和精确测距系统（Precision Asset Location System，PALS）。

入侵检测系统属于粗略测距应用，不要求精确坐标，便于对特定区域内的目标监控，对区域外物体进行示警。

防冲撞系统可用于智能交通管理、自动巡航系统等，其目标检测灵敏度要比入侵检测系统高得多。SPIDER 是一种典型的防冲撞系统，工作频率为 6.35 GHz 左右，-3 dB 带宽达到 500 MHz，高功率段（0.8 W）的测距范围可达 300 m，利用直达路径检测，其精度可接近 0.3 m。

精确测距系统是以测距为基础的精确定位系统。2003 年，美国海军研究机构开发了符合 FCC 民用规范的 PALS650，工作频段范围为 3.1～10.6 GHz。其定位方式采用 TDOA，在 LOS 环境下，定位范围可达 200 m，接收 SNR（Signal Noise Ratio，信噪比）较高时，采用平均处理后的定位精度接近 0.08 m。

2. 雷达探测、成像和跟踪等应用

雷达探测、遮挡目标检测是 UWB 测距定位技术的传统应用方式，还可以推广至雷达探地和透墙检测系统。医学成像也是 UWB 定位应用较多的领域之一。英国布里斯托大学的研究者首次给出了该项应用的临床结果，成功地利用 UWB 定位技术完成了乳癌检测和成像。

跟踪是一种实时性要求较高的定位应用。DARPA 的研究者利用 UWB 定位技术，实现了对空间飞行器舱外摄像机的位置跟踪，采用的是 TDOA 定位方式。当然，这种应用场景接近理想化：几乎不存在多径效应，实际上 UWB 定位跟踪同样可应用于诸多复杂环境。

3. 业界 UWB 定位系统的发展

2005 年年初，UWB 被 CNN（Cable News Network，美国有线电视新闻网）评为 2004 年十大热门技术之一，UWB 的产品化进程也一直是研究者和业界所关注的议题。下面介绍几种近年来比较有代表性的 UWB 定位示范性系统。

（1）Ubisense 系统

Ubisense 系统是由英国 Ubisense 公司利用 UWB 技术构建的精确实时无线定位系统，运用 TDOA 和 AOA 的混合定位算法，通过三维坐标，将定位误差降低到最小。与 RFID 技术、Wi-Fi 技术等相比，该系统具有很好的稳定性，在典型应用环境中的定位精度可达到 15 cm。

Ubisense 系统包含以下 3 部分。

① 位置固定的传感器（Ubisense Sensor），能够发射 UWB 信号来确定位置。

② 电池供电的活动标签（Ubisense Tag），能够接收并估算从标签发来的信号。

③ 综合所有位置信息的软件平台，能够获取、分析并传输信息给用户和其他相关信息系统。

Ubisense 系统的定位原理如图 6-6 所示，其具体工作流程将在 6.3.2 节结合具体示例进行详细讲解。

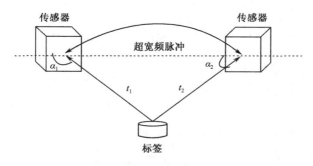

图 6-6 Ubisense 系统的定位原理

（2）Localizers 系统

Localizers 系统是由美国 Aether Wire & Location 公司开发的室内定位系统。待定位的超宽带接收机和几个参考定位的收发信机之间进行脉冲通信，通过监测信号中携带的伪随机码的时延来判断到不同参考点的距离。知道（根据）3 个及以上的参考点就可以确定未知点的三维位置，其定位原理如图 6-7 所示。

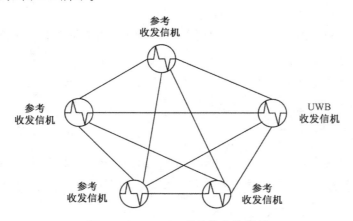

图 6-7 Localizers 系统的定位原理

Localizers 两点间的最大距离是 30～60 m，测距精度为 1 cm。Localizers 节点的体积为 8 mm^3，价格为 0.5 美元，功耗为 30 μW。

（3）Sapphire 系统

Sapphire 系统是由 Multispectral Solutions 公司开发的 UWB 室内定位系统，由多个漫游器（其中一个作为参考）、1 个与计算机相连的控制中心至少 4 个接收机组成，如图 6-8 所示。

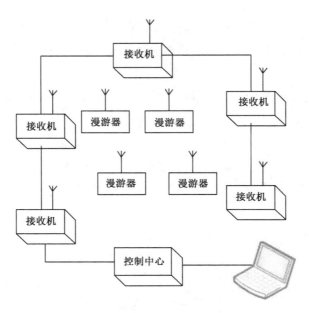

图 6-8　Sapphire 系统

漫游器可发射中心频率为 6.2 GHz、10 dB 带宽 1.25 GHz 的无线电信号。漫游器工作电压为 3 V，工作电流为 30 mA，一块 CR2477 锂电池能工作 3.8 年。

接收机包含两部分：高速 UWB 检测器和接口控制电路。高速 UWB 检测器进行原始信号到达时间的测量，测量分辨率为 1 ns。测量结果通过接口控制电路直接或其他接收机间接送到控制中心。

控制中心通过 CAT-5 电缆向接收机供电并收集接收机的测量数据，根据 4 个接收机的数据可以计算漫游器的三维位置。

Sapphire 系统的定位精度是 0.3 m，经过数据平滑后能够达到 0.1 m，漫游器的直径只有 3 cm，5 s 平均输出的信号强度只有 5 nW。

4．UWB 定位的应用趋势

根据当前频谱使用情况，极高频段（Extra High Frequency，EHF）资源丰富，宽带或超宽带应用都可独自占用频带，这是未来无线通信发展可能的方向之一，极高频段 UWB 定位系统正反映了这一趋势。

利用 UWB 定位技术进行仿生学应用是目前较新的应用领域，如根据 UWB 信号特点进行类似蝙蝠的定位成像，配置单个发射机和两个接收机作为感应器，发射 UWB 信号并接收由墙面、边缘和角落等目标的反射信号来确定距离，根据不同的反射特征来识别不同目标，这是定位、成像和特征分类等技术的综合使用。

另外，UWB 由于自身的技术特点，具备定位时对周围环境和自身位置高清晰辨识的能力，因此可在某些极端环境下对视觉损伤起到恢复和支撑作用。

目前，由于对 UWB 定位的应用研究起步较晚和一些技术规范等原因，国内自主研发的 UWB 定位系统还很少。但可喜的是，工业和信息化部已经对我国 UWB 的预开放频段进行公示，公示频段包含低频段的 4.2～4.8 GHz 和高频段的 6～9 GHz，并且已经有相关科研机构研制出了 UWB 数据传输系统。

6.3.2　UWB 定位应用示例

传统仓储物流操作所采用的设备和技术较落后，其操作和管理过程中存在很多缺点，如入库验收时间长，在库盘点乱且数量不准，出库拣货时间长且经常拣错货，有些货物会因为不正确的拣货顺序而导致保质期到期不能再用等。仓储公司和物流公司希望有一套系统能够自动定位货物的存放位置、记录货物出入仓库的时间，节省搜索货品所花费的人力成本，也能有效地解决一些货物损坏、丢失或过期等索赔问题。

在仓储物流业中使用 Ubisense 定位系统能很好地解决以上问题。Ubisense 定位系统采用 UWB 技术，构建了革命性的实时定位系统，在典型的应用环境中能达到 15 cm 的三维定位精度，并具有很好的稳定性。借助该系统，仓储物流企业能够完成货物的进出管理，准确快捷地盘点仓库物品，方便迅速地查询仓库物品，高效精确地找出货物位置，还能解决防盗等货物安全问题。

1．Ubisense 定位平台

6.3.1 节已经简要介绍了 Ubisense，下面详细阐述 Ubisense 定位平台的构成及工作流程。

（1）Ubisense 传感器

Ubisense 传感器是一种精密测量装置，如图 6-9 所示。

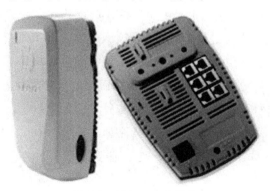

图 6-9　Ubisense 传感器

Ubisense 传感器包含一个天线阵列和 UWB 信号接收器，能够可靠地检测定位标签发出的低功率 UWB 脉冲信号，同时可以区别直射信号和反射信号，从而计算该标签的实际位置。在工作过程中，每个 Ubisense 传感器独立测定 UWB 信号的方向角和仰角，而 TDOA 由一对 Ubisense 传感器来测定，而且这两个 Ubisense 传感器均部署了时间同步线。这种独特的 AOA

与 TDOA 相结合的测量技术可以构建灵活而强大的定位系统。

目前，Ubisense 单个传感器能较为准确地测得标签位置。若事先设定标签在空间坐标系中 Z 轴的高度，Ubisense 传感器就能够测定其具体的位置。对于几米范围之内的位置测定，并且标签固定于相对较大（如拖车、小汽车等）物体上的情况来说，这种操作模式是非常高效的。

Ubisense 传感器并不需要与标签在视线范围内进行通信，因为 UWB 信号能够穿透墙壁和其他物体。不同的材料和厚度导致不同程度的信号衰减，如射频信号根本不能穿透金属。因此，在系统设计前有必要进行现场环境的射频性能测量。Ubisense 传感器通过以太网实现相互间的通信，也可以通过以太网将接收它们的固件程序连接起来。Ubisense 传感器可以选择交换机（Power Over Ethernet，POE）供电，也可以选择外部直流电源供电。根据需要，它也能够被置于特制的防雨外壳中并工作于户外环境。

（2）Ubisense 标签

Ubisense 定位系统提供了两种定位标签，即紧凑型标签（Compact Tag）和细长型标签（Slim Tag）。

Ubisense 紧凑型标签是一种较小的设备，可置于资产设备、交通工具上，并获取精度达 15 cm 的三维动态定位信息。针对苛刻的工业应用环境设计，它包含许多先进的功能：一个 LED（Light Emitting Diode，发光二极管）指示灯，一个能立即激活静止标签的运动检测传感器，一个事件触发按钮。紧凑型标签集成多种安装固定方式，以方便地部署于任何物体或表面。

Ubisense 细长型标签能够方便地固定在车辆和物资侧面或供人员持续使用，能够以 15 cm 的三维位置精度，应用于实时交互定位系统中。基于标签的定位方式和过程，两个可编程按钮能够编程触发不同的事件；而标签能够通过两个 LED 或蜂鸣器获取系统的反馈信息。安装过程中，用户也能够以不同的方式方便地固定标签。

所有标签均有 UWB 信号发射器和 2.4 GHz ISM 频段的双向射频传输设备。双向射频设备用来传输传感器与标签之间的控制信息。传感器可以控制标签只发射 UWB 信号，而 UWB 信号的发射和标签数据的刷新率均由传感器来驱动，使得标签可根据其速度和应用的要求，仅在需要时发射信号，节省了电池的能量。如果标签是固定的，它将以较低的速率进行数据刷新，直到传感器检测到标签的移动，并立即激活标签进行信号的发射。标签以低于 1 mW 的极低功率发射 UWB 脉冲，从而降低了 UWB 系统对其他射频系统的干扰，并能够延长电池的使用寿命。如在以 5 秒/次的持续数据刷新状态下，电池能够使用 5 年。

（3）Ubisense 软件平台

Ubisense 软件平台分为三部分，即运行组件（最基本的是定位引擎）、定位平台和上层开发平台，如图 6-10 所示。

可视化的终端、交互单元、应用设计等都将在 .NET 集成环境中实现。

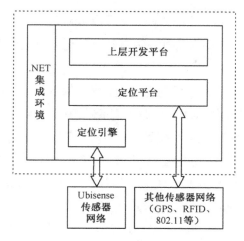

图 6-10　Ubisense 软件平台结构

.NET 集成环境提供所有的配置功能，获取标签带有时间戳的 x、y、z 坐标信息，驱动平台与标签之间的双向通信。

定位引擎是最基本的运行组件，运行在一个或多个标准的处理器上。借助定位引擎，系统能够建立和校准 Ubisense 传感器与标签，并通过图形化界面配置定位单元和对象。定位引擎软件设计用于简化从 Ubisense 传感器和标签传回的坐标数据，并集成到第三方软件中。

定位平台是一个完整的 RTLS 平台，能同时从 Ubisense 传感器和标签及其他 RTLS 传感器系统中获取数据，如常规的有源、无源 RFID 系统，温度、震动检测器等非位置传感器设备。许多工具可以用于描述、定义二维或三维的物理环境和对象关系。空间关系可以按照移动、固定的对象来定义，并分成区域。交互过程始终被监控并用于触发事件，最终被应用软件获取。如当可视对象小车进入制造设备的死角时，小车能够被突出显示。数据能够通过 API 发布到其他信息系统中，或者持久存储于关系型数据库中，也可以保存为其他格式，供以后分析。权限控制功能确保敏感数据受到保护，而安全性数据仅供授权人员查看或修改。定位平台的设计贯穿整个应用过程，能在 .NET 2.0 中实现，并且客户端能够在包括 PDA 在内的多种设备上运行。此外，包含可视化 API 在内的所有 API 能够在浏览器中运行。

上层开发平台集成了一系列的开发工具，允许定位平台数据模型扩展为新类型的对象和关系。它同时有一个模拟器，使用与定位平台相同定义的几何关系和对象来实现，无须安装任何传感器即可实现标签的移动。

（4）工作流程

Ubisense 定位系统中，标签发射极短的 UWB 脉冲信号，传感器接收此信号，并根据脉冲 TDOA 和 AOA 计算标签的精确位置。由于采用了 UWB 技术，加上传感器内部有一个 UWB 接收器阵列，从而可以以很高的精度计算角度，确保了较高的定位精度和室内应用环境的可靠性。传感器通常按照蜂窝单元的形式进行组织，典型的划分方式是矩形单元，附加的传感器根据其几何覆盖区域进行增加。在每个定位单元中，主传感器配合其他传感器工作，并与单元内所有检测到位置的标签进行通信，通过类似移动通信网络的蜂窝单元组合，能够做到较大面积区域的覆盖。同时，传感器支持双向的标准射频通信，允许动态改变标签的更新率，使交互式应用成为可能。

标签的位置通过标准以太网线或无线局域网，发送到定位引擎软件。定位引擎软件将数据进行综合，并通过 API 接口传输到外部程序或 Ubisense 定位平台，实现空间信息的处理和信息的可视化。由于标签能够在不同定位单元之间移动，定位平台能够自动在一个主传感器和下一个主传感器之间实现无缝切换。在建立系统时，需要对整体的多单元空间结构指定三维参考坐标系。当标签在参考坐标系内的多个单元中移动时，可视化模块能够实时显示标签位置。

2. 基于 Ubisense 平台的仓储物流系统

（1）系统部署

基于 Ubisense 平台的仓储物流系统以 Ubisense UWB 硬件为底层平台，RFID 系统为辅助手段，以太网（有线或无线）为骨干传输网，将现场划分为多个监控单元；每个运到仓库的包裹都贴有 RFID 标签，提供货品的 ID，进入仓库时采用（无线）扫描仪读取 RFID 标签，并通过（无线）局域网连接将日期、时间、货物 ID 和运送该货品的叉车 ID 发送到仓库后端的定位平台。每个扫描仪都装有 1 个 UWB 有源标签，标签通过超宽带信号将标签的位置信息发送到传感器基站上。扫描仪与 UWB 标签上的一个震动传感器相互配合，通常标签处于睡眠状态，一旦震动传感器检测到震动信息，标签就被唤醒并开始发送 UWB 信号；传感器基站接收到 UWB 信号，即可获知哪个扫描仪被使用，其扫描到的物品信息也一并传入后台。在条形码扫描仪没有使用时，标签处于静止状态，从而延长了标签电池寿命。一般在货物到达或离开仓库时都经过扫描处理，当一个包裹从一个地方移动到另一个地方时，也要求再次扫描。在运载货物进出仓库的叉车臂上也安装 UWB 标签：当叉车安放货物时，通过 UWB 标签向感应器发送信号，便可记录该货物存放的位置。

本系统采用 RFID 标签，即从系统的实际应用情况出发，利用 RFID 廉价特性和 UWB 主动监测特性，大大节约了系统部署的成本，如图 6-11 所示。

图 6-11　基于 Ubisense 平台的仓储物流系统的部署场景

在图 6-11 中，整个仓库分成若干定位子单元。UWB 传感器按照定位单元的结构部署在仓库的周围，一般安装在墙壁上，其信号覆盖整体监控区域。根据系统的定位原理，每个 UWB 定位子单元由 UWB 传感器节点、移动目标构成，如图 6-12 所示。

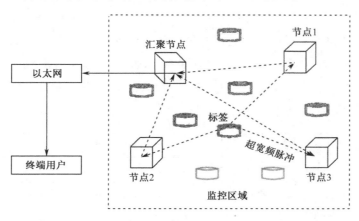

图 6-12　基于 Ubisense 平台的仓储物流系统定位子单元网络结构

（2）叉车与货盘定位

仓储物流类定位主要是对叉车、货盘、工作人员的定位。在传统仓储物流系统中，叉车和货盘经常走错位，带来不必要的额外成本，基于 Ubisense 平台的仓储物流系统很好地解决了这一点。通过将定位标签绑定在叉车、货盘上来实现定位，当进入错误区域时，系统会自动报警，提示工作人员及时调整方向，将货物安放到正确的位置，如图 6-13 所示。

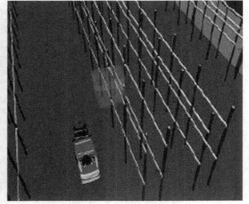

图 6-13　叉车和货盘定位

具体来说，该系统包括以下 3 方面的内容。

① 叉车通过系统平台被跟踪限制并在允许的方向和姿态运行。

② 提供虚拟平台地图定义敏感区域并通过 RFID 定义货盘。

③ 通过系统，实时了解货盘信息和它所在的位置。

（3）系统结构

系统的 UWB 定位传感器是集超宽带定位、2.4 GHz 通信于一体的智能化设备，可以根据实际情况，安装在场地周围特别部署的立杆上，高度以 3~5 m 为宜。系统可以采用有线方式进行传感器的通信（也可以采用无线方式通信）。各子单元的传感器运算数据、RFID 物品信息均传到装有定位引擎和后台服务软件的服务器。后台服务软件是具有三维定位功能的定位软件，客户可以通过该软件对场地内的移动叉车进行管理，并设置监控参数。系统还可根据贵重物资的监管规则，设定部分人员进入场地的禁区。当人员进入该区域后，立刻提醒并记录。用户可根据需要定制软件的数据报表等应用功能。系统的结构模块如图 6-14 所示。

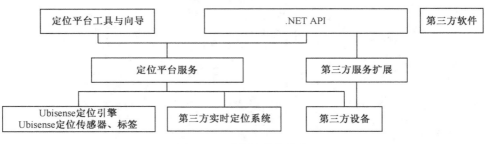

图 6-14　系统的结构模块

（4）实现功能

仓储物流系统现场如图 6-15 所示，主要实现以下功能。

图 6-15　仓储物流系统现场

① 货物信息采集与编码。

② 提货、封装与归放优化。

③ 叉车、货箱停泊与运输管理。

④ 货单管理与补给。

⑤ 工人、任务和场地管理。

（5）技术优势

在仓储物流领域应用 Ubisense 定位系统，具有以下基本功能。

① 支持二维/三维定位，在三维模式下，定位精度达到 15 cm。

② 对货物的出入库信息、摆放位置、运输路线等进行查询和追踪。

③ 实时查询货位、动态分配货位、实现随机存储，从而最大限度地利用存储空间。

④ 自动精确地更新各种信息，实现系统综合盘点、随机抽查盘点。

⑤ 实时监控人员工作情况、分析货物调度管理数据，动态综合分配人力物力资源。

⑥ 实时统计报表，汇总各类信息，满足关联客户内部数据查询。

6.3.3　UWB 定位技术的应用前景

由于探测、导航跟踪、目标识别等众多领域对精确定位的需求，UWB 定位再次成为广受关注的前沿课题。目前，UWB 定位研究还在不断地发展，在无线定位系统的定位精度和准确度、目标节点定位信息的获取和处理、无线定位应用等方面还在进行着研究和探索。下面介绍 UWB 定位的应用前景。

1. 工业生产

在工业生产中，UWB 定位系统可以帮助传统工厂实现数字化管理，通过在工厂内部布设光纤连接基站，大范围覆盖，对工厂内员工、物资、周转车等实行精确定位，精度高达厘米级。系统可实现历史轨迹查询、电子围栏报警、导航管理、生产调度等功能，节约管理成本，提高生产率，助力工业 4.0。

2. 仓储物流

通过在物流园区布设基站，大范围覆盖，对园区人员、车辆、叉车等进行实时精确定位，系统精度高达厘米级。UWB 定位系统可实现历史轨迹查询、电子围栏报警、导航管理、叉车防撞等功能，对仓储货物位置的监管，可查看物品位置、所属仓库等数据，节约管理成本，防止物资设备的丢失，避免人员串岗，叉车闲置等情况发生。

3. 司法监狱

监狱安全管理一直是备受关注的问题，通过 UWB 定位技术如何杜绝监狱犯人管理漏洞、降低监管执法风险呢？通过在监狱、看守所内部布设基站，大范围覆盖，对监狱、看守所内人员进行实时精确定位，精度高达厘米级位 RU 系统与监所管理系统融合，可实现活动轨迹实时监控、电子围栏报警、导航路径规划、人员自动点名等功能，有效防止越狱、袭警等事件发生，很大程度上降低了监管执法的风险，防止意外事故的发生，实现监区"智能化全方位监管"。UWB 定位系统将定位标签集成至犯人定位腕带中，能够对服刑人员进行实时监控。

4. 体育运动

体育运动定位解决方案采用精位科技自主研发的位 RU 高精度定位系统，通过在足球场、篮球场、游泳馆等运动场所内布设基站，覆盖场地范围，对运动员、足球、篮球等进行实时精确定位，精度高达厘米级。UWB 系统可实现定位高速运动目标、实时数据收集、赛后数据分析管理等功能，为体育训练提供数据支撑。

5. 交通运输

交通运输定位解决方案采用位 RU 高精度定位系统，通过在公路隧道、铁路隧道、地下管廊等布设基站，大范围覆盖，对区域内人员、工作车等进行实时精确定位，系统精度高达厘米级。在隧道施工现场，通过部署 UWB 定位系统，将定位标签集成至员工胸卡、安全帽等穿戴设备内，可以提供集风险管控、人员管理、实时显示、应急救援等功能能够准确定位工人位置，保障工人施工安全、施工质量、施工进度。

6. 交通运输

在机场内，UWB 定位系统可以通过移动设备给旅客提供导航路径，旅客可轻松找到候机区域、登机口、行李领取处等。通过在机场布设基站，大范围覆盖，对机场人员、车辆、叉车、检修工具等进行实时精确定位，定位精度高达厘米级。UWB 系统可实现车辆调度、电子围栏报警、导航管理等功能，有效避免跑道入侵，提升机场数字化能力。

在机场管理方面，UWB 定位系统可以分析不同区域旅客人员密度信息，加快测量排队进度，精简乘客流量，减少整个机场拥堵的发生，针对登机口变更和起飞延迟情况，发送实时通知，以及向附近乘客发送促销宣传信息等，如果在检查行李时无法确定物品可疑性，可以在物品上贴上定位标签，利用室内定位技术进行跟踪，只要发现该物品进入了不该进入的区域，就会立刻报警。

7. 石油化工

石油化工定位解决方案采用位 RU 高精度定位系统在区域内部布设光纤连接基站，大范围覆盖，对厂区内员工、车辆、外来人员等进行实时精确定位，精度高达厘米级。UWB 系统可实现人员管理、巡检路径规划、异常情况预警等功能，节约管理成本，有效减少石化化工火灾、危险气体泄漏等情况发生。

习 题 6

1. 什么是超宽带？它有什么特点？

2. 设检测到一个信号，其功率较峰值功率下降 10 dB 时所对应的高端频率和低端频率分别为 72.5 MHz 和 48.5 MHz，试求该信号的相对带宽，判断其是否为 UWB 信号。

3．超宽带的关键技术有哪些？

4．除了超宽带无线技术，还有哪些近距离无线通信技术？超宽带与它们相比有哪些优势？

5．设在理想情况下，二维平面中 3 个接收机的坐标分别为 $A(0,0)$、$B(3,6)$、$C(6,0)$，目标节点发射信号到达 A、B、C 所需的时间分别为 10 ns、20 ns、10 ns，试求目标节点的坐标。

6．设在理想情况下，二维平面中 3 个接收机的坐标分别为 $A(0,0)$、$B(0,9)$、$C(9,3)$，已测得从目标节点发射的信号到达接收机 A 和 B 的时间差为 10 ns，到接收机 B 和 C 的时间差为 10 ns，到接收机 A 和 C 的时间差为 20 ns。试求目标节点的坐标。

7．TOA 测距易受哪些因素的影响？

8．UWB 信号时延估计方法包括哪几种？

9．UWB 定位算法实现过程中，利用 TOA 法进行三维定位的原理是什么？列出求解目标节点坐标所需建立的非线性方程组，并解释其中各参数的含义。

10．基于 TOA 法的计算模型进行定位计算有哪些求解方法？

11．UWB 的主要应用领域包括哪些方面？

参考文献

[1] 周正．UWB 无线通信技术标准的最新进展[J]．世界电子元器件，2005(11): 24, 26.

[2] 梁菁，刘玮，赵成林．超宽带（UWB）无线技术的应用及其市场化分析[C']//2005 年全国超宽带无线通信技术学术会议论文集．南京：南京邮电大学出版社，2005.

[3] 张在琛，毕光国．超宽带关键技术分析及发展策略的思考[J]．电气电子教学学报，2004, 26(3): 6-10, 16.

[4] 陈如明．UWB 技术的发展前景及其频率规划[J]．移动通信，2009, 33(9): 71-74.

[5] 陈传红，吕然．值得关注的一种新兴近距离无线通信技术——超宽带 UWB[J]．移动通信，2008, 32(17): 24-29.

[6] 张跃辉．毕光国：当前超宽带研究有五大重点[EB/OL]．(2007-08-21)[2021-12-18].

[7] 魏崇毓．无线通信基础及应用[M]．西安：西安电子科技大学出版社，2009.

[8] 唐春玲．UWB 定位系统研究[D]．重庆：西南大学，2008.

[9] 王秀贞．超宽带无线通信及其定位技术研究[D]．上海：华东师范大学，2009.

[10] BENEDETTO M G D, Guerino GIANCOLA G．Understanding Ultra Wide Band Radio Fundamentals[M]．葛利嘉，朱林，袁晓芳，等，译．北京：电子工业出版社，2005.

[11] 李凡．基于超宽带（UWB）技术的测距方法研究[D]．武汉：华中师范大学，2007.

[12] 丁锐．基于 UWB 信号时延估计的无线定位技术研究[D]．长春：吉林大学，2009.

[13] 胡正伟，王喆．超宽带信号时延估计算法研究[J]．无线通信技术，2010, 19(4): 1-5, 13.

[14] 谢亚琴．超宽带无线定位算法研究[D]．南京：南京邮电大学，2007.

[15] 肖竹，王勇超，田斌，等. 超宽带定位研究与应用：回顾和展望[J]. 电子学报，2011, 39(1): 133-141.

[16] 李孝辉，刘娅，张丽荣. 超宽带室内定位系统[J]. 测控技术，2007, 26(7): 1-2, 6.

[17] 付俊. UWB 技术在无线定位中的应用[J]. 舰船电子工程，2009, 29(1): 76-78.

[18] 付俊. 仓储物流中 UWB 技术的应用[J]. 商品储运与养护，2008, 30(7): 9-10, 19.

[19] SAHINOGLU Z, GEZICI S, GUVENC I. Ultra-wideband Positioning Systems[M]. London : Cambridge University Press, 2008.

第 7 章　CSS 定位

本章导读

✿　基于 CSS 的无线网络技术简介
✿　非视距传播问题
✿　CSS 定位应用实现

7.1　基于 CSS 的无线网络技术简介

7.1.1　Chirp 信号与脉冲压缩理论

1. Chirp 信号

Chirp（啁啾）信号是一种扩频信号，在一个周期内 Chirp 信号会呈现线性调频的特性，信号频率随着时间的变化而线性变化。因为 Chirp 信号的频率在一个信号周期内会"扫过"一定的带宽，所以 Chirp 信号又被形象地称为"扫频信号"。Chirp 信号的扫频特性可以应用在通信领域，用于表达数据符号，达到扩频的效果。这种用 Chirp 信号进行扩频的通信方式称为 Chirp 扩频。

典型的 Chirp 信号数学表达式为

$$s(t) = \begin{cases} \cos\left[2\pi\left(f_0 t \pm \dfrac{kt^2}{2}\right)\right], & -\dfrac{T}{2} \leqslant t \leqslant \dfrac{T}{2} \\ 0, & \text{其他} \end{cases} \tag{7-1}$$

其中，f_0 表示 Chirp 信号的中心频率；T 是 Chirp 信号的持续时间；$k(k \neq 0)$ 是调频因子或扫频因子（Chirp Rate/Frequency Sweep Rate）（Hz/s），它控制着 Chirp 信号瞬时频率的变化速率，当 k 是一个常数时，Chirp 信号的瞬时频率呈线性变化，故称为线调频率信号，当 $k > 0$ 时，$s(t)$ 是上扫频（up-chirp）信号；当 $k < 0$ 时，$s(t)$ 是下扫频（down-chirp）信号。由式（7-1）可知，

$s(t)$ 的瞬时频率为

$$f_0 k(t) = f_0 + kt \tag{7-2}$$

图 7-1 和图 7-2 分别给出了上、下扫频 Chirp 信号波形和信号时间频率关系，这两个信号是一对匹配信号。可以看出，此信号波形与基本正弦信号相似，但其频率随时间线性变化。

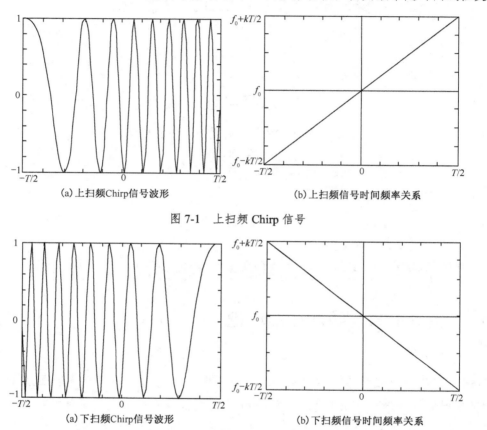

(a) 上扫频Chirp信号波形　　　　(b) 上扫频信号时间频率关系

图 7-1　上扫频 Chirp 信号

(a) 下扫频Chirp信号波形　　　　(b) 下扫频信号时间频率关系

图 7-2　下扫频 Chirp 信号

以一个上扫频的 Chirp 信号为例，将其做一次连续傅里叶变换，可以得到信号频谱表达式，即

$$
\begin{aligned}
Y(\omega) &= \int_{-T/2}^{T/2} \cos\left[2\pi\left(f_0\tau + \frac{k\tau^2}{2}\right)\right] \exp(-j\omega t)\mathrm{d}t \\
&= \frac{1}{2}\int_{-T/2}^{T/2} \exp[j(2\pi f_0 - \omega)t + j\pi kt^2]\mathrm{d}t + \frac{1}{2}\int_{-T/2}^{T/2} \exp[-j(2\pi f_0 + \omega)t - j\pi kt^2]\mathrm{d}t \\
&\approx \frac{1}{2}\int_{-T/2}^{T/2} \exp[j(2\pi f_0 - \omega)t + j\pi kt^2]\mathrm{d}t
\end{aligned} \tag{7-3}
$$

其中，右边第一项表示正频率部分的频谱，第二项表示负频率部分的频谱。高频信号具有的特点是，中心频率可以相当大，带宽与之相比很小，因此第二项积分相对于前者较小，其值可以

忽略不计。在通常的工程应用时，本处的假设在一般情况下也是满足的。这样就有了式(7-3)的近似结果。再将该式近似结果进行积分变量的变换，可得

$$Y(\omega) = \frac{1}{2}\sqrt{\frac{1}{2k}}\exp\left[-j\frac{(\omega - 2\pi f_0)^2}{4\pi k}\right]\int_a^b \exp\left(j\frac{\pi m^2}{2}\right)dm \tag{7-4}$$

其中，代换后的积分表达式的上下限 a、b 如下：

$$\begin{cases} a = \dfrac{\pi kT + (\omega - 2\pi f_0)}{\pi\sqrt{2k}} \\ b = -\dfrac{\pi kT - (\omega - 2\pi f_0)}{\pi\sqrt{2k}} \end{cases} \tag{7-5}$$

式(7-5)积分的结果不能表示成普通式子，此时引入菲涅尔积分表达式

$$C(x) = \int_0^\pi \cos\frac{\pi m^2}{2}dm \tag{7-6}$$

$$S(x) = \int_0^\pi \sin\frac{\pi m^2}{2}dm \tag{7-7}$$

从式(7-6)、式(7-7)容易看出，这两个积分表达式是两个奇函数，且满足关系：

$$\begin{aligned} C(-x) &= -C(x) \\ S(-x) &= -S(x) \end{aligned} \tag{7-8}$$

现将菲涅尔积分用于式(7-4)，经过以上变换可得

$$Y(\omega) = \frac{1}{2}\sqrt{\frac{1}{2k}}\exp\left[-j\frac{(w - 2\pi f_0)^2}{4\pi k}\right][C(a) + jS(a) + C(-b) + jS(-b)] \tag{7-9}$$

对式(7-8)所表示的频域表达式分析可得到，其幅度响应为

$$|Y(\omega)| = \frac{1}{2}\sqrt{\frac{1}{2k}}\left\{[C(a) + C(-b)]^2 + [S(a) + S(-b)]^2\right\}^{\frac{1}{2}} \tag{7-10}$$

$$\phi(\omega) = -\frac{(\omega - 2\pi f_0)^2}{4\pi k} + \arctan\left[\frac{S(a) + S(-b)}{C(a) + C(-b)}\right] \tag{7-11}$$

当 $BT=6000$ 时，可得到如图 7-3 所示的结果。

2．脉冲压缩理论

前述 Chirp 信号对应的匹配信号表达式为

$$h(t) = \begin{cases} a\cos\left[2\pi\left(f_0 t \mp \dfrac{kt^2}{2}\right)\right], & -\dfrac{T}{2} \leqslant t \leqslant \dfrac{T}{2} \\ 0, & \text{其他} \end{cases} \tag{7-12}$$

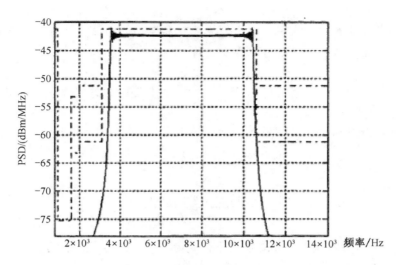

图 7-3　Chirp 信号频谱的幅度响应

其中，匹配滤波器增益 $a=2\sqrt{k}$ 是为了保证匹配滤波后输出信号在中心频率处的增益值为1。

现在，将一个上扫频 Chirp 信号通过其对应的匹配滤波器，则

$$y(t)=a\int_{-T/2}^{T/2}\cos\left[2\pi\left(f_0\tau+\frac{k\tau^2}{2}\right)\right]\cos\left\{2\pi\left[f_0(t-\tau)-\frac{k(t-\tau)^2}{2}\right]\right\}\mathrm{d}\tau$$

$$=\frac{a}{2}\int_{-T/2}^{T/2}\cos\left[2\pi\left(f_0t+kt\tau-\frac{kt^2}{2}\right)\right]\mathrm{d}\tau+\frac{a}{2}\int_{-T/2}^{T/2}\cos\left[2\pi\left(2f_0\tau-f_0t+k\tau^2-kt\tau+\frac{kt^2}{2}\right)\right]\mathrm{d}\tau \quad (7\text{-}13)$$

$$\approx\frac{a}{2}\int_{-T/2}^{T/2}\cos\left[2\pi\left(f_0t+kt\tau-\frac{kt^2}{2}\right)\right]\mathrm{d}\tau$$

直接将两信号卷积表达式积化和差，得到两个积分项。第二个积分项包含了高频分量，在实际的工程应用中可以将其忽略，因此只将第一项的计算结果作为匹配滤波器的输出。将第一个积分项的计算分为 $t>0$ 和 $t<0$ 两种情况进行讨论，但是得出的结果可以只用一个公式表示，即

$$y(t)=a\frac{\sin[\pi kt(T-|t|)]}{2\pi kt}\cos 2\pi f_0t \quad (-T<t<T) \quad (7\text{-}14)$$

将 $a=2\sqrt{k}$ 和 $k=B/T$ 代入式(7-14)，可得

$$y(t)=\sqrt{BT}\frac{\sin[\pi Bt(1-|t|/T)]}{\pi Bt}\cos 2\pi f_0t \quad (-T<t<T) \quad (7\text{-}15)$$

经过匹配滤波后的输出信号波形如图7-4所示。

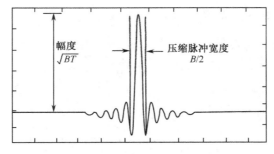

图 7-4 经过匹配滤波后的输出信号波形

从图 7-4 中可以看到,输出波形包络近似为一个正弦函数,具有十分尖锐的时域特性。持续时间为 T 幅度为 1 的 Chirp 信号经压缩后,输出脉冲的包络幅度放大为原来的 $\sqrt{BT}$ 倍,持续时间 T 压缩为 4 dB,主瓣时间为 $2/B$ 的脉冲。这就是 Chirp 信号十分重要的脉冲压缩特性。相对于输入信号,输出信号持续时间在时域上被压缩了 50%,符号宽度减小,多径叠加的效应被减弱,可以在多径信道环境中进行距离测量和定位处理。由持续时间压缩易知,两条多径之间的最小分辨率为 $1/B$。而上、下扫频 Chirp 信号做互相关后,其峰值与自相关相比很小,与自相关旁瓣相当。

Chirp 信号的一个重要指标是时间带宽积 BT 的大小。根据上述分析可知,随着 BT 越大,匹配滤波后的时域脉冲压缩就越厉害,其峰值就越高,冲激时间就越短。BT 越大,其幅度响应就越接近一个理想的带通滤波器。对于持续时间较长的 Chirp 信号,其能量在频域上能扩展到一个很大的带宽。

7.1.2 MDMA 调制技术

在无线电通信的发展过程中,随着各种新的应用需求不断发展出各种信号调制技术。最早的调制方式是调幅(Amplitude Modulation,AM),调幅通信对噪声非常敏感,为提高通信质量,降低对噪声的敏感度,后来开发了调频(Frequency Modulation,FM)技术,但调频技术需要占用更多的无线电频谱资源,随着频谱资源越发稀缺和数字时代的到来,调相(Phase Modulation,PM)技术被引入无线电通信系统,但调相技术也有着载波频率的波动等缺点。调幅、调频和调相三种调制有各自的优点和缺点,是否将三者有机地结合到一起,充分发挥各自的优点又能避免各自的缺点,这种思路的结果便是 MDMA(Multimodal Dynamic Multiple Address,多相多址)调制技术。

在无线电通信系统中,有以下两个基本的问题需要考虑,这也是 MDMA 调制技术要解决的问题。

① 数据一般需要以载波的形式由发送端传输到接收端,载波需要使用调制技术进行调制。

② 信号传输时,应考虑到不同信号的特殊传输需求及传输环境,因此为保证信号的成功传输,需要基于最大可允许的误码率(Bit Error Rate,BER)准确地计算每个信号所需要的能量。

MDMA 调制使用两种信号形式来处理与传输信号，这两种信号分别是正弦信号和 Chirp 信号。正弦信号用于发送端与接收端的基带信息处理，在给定的带宽 B 下，根据香农公式，正弦信号可以实现最短的持续时间 T，即其时间带宽积 BT 较小，这有利于基带信号的处理。此外，正弦信号在发送端生成相对比较容易，在接收端也可以利用简单的幅值检测进行信号的接收。正弦信号数学表达式为

$$U(t) = \begin{cases} U_0 \dfrac{\sin(\pi Bt)}{\pi Bt}, & -\dfrac{T}{2} \leqslant t \leqslant \dfrac{T}{2} \\ 0, & \text{其他} \end{cases} \tag{7-16}$$

Chirp 信号用于信号在空中的传输，有固定的幅值，可实现频率线性调制 (Linear Frequency Modulated，LFM)，即在一个信号周期内信号频率随着时间线性变化，频率在一个信号周期内会"扫过"一定的带宽。另外，在 Chirp 信号的持续时间 T 内，无论传输的数据率是否需要，Chirp 信号始终完全占用着所有的可用带宽。Chirp 信号可以实现远大于 1 的时间带宽积 BT，BT 越大，Chirp 信号在传输过程中的抗干扰性能越好。

Chirp 信号的数学表达式为

$$U(t) = \begin{cases} \dfrac{U_0}{\sqrt{Bt}} \cos\left[2\pi\left(f_0 t \pm \dfrac{kt^2}{2} \right) + \varphi \right], & -\dfrac{T}{2} \leqslant t \leqslant \dfrac{T}{2} \\ 0, & \text{其他} \end{cases} \tag{7-17}$$

其中，f_0 表示 Chirp 信号的中心频率；T 表示 Chirp 信号的持续时间；$k(k \neq 0)$ 称为调频因子或扫频因子（Hz/s），其意义同式(7-2)中。

正弦信号与 Chirp 信号之间可以方便地互相转换，且转换是可逆的，二者之间的转换可以通过色散延迟线（Dispersive Delay Line，DDL）进行，如模拟器件 SAW（Surface Acoustic Wave，声表面滤波器）可以用于正弦信号与 Chirp 信号的转换。正弦信号与 Chirp 信号之间的联合及其相互转换构成了 MDMA 的基础技术。

7.1.3　CSS 的发展和技术特点

1. CSS 技术的发展

Chirp 信号及与其相关的脉冲压缩技术长期以来广泛应用于雷达领域，能够很好地解决冲激雷达系统测距长度和测距精度不能同时优化的矛盾。冲激雷达采用冲激脉冲作为检测信号，要增加测量距离，则必须牺牲测量精度，要增加测量精度，则必须牺牲测量距离。而脉冲压缩技术使用具有线性调频特性 Chirp 信号代替冲激脉冲，可同时增加测量距离和测量精度。

随着技术的发展，目前 Chirp 超宽带信号不仅应用到了精确测距和车载雷达，还应用于扩频通信中。随着 2005 年由 Nanotron 技术公司提交的 Chirp 扩频技术被 IEEE 802.15.4a 列为物理层的可选标准之一，其相关理论与应用正得到学术界及工业界越来越多的关注。此外，SAW

技术的发展使得全被动、低成本的 Chirp 延迟线技术进一步应用于 Chirp 信号的产生和匹配滤波器/相关器的实现。

CSS 技术开始应用于通信领域是在 1962 年。Winkler 首先提出把 Chirp 信号应用到通信领域的想法，但是并没有给出完整的系统实现方案。1966 年，Hata 和 Gott 提出了基于 CSS 的 HF 传输系统，利用了 CSS 技术对多普勒频移的特性。需要注意的是，当时没有使用 SAW 来产生 Chirp 信号。1973 年，Bush 首次提出了使用 SAW 产生 Chirp 信号的方法。因为 SAW 是模拟设备，成本低廉，现已被 CSS 通信的研究者们广泛采用。

1975 年以后，由于 SAW 制作工艺发展的限制，CSS 研究进入了低谷。直到 20 世纪 90 年代初，人们开始关注室内无线通信时，因为频带较宽，特别适合在室内多径信道中使用，CSS 才被 Tsai 和 Chang 再度提起。1998 年，Pinkley 和奥地利的一个小组发表了关于 CSS 的两篇文章，提出了适用于室内通信的两种新的系统方案。

CSS 技术的一些优良特点已经引起了一些组织和厂商的关注。在工业界，Nanotron 公司提出了基于 CSS 的 WPAN（Wireless Personal Area Network，无线个人局域网）应用方案，并在 IEEE 802.15.4a 的标准化进程中起到了主导作用。2005 年 3 月，致力于低速率 WPAN 标准化的 IEEE 802.15 TG4a 工作组通过投票，把基于 IR 的超宽带和基于 Chirp 的 CSS 宽带技术列为 IEEE 802.15.4a PHY 的最后两个备选方案。2006 年 10 月，IEEE 委员会在 802.15.4a 的物理层草案中把 CSS 技术列为标准。

2. CSS 技术的优点

由于 Chirp 信号在时域和频域上的特点，CSS 技术应用于无线定位时有许多独特的优点，结合上文对 Chirp 信号的分析，主要介绍如下。

（1）具有很强的多径分辨能力

由上文分析可知，对于匹配滤波后的 Chirp 信号输出压缩脉冲，在纵轴上的幅度被放大的同时，横轴上的持续时间被急剧地压缩，由一个持续时间 T 信号被压缩为一个 4 dB 主瓣时间为 $2/B$ 的脉冲。所以，在多径信道中，两条多径之间的最小分辨率为 $1/B$。理论上，只要提高信号的带宽就能够获得足够的分辨率。Chirp 信号的这个特性不但对通信而言有很大的好处，而且对无线定位更是具有非凡的意义。在多径分辨率提高的情况下，由于多径叠加带来的测量误差就有可能被消除。信号的 TOA 就可以尽量避免峰值偏移带来的影响。不论是基于 TOA 还是 TDOA 的定位算法都能获得到较为准确的时间信息。

（2）具有很强的抗噪声能力

由上述讨论可知，滤波后的 Chirp 信号的输出压缩脉冲的包络幅度放大为原来的 $\sqrt{BT}$ 信号与其他信号间的互相关很弱，匹配滤波就不会使噪声等信号获得增益。即使当 Chirp 信号中叠加的高斯白噪声很大，甚至在比信号功率大的情况下，匹配滤波后得到的压缩脉冲峰值仍然较大。BT 越大，抗噪声的能力就越强。如图 7-5 所示，当一个时间带宽积等于 100 的 Chirp 信

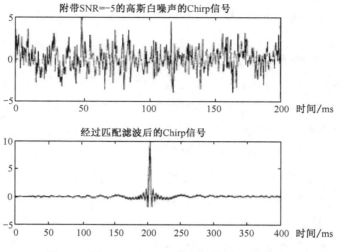

图 7-5　低 SNR 下 Chirp 信号及其匹配滤波信号

号附加 SNR=5 的高斯白噪声后，仍然能够通过匹配滤波的办法将信号和噪声进行分离。从这个仿真中可以看出，Chirp 信号具备很强的抗干扰能力。

（3）受频率偏移影响小

对于一个上扫频信号 $s_1(t)$，由于各种原因，其中心频率 f_0 产生了 Δf 的频率偏移，即

$$s_1(t) = \cos\left[2\pi\left((f_0 + \Delta f)t + \frac{kt^2}{2}\right)\right] \quad \left(-\frac{T}{2} \leqslant t \leqslant \frac{T}{2}\right) \tag{7-18}$$

现将其通过匹配滤波器 $h(t) = \cos[2\pi(f_0(t) - kt^2/2)]$，其持续时间与 $s_1(t)$ 同，得到滤波后的信号

$$
\begin{aligned}
y_1(t) &= \int_{-\infty}^{+\infty} s(\tau)h(t-\tau)\mathrm{d}\tau \\
&= 2\sqrt{k}\,\frac{\sin[\pi(\Delta f + kt)(T - |t|)]}{2\pi(\Delta f + kt)}\left(\cos 2\pi\left(f_0 + \frac{\Delta f}{2}\right)t\right)
\end{aligned}
\tag{7-19}
$$

与

$$y(t) = a\,\frac{\sin[\pi kt(T - |t|)]}{2\pi kt}\cos 2\pi f_0 t \quad (-T < t < T)$$

比较可得，两种波形大体相同，都产生了脉冲压缩的效果，它们的包络也都是正弦函数。频偏 Δf 将使脉冲主瓣峰值幅度减小为原来的 $1 - |\delta|$，其中 $\delta = \Delta f / B$；同时，脉冲主瓣中心点还会发生 δT 的时移。信号 B 通常很大，而 Δf 比其小若干数量级，因此相比较后得到的 δ 相应就小。这样脉冲主瓣的峰值幅度减小十分有限，时移也不大。

在无线定位中，因为被测物体与基站之间存在相对运动，所以存在多普勒频移现象。但是这一现象往往给信号的时延测量带来很大的影响，导致定位精度急剧地下降。因此，通过加大信号的带宽，有可能将此影响降至可以容忍的程度。

（4）发射的瞬时功率低

当 Chirp 信号的平均功率与高斯脉冲等普通超宽带信号相当的情况下，其瞬时功率一般要小许多。因为 Chirp 信号将能量分散在了整个持续时间内，而不是集中在一个很短的脉冲内发射。在工程应用中，这个特点就降低了对器件的要求，极大地降低了成本。

此外，CSS 技术具有发生器件成本低、传输距离比较远等优点。这一系列特性都说明了其在无线定位方面具有广泛的应用前景。

3．CSS 与其他扩频技术比较

无线扩频手段包括 DS、FH、TH 和 CSS。最常用的是前 3 种及其混合系统；第 4 种广泛应用于雷达系统中，有时也会作为前 3 种系统的补充应用，用于抵抗这些系统的频移特性。

CSS 技术的基本原理是采用 Chirp 信号来承载数据符号，因为 Chirp 信号本身是宽带信号，所以使用 Chirp 信号来表示数据符号可以达到扩展带宽的目的。CSS 与 DSSS、FHSS（Frequency Hopping Spread Spectrum，跳频扩频）有类似的地方。DSSS 和 CSS 都是采用一段特定的具有一定扩展带宽效果的信号来表示原始数据符号，但是前者采用 PN 序列，后者采用 Chirp 信号；FHSS 和 CSS 的瞬时频率都会随着时间的变化而变化，但是前者的变化规律由 PN 序列决定，后者的变化规律与 Chirp 信号本身的特性相关，而且是连续的变化。CSS 扩频频谱如图 7-6 所示。

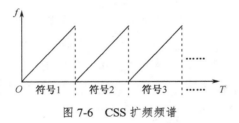

图 7-6　CSS 扩频频谱

CSS 的解扩原理与 DSSS、FHSS 也很相似。DSSS 和 FHSS 是利用本地生成与发送端相同的 PN 序列和接收信号进行相关运算从而进行解扩并恢复出原始信号的，因为 PN 序列具有与随机二进制序列相同的统计特性，其自相关远远大于互相关，所以可以通过求自相关的方法来把数据符号提取出来，达到最终的解扩效果。而 CSS 在接收端应用了脉冲压缩原理，匹配滤波过程在很短的时间内获得了很大的能量，接收机可以通过对能量的捕获把数据符号提取出来，因为匹配滤波在一定程度上可以看作自相关运算，所以 CSS 与 DSSS、FHSS 在解扩方式上可以认为是一致的，即通过对扩频序列（信号）求自相关来获取符号信息。

DS、FH、TH 系统的缺点分别如下。

① DS 系统：处理增益容易受到 PN 码速率限制；时间同步要求高；捕获时间相对长，也受到 PN 码长度影响。

② FH 系统：获取高处理增益的同时，容易受到脉冲和全频带干扰影响；快速跳频系统设计复杂、频率合成难度高；慢速跳频时隐蔽性差。

③ TH 系统：连续波干扰严重，需要峰值功率高，时间同步难。

容易看出，DS 系统由于同步时间的问题和 PN 码的限制，在定位与测距系统中很难获得较好的测量结果；FH 系统容易受到干扰，不易应用于恶劣环境；TH 系统则在功耗和干扰问题上难以适应现代的低功耗健壮系统的应用。CSS 系统由于采用了脉冲压缩的处理机制，在避免使用 PN 码的同时，有效实现了脉冲捕获时间精准的需求；而对于脉冲和连续波干扰信号，脉冲压缩处理过程也进行了过滤及能量分散，同时有用脉冲能量压缩加大，避免了电磁信号干扰；在解扩过程中获取了高增益、脉冲压缩能量集中的特性，使得发射机并不需要通过增加 Chirp 线性脉冲能量来获取射频功率，大大降低了峰值功率的需求。

总的来说，CSS 技术除了具有传统扩频技术如 DSSS、FHSS 共同的优点，即抗衰减能力强、保密性好、处理增益大等，还具有功率谱密度低、抗频率偏移能力强、传输距离远、射频功耗低等特点。这些特点使得 CSS 技术从脉冲压缩雷达的特殊应用，到构建现代室内外通信系统成为可能。较低的发射功率、较好的保密性、通信稳定性、抗干扰、低功耗等特点，使 CSS 能够应用于大多数具有挑战性的环境。

7.1.4 CSS 无线定位技术与其他技术方案的比较

CSS 技术用于无线定位的特征如下。

① CSS 通信是一种载波通信，但与通常的正弦信号载波不同，它采用的信号是脉冲载波。

② CSS 脉冲信号与 UWB 冲击脉冲信号不同。UWB 冲击脉冲可直接携带信息；CSS 则运用一串脉冲携带信息，并在发送端进行调制后发出，接收端经过滤波压缩后提取信息。

③ CSS 信号的最大技术特征是利用脉冲压缩技术，使得接收脉冲能量非常集中，极其容易被检测出来，从而提高了抗干扰和多路径效应能力。

④ 上述技术使得接收机端可以直接捕获脉冲压缩，从而利用锁相环电路进行时间同步，且由于脉冲压缩技术有很好的抗频率偏移特性，并不需要进行频率同步。

⑤ 由于 CSS 信号在时域和频域上同时被扩展，使得信号频谱密度降低；又因为采用了脉冲压缩技术，信号通过匹配滤波器获得较大的处理增益，使得整体功耗很低。

⑥ CSS 脉冲信号的产生过程可以同时运用 FM、AM、PM 等技术。

⑦ CSS 作为有载波的通信手段，能够运用于载波 UWB 系统的开发，从而与目前基于冲激脉冲的 UWB 系统形成互补。

1. CSS 定位与 ZigBee 定位方案的比较

IEEE 802.15.4a 标准作为 802.15.4 标准的修正版，增加了 UWB 和 CSS 的物理层标准，一个重要方面便是添加了测距功能，这也是无线定位的关键。由于 ZigBee 技术的广泛应用和先发优势，目前对于 ZigBee 定位的研究和开发很多。下面从测量原理、测量精度、测量范围、功率控制、适配协议、抗干扰性和安全性等方面对 CSS 与 ZigBee 在定位上的特点进行比较。

（1）测量原理

从原理上，任何定位系统首先需要获取邻节点之间的距离。CSS 采用 SDS-TWR（Symmetric Double-Side Two-Way，双边对等两次测距法）测量方法，可获取双向传输的时间，进而获取节点距离；ZigBee 采用测算节点之间 RSSI 的方法，利用无线信号的空间传输衰减模型估算节点间传输距离。

CSS 进行了精确的双向到达时间测量及内部反应时间测量。由于采用了高质量的时钟电路，时间精度可以达到 1 ns，因而实际测量精确度可以达到 1 m 以下。

ZigBee 可以进行 RSSI 测量估算。这种测量是区域性的，与节点前端的低噪声处理电路有很大关系。空间自由传输模型的 RSSI 衰减估算公式为

$$Loss = 32.44 + 10k \lg d + 10k \lg f \tag{7-20}$$

其中，d 为节点距离（km）；f 为频率（MHz）；k 为路径衰减因子。在实际应用环境中，由于多径、绕射、障碍物等因素，无线电传播路径损耗与理论值相比有较大变化。在不同的空间环境中上述干扰因素是不确定的，因此 k 因子具有较大的不确定性。有研究人员对环境干扰进行进一步的处理，期望获取更接近于实际空间传输特性的模型，如用对数—常态分布模型。绘制 RSSI 曲线图观察，发现有如下明显结论。

① 节点到信号源的距离越近，由 RSSI 值的偏差产生的绝对距离误差越小。

② 当距离大于 80 m 时，由于环境影响，由 RSSI 波动造成的绝对距离误差会很大。

（2）测量精度

在实际的野外应用中，精度的要求并没有室内定位系统高。假设实际的需求是 5 m，那么 CSS 系统肯定可以满足需求；根据 ZigBee 的衰减模型，ZigBee 系统在 30 m 以内能够进行大约 5 m 级的距离分辨，80 m 以内能够进行 10 m 级的分辨，而 80 m 以外对信号波动已经无法识别。实际应用中，这些指标还会有所降低。

（3）测量范围

CSS 系统的测量范围将达到节点双向通信所覆盖的范围，也就是说，只要节点之间能够通信，系统就能够进行实际的距离测量，因此采用功率放大器后，800～2000 m 的应用不会存在问题，其测量特性也不会因为增加功率放大器而有所变化。

对于 ZigBee 系统，出于分辨率的考虑，0 dBm 理想最大测量距离为 80 m，实际测量距离只可能在 30 m 以下，这将使得普通的传感器网络应用所部署的点十分密集。如果大范围应用，只能利用其他概率估算方法进行粗略定位，此时的误差将可能达到网络覆盖半径的 30%。

如果采用功率放大器，ZigBee 系统的测量范围可进一步扩展，但是仍然存在以下问题。

① 功率放大器的差异性将影响测量距离，需要用户进行逐一校准。

② 根据衰减曲线，在通信距离末端的 30% 范围内，仍然因为 RSSI 的波动而难以识别。

（4）功率控制

CSS 系统和 ZigBee 系统都有很好的功率控制特性，即休眠、唤醒、常态收发。从能量消耗上来看，ZigBee 为 25 mA@3.3 V，CSS 为 33 mA@2.5 V，功耗相当。CSS 更优越的地方在于，由于采用 Chirp 信号使得射频前端设计容易，能够快速地增加功率模块，进一步增大测量范围。ZigBee 则难以做到这一点，且校准难度相当大。

（5）适配协议

目前，支持 ZigBee 的芯片和 CSS 的虽然物理层不同，但是网络协议层均可以一致。这两种解决方案上并不存在太大的区别与难度。

（6）抗干扰性

CSS 系统由于采用了 80 MHz 的带宽，属于宽带系统，获得了相对较低的频谱密度，处理信号时又能够获取较大的处理增益及较好的到达脉冲分辨率，能够很好地抵御环境干扰；ZigBee 系统是只有几兆带宽的窄带系统，所以频谱密度高，极易受到外界干扰。

利用 ZigBee 定位，需要天线进行良好的处理，避免由于天线及部署位置的不同而导致原先的校准失效。例如，如果一个 ZigBee 节点的定位校准工作是在地面 1.5 m 高度进行的，那么当放在地上，天线方向也发生改变时，前面的一切校准工作就会失效，甚至测不出数据。CSS 系统在这种情况下仍然能够保证测量精度，只是缩短了测量范围。

当在雨天、雾天、丛林中使用该系统时，由于 ZigBee 的信号强度基本上被吸收，会严重偏离运算模型，而 CSS 因为信号的吸收问题，只会缩短距离。

（7）安全性

如前文所述，CSS 系统由于采用了 80 MHz 的带宽，属于宽带系统，有着较低的频率密度，再加上 CSS 本身的线性调频特性，具有较好的低截获特性；由于支持 128 位加密，整个系统具有较好的安全性。

ZigBee 系统采用 DSSS 调制，虽然也具有较好的保密性，但是相对于 CSS 而言，频谱密度仍然相对较高，易于受到外界施加的干扰。

2．CSS 定位与 UWB 定位方案的比较

选用 UWB 窄脉冲进行定位根本上基于以下考虑。

① 脉冲系统具有精准的到达时间计算能力，系统带宽越宽、脉冲分辨率越高、越容易检测，则实现精确定位越容易。

② 脉冲系统具有良好的抗干扰性及抗多路径效应能力。

③ 由于较小能量传输较远距离，类似噪声的 UWB 信号具有良好的隐蔽性，并不易对其他通信系统产生干扰。

对比 UWB，CSS 系统能够满足的特性如下。

① 采用脉冲压缩定位技术，事实上在进行扩频宽带通信的同时进行了窄脉冲的提取工作。这个脉冲的检测提取过程能够做到非常精确，因此也能够实现精确的时间检测。

② 由于脉冲压缩通信过程，匹配滤波器分散了干扰信号、多路径信号的能量，但叠加了有用脉冲的能量，使系统获得较高的信噪比；脉冲容易检测，也体现了系统的良好抗干扰能力。

③ CSS 信号利用线性调频，将能量均匀分布在一定带宽上，使得脉冲发射功率很低，经过脉冲压缩后，又能获取较大的处理增益并很容易地检测出来。因此，这个过程降低了射频功率，同样具有低截获特性，满足了隐蔽通信的需求，并不会对其他系统产生干扰。

CSS 系统虽然能够满足上述特性，但是由于频率低、带宽窄和载波调制的特性，在测距分辨率、功耗上肯定不如宽频带的 UWB。例如，UWB 在 7 GHz 的高频下，利用 6~8 Gbps 带宽进行最大距离 40 m 的定位，精确度可达 0.1 m，功率仅为–41 dBm 左右，不足 0.1 μW/Mhz。利用 CSS 信号进行 40 m 长度的定位，精度达到 0.6 m，功率为–9 dBm 左右，大概为 1.5 μW/Mhz。

在系统的环境适应性方面，由于 UWB 定位信号频率达到 6~8 GHz，在多路径效应方面好于 CSS 系统；在介质吸收方面，UWB、CSS 信号都会被含水物质部分吸收，但都能够抵抗人体的"电子烟雾"，这也是 ZigBee 等信号所不具有的特征。

但在实际应用中，考虑到系统的实现难度，实际的 UWB 系统一般为–25 dBm 左右，难以提高，且复杂性增加较大，难以小型化，造价也随之升高。考虑到 UWB 信号对其他系统的影响，冲击脉冲也会造成更大的通信干扰。一般的商业应用只能维持在 10~20 m 内应用。

综合来说，CSS 系统是 UWB 系统性能的折中版本，能够实现比 UWB 略差的定位性能，但性价比大大提高。在一般的定位场合，CSS 系统可以替代 UWB 系统。

7.1.5　基于 CSS 的无线测距方法

1．测距时延处理

基于 CSS 的无线测距是根据无线电传输时间与无线电传播速度来求得距离值的，在给定的介质中，无线电的传播速度是已知的，因此关键是得到无线电传播的时间值。CSS 无线网络节点使用测距数据包与硬件确认两种传输类型来获取以下两个时间度量值。

（1）发射传播时延

发射传播时延是指数据包和硬件确认数据包从一个节点发送到另一个节点所需的传播时间，期间信号以已知的速度在空气中传播（光速）。测得这个时延，便可根据已知的传播速度求得两个节点间的距离。

（2）处理时延

在接收到数据包后，硬件需要对数据包进行分析和处理，并生成确认数据包发送给对方节点，这些过程产生的时延即处理时延，也需要进行测量，并用于节点间距离的计算。

以上两个时间值确定后，便可使用确定的测距公式求出两个 CSS 无线网络节点的距离值。

2．基于 CSS 的无线测距方法

IEEE 802.15.4a 标准中给出了两种测量距离的方法。一种为 SDS-TWR，测距原理如图 7-7

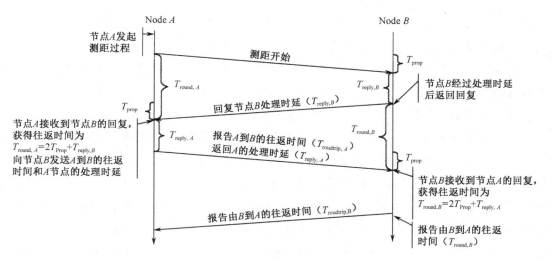

图 7-7　SDS-TWR 测距原理

所示。"对等"是指测距过程是对等的，本地 CSS 网络节点 A 向远程节点 B 测距时，远程节点 B 也在向本地节点 A 测距；"双边"是指在一次测距中需要两个节点参与，一个本地节点 A，一个远程节点 B；"两次"是指节点发送数据包后，对方节点收到数据包并自动进行硬件确认，将确认包发送给原节点。

在 SDS-TWR 测距算法中，两个节点间的距离为

$$d = c \times \frac{T_{\text{round},A} - T_{\text{reply},B} + T_{\text{round},B} - T_{\text{reply},A}}{4} \tag{7-21}$$

其中，$T_{\text{round},A}$ 为本地节点 A 到远程节点 B 的往返时延；$T_{\text{reply},B}$ 为远程节点 B 的处理时延，$T_{\text{round},B}$ 为远程节点 B 到本地节点 A 的往返时延；$T_{\text{reply},A}$ 为本地节点的处理时延；c 为无线电信号的传播速度。

另一种称为非对等单次测距法（Half SDS-TWR），测距时仅进行一次测量，即双边对等两次测距方法的第一次测量，第二次省略，直接采用第一次测量的数据作为第二次测量值。在 Half SDS-TWR 测距算法中，两个节点间的距离为

$$d = c \times \frac{T_{\text{round},A} - T_{\text{reply},B}}{2} \tag{7-22}$$

其中，$T_{\text{round},A}$ 和 $T_{\text{reply},A}$ 两个时间量由本地节点 A 根据自身晶振测得，$T_{\text{round},B}$ 与 $T_{\text{reply},B}$ 两个时间量由远程节点 B 根据自身晶振测得。基于 CSS 的无线测距，无线节点间不进行时间同步，SDS-TWR 测距方法可以有效地避免因无线网络节点本地晶振偏移造成的测距误差。

假设节点 A 与节点 B 的晶振偏移分别为 e_A 和 e_B，无线信号由节点 A 到节点 B 的传播时间为

$$T_{\text{prop}} = \frac{(1+e_A)T_{\text{round},A} - (1+e_B)T_{\text{reply},B} + (1+e_B)T_{\text{round},B} - (1+e_A)T_{\text{reply},A}}{4} \tag{7-23}$$

若节点 A 与节点 B 的硬件实现相同，二者的通信行为基本类似，可假设为

$$\begin{cases} T_{\text{round}, A} = T_{\text{round}, B} \\ T_{\text{reply}, A} = T_{\text{reply}, B} \end{cases} \tag{7-24}$$

此时，式(7-22)可以化简为

$$\begin{aligned} T_{\text{prop}} &= \frac{(1+e_A)T_{\text{round}, A} - (1+e_B)T_{\text{reply}, A} + (1+e_B)T_{\text{round}, A} - (1+e_A)T_{\text{reply}, A}}{4} \\ &= \frac{T_{\text{round}, A} - T_{\text{reply}, A}}{2}\left(1 + \left[\frac{e_A + e_B}{2}\right]\right) \end{aligned} \tag{7-25}$$

式(7-25)表明，若晶振偏移为 40 ppm，$T_{\text{round}, A}$ 与 $T_{\text{round}, B}$ 大小之差、$T_{\text{reply}, A}$ 与 $T_{\text{reply}, B}$ 大小之差均为最大 20 μs 时，时间测量很容易达到 1 ns 的精度。因此，即便节点间不进行时间同步，SDS-TWR 测距方法仍可有效消除因无线网络节点本地晶振频偏造成的测量误差，获得精度可接受的测量结果。

7.2 非视距传播问题

对于基于时间或角度测量的无线电定位技术，非视距 (Non-Light Of Sight，NLOS) 传播是一个关键问题。基于时间测量的无线定位技术，通过测量无线信号的传播时间进而测得节点间的距离，该距离通常假设为直线距离，即假设两个节点间的信号传播是通过直达路径 (Direct Path，DP) 传播的，也称视距 (Light Of Sight，LOS) 传播，这也是可以利用 TOA/TDOA 等信息进行定位的基本假设之一。同样，基于角度测量的无线定位技术，通过测量无线信号的发射角度或者到达角度，进而确定节点间的相对位置，这同样需要假设节点间的信号传播为视距传播。然而，节点间的视距传播路径有可能被阻断，尤其是在障碍物较多的环境，如高楼林立的市区或室内环境。当 LOS 传播路径不存在时，无线信号仍可以通过衍射、反射等方式进行传播，称为非视距传播。在 NLOS 环境下，已经不满足节点间信号通过直射径传播的假设，必然给基于时间或角度测量的无线定位带来较大误差。

本节将主要以 TOA 定位为例，分别讲述 NLOS 误差的产生原因、NLOS 识别、NLOS 误差抑制，同时简要讲述到达角度 (Direction of Arrival，DOA)、发射角度 (Direction of Departure，DOD) 等角度信息用于 NLOS 识别的方法。

如图 7-8 所示，在 NLOS 环境中，发送节点发出的无线信号经过反射等方式到达接收节点，信号传播经过的路径要比直达路径长，因此测得的 TOA 值包含正值偏差比实际值偏大，从而导致两节点间的距离测量值偏大。

以 CSS 无线网络为例，CSS 节点在 LOS 环境与 NLOS 环境的 TOA 测距结果如图 7-9 所示。

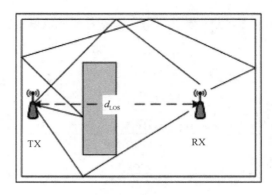

图 7-8　NLOS 传播示意图

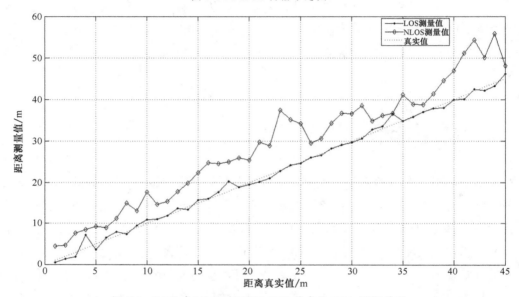

图 7-9　LOS 或 NLOS 环境下 CSS 节点的 TOA 测距结果

　　从 CSS 节点测距结果可以看出，在 NLOS 环境下，测距结果明显要偏大，这也会给 NLOS 环境下的节点定位带来不可忽视的误差。为了解决这个问题，目前已研究了多种方法用于 NLOS 传播的识别及抑制由于 NLOS 传播带来的测距和定位误差，如图 7-10 所示。下面分别从 NLOS 识别和 NLOS 误差抑制两方面进行讲述。

7.2.1　非视距识别

　　为了减少 NLOS 环境下测量带来的误差，可以通过不同的方法识别 NLOS 环境，并将其测量信息予以排除或降低权重，从而减少 NLOS 测量对定位精度的影响。除了可以用于定位，NLOS 还可以提供 LOS 链接质量信息，这些信息可以用于一些复杂的 TOA 测量算法、数据率自适应调节等方面。本节将介绍各种 NLOS 识别方法，它们可以大致分为合作方法和非合作

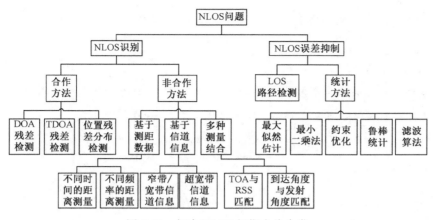

图 7-10　解决 NLOS 问题方法分类

方法两种。合作方法通过多个网络节点的配合来识别 NLOS，非合作方法则仅依靠两个节点间的测量结果来识别 NLOS。

1.合作方法识别 NLOS

当有多个位置已知的锚节点用于对移动节点定位时，与移动节点间为 LOS 传播的这些锚节点可以获得较为一致的位置信息，而与移动节点间为 NLOS 传播的锚节点获得的位置信息则不一致。NLOS 下获得的测量信息不一致，且会有较大的残差，因此残差检测可以作为识别 NLOS 的有效方法。这些残差测试方法大致可以分为 DOA 残差检测、TDOA 残差检测和位置残差分布检测 3 类。

(1) DOA 残差检测

假设各位置已知的锚节点都可以进行 DOA 测量，则可以根据所有的 DOA 测量值对移动节点位置进行最大似然估计，根据估计位置可计算每个锚节点的 DOA 残差（即 DOA 测量值与根据估计位置计算的 DOA 二者之差），然后可以应用相应的残差检测算法估计每个锚节点与移动节点间的链路状态。例如，可以计算 DOA 残差的均方根，并定义 DOA 残差大于残差序列均方根 1.5 倍时为 NLOS 状态。在对 NLOS 状态判定完成后，可将处于 NLOS 位置的锚节点排除，仅利用 LOS 位置的锚节点重新对移动节点的位置进行最大似然估计，从而提高定位的精度。

(2) TDOA 残差检测

类似 DOA 残差检测方法，TDOA 首先移动节点与每个位置已知的锚节点进行 TDOA 测量，并使用所有 TDOA 测量值对移动节点进行位置估计，然后根据估计位置再次计算各 TDOA 值，并将两次 TDOA 值进行残差检测，判断各锚节点与移动节点间的链路状态。仿真实验表明，在共有 6 个锚节点且其中 1 个处于 NLOS 位置时，NLOS 识别的准确度为 79%，当锚节点数量减少或处于 NLOS 位置锚节点数量增加时，NLOS 识别的准确度或快速下降。

(3) 位置残差分布检测

位置残差分布检测算法可用于找出所有处于 LOS 位置的锚节点集合。假设共有 N 个位置

已知的锚节点可用，则可进行定位的不同锚节点组合个数为

$$S = \sum_{i=3}^{N} C_N^i$$

即平面二维定位，还可以利用所有锚节点的 TOA 测量值得到移动节点的估计位置 $(\hat{x}, \hat{y})$，以及第 k 个锚节点组合的 TOA 测量值确定的估计位置 $(\hat{x}(k), \hat{y}(k))$，则可定义归一化的位置残差为

$$\begin{cases} \chi_x^2 = \dfrac{[\hat{x}(k) - \hat{x}]^2}{B_x(k)} \\ \chi_y^2 = \dfrac{[\hat{y}(k) - \hat{y}]^2}{B_y(k)} \end{cases} \tag{7-26}$$

其中，$k = 1, 2, \cdots, S-1$，$B_x(k)$ 和 $B_y(k)$ 分别为 X、Y 轴上定位误差的克拉美罗下界 (Cramer-Rao Lower Bound，CRLB)。

此时，若假设 LOS 的定位误差服从零均值的高斯分布，当锚节点都处于 LOS 位置时，上述定义的归一化位置残差服从中心卡方分布，而当有锚节点处于 NLOS 位置时，其对应的位置残差会受到 NLOS 误差的影响而偏大，位置残差序列服从非中心卡方分布。这样，便可以设置合适的置信度，利用检验算法检验位置残差的分布，从而判定锚节点是否处于 NLOS 位置。

基于锚节点间合作的 NLOS 识别方法优点是显而易见的，可以较好地识别出处于 NLOS 位置的锚节点能够减少由 NLOS 带来的误差，从而提高移动节点的定位精度。然而其缺点也很明显，主要有以下几点：① 需要冗余的锚节点，至少为 4 个；② 需要预先知道每个锚节点的具体位置；③ 计算复杂度很高，且随着锚节点数目的增加，计算复杂度也不断增大。

由于上述缺点，使得合作方法识别 NLOS 在许多场合下不适用。下面将介绍使用非合作方法来识别 NLOS，不需要多个锚节点间合作，也不需要知道锚节点的位置，计算复杂度一般也不高。

2．非合作方法识别 NLOS

不同于锚节点间合作来识别 NLOS 的方法，非合作的识别方法通过移动节点与锚节点间的通信与测量，每次只确定相应锚节点的当前状态。这可以归结为一个假设检验问题，检验相应锚节点处于 LOS 还是 NLOS 位置的假设。为了完成这个假设检验，需要找到合适的衡量指标来区分二者。常用的方法主要有基于测距数据、基于信道特征信息、多种测量融合等。

1）基于测距数据

以 TOA 测距为例，移动节点与某一锚节点间进行测距时，其测距数据在 LOS 环境与 NLOS 环境是有区别的，可以从不同时间的测距数据和不同频率的测距数据两方面详细阐述。

（1）不同时间的测距数据

该方法分别对应 LOS 和 NLOS 情形，移动节点与第 i 个锚节点间的 TOA 测距可以按式 (7-27) 建模，即

$$\begin{cases} r_i = d_i + n_i, & \text{LOS} \\ r_i = d_i + n_i + e_i, & \text{NLOS} \end{cases} \qquad (7\text{-}27)$$

其中，$i=1,2,\cdots,N$；d_i 为真实的距离值；n_i 代表测量噪声，服从均值为 0，方差为 σ^2 的高斯分布；e_i 代表 NLOS 误差，通常认为服从指数分布或者服从均值为 μ_e、方差为 σ_e^2 的高斯分布。同时，一般认为 n_i 与 e_i 是互相独立的，$\mu_e > 0$，$\sigma_e^2 > \sigma^2$，且 σ^2 一般是可知的，因此可以根据测量数据的方差 $\hat\sigma^2$ 作为假设检验的指标，即

$$\begin{cases} H_0 : \hat\sigma^2 < \sigma^2, & \text{LOS} \\ H_1 : \hat\sigma^2 > \sigma^2, & \text{NLOS} \end{cases} \qquad (7\text{-}28)$$

其中，检验 $\hat\sigma^2$ 的阈值可以根据已知先验知识的多少而定，如仅知道测量噪声的方差，阈值可为 σ^2，若已知 NLOS 误差的方差，则阈值可设为 $\sigma_e^2 / 2$，阈值也可以与移动节点的移动速度等信息相关。另外，还可以根据假设的 LOS 与 NLOS 误差概率模型进行似然度检测，也有若干不需要先验知识的非参数检验算法，这些算法都利用了不同时间的测距数据序列，根据其不同的分布判断是否为 NLOS 环境。

基于不同时间测距数据的 NLOS 识别方法，其实现简单，相关研究工作已经很多，其最重要的缺点是有一定的时延，因为要取一段时间内的数据用于检测，还有就是当进行测距的两个网络节点通信路径保持不变时，该方法会失效，因此无法区别 NLOS 与 LOS 情形。

（2）不同频率的测距数据

该方法基于这样一个事实，即使用不同频带进行测距时，在 LOS 情况下的测距数据基本一致，而在 NLOS 情况下会出现很大的变化。这可以由不同频率无线信号的传播特性不同来解释，一般而言，频率越高的信号，其穿过障碍物的能力越差，相反地，当低频信号遇到障碍物时，其有相对大的可能性穿过障碍物完成通信，即仍为 LOS 传播。因此，不同频率下的测距数据，其方差在 LOS 环境下要比在 NLOS 环境下小，据此可以检测某一位置不同频率下测距数据的方差，若大于门限值，则认为相应的锚节点与移动节点间属于 NLOS 传播情形。该 NLOS 识别方法可以在正交频分复用（Orthogonal Frequency Division Multiplexing, OFDM）系统中实现，要求射频前端具有快速跳频的能力，因此成本和系统复杂度都相应较高。

2）基于信道特征信息

信道特征信息也可用于 NLOS 的识别，这些信道特征信息基本都是提取自接受信号的功率延迟谱，而对于不同带宽的无线系统，其功率延迟谱具有明显区别，因此下面分为窄带/宽带系统和 UWB 系统分别讲述各自基于信道特征的 NLOS 识别算法。

（1）窄带/宽带系统

在窄带和宽带系统主要使用接收信号的功率包络分布来识别 NLOS，因为通常认为第一条到达路径在 LOS 情形下为瑞森（Rician）衰落，在 NLOS 情形下为瑞利（Rayleigh）衰落。

该方法的识别过程如下。

① 估计第一到达径功率的概率密度函数（Probability Density Function，PDF）。为准确估计该 PDF，需要事先设定的衰落系数集合，假设各衰落系数间相互独立。

② 将估计的 PDF 与瑞森分布、瑞利分布等参考的 PDF 做比较，比较方法可以采用皮尔逊检验（Pearson's Test）或柯尔莫诺夫-斯米尔诺夫检验（Kolmogorov-Smirnov Test）等。

③ 根据比较结果给出 NLOS 的识别结果。

该方法有两个主要问题：一是为较精确地估计第一到达径的功率，需要足够长的观测时间间隔，典型的时间间隔为 1 s；二是当第一个到达径中 LOS 部分远小于 NLOS 部分时，无法分辨出 NLOS 与 LOS 的区别。

（2）UWB 系统

UWB 系统通过短脉冲可以提供精确的测距和定位功能，是很有发展潜力的精确室内定位方案。UWB 系统可以有效地抑制多径效应对定位精度的影响，但仍受 NLOS 传播影响，因此，NLOS 识别和抑制是 UWB 定位技术的一个相当重要的研究方面。另外，UWB 信道模型已内在刻画了 LOS 与 NLOS 情形下的信道特征，许多用以区分 LOS 与 NLOS 的信道参数指标也已经被研究。这些信道参数主要有接收信号强度（Received Signal Strength，RSS）、平均过量时延（Mean Excess Delay）、延迟扩展（Delay Spread）、峰态（Kurtosis）、偏度（Skewness）、第一径强度、最强径的到达时间与强度等信息。

上述用以识别 UWB 系统 NLOS 的信道参数都可以从接收的多径信号中提取得到，因此不需要等待一定的观察时间，识别速度相对较快。这些信道参数可以单独使用，也可以进行组合，构造自定义的参数指标，然后对组合参数指标进行检验，用于 NLOS 识别。在对这些参数指标进行似然度检验时，需要知道各自的 PDF，然而在很多情况下，各参数的 PDF 是无法事先获取的，此时可利用一些自学习方法，如 SVM、人工神经网络（Neural Network）等，先使用部分事先获取相应状态的数据集进行训练，再根据训练结果完成 NLOS 的匹配和识别过程。

3）多种测量融合

无论是在 LOS 还是在 NLOS 情况下，不同的信道参数指标均具有相关性。例如，在 LOS 情形下，随着 TOA 值的增大，RSS 也应按照 LOS 的路径衰落模型递减。因此，不同信道参数指标间的一致程度可以用于 NLOS 的识别。

以上述 TOA 与 RSS 间的关系为例，可以依据二者的一致程度来识别 NLOS。在测量 TOA 的同时也测量相应的 RSS 值，以 TOA 测量的距离值分别计算在 LOS 与 NLOS 情形下的路径衰落，并将计算结果分别与真实测得的 RSS 值进行比较，依照它们之间的符合程度判断该次 TOA 测量属于 LOS 还是 NLOS 情形。用于表示比较结果的似然比可以定义为

$$\theta = \frac{f(\hat{L}_p \mid \hat{d}, H_n)}{f(\hat{L}_p \mid \hat{d}, H_1)} \tag{7-29}$$

$$\begin{cases} \theta > \kappa, & H_n \\ \theta < \kappa, & H_1 \end{cases} \tag{7-30}$$

其中，H_n 和 H_1 分别为 NLOS、LOS 的假设，$\hat{d}$ 为根据 TOA 计算的距离估计值，L_p 为相应假设下的路径衰落值，阈值 κ 可以根据给出的误报概率而相应进行确定。

当移动节点与锚节点都可以进行角度测量时，也可以根据 DOD 与 DOA 的匹配程度来识别 NLOS。

7.2.2　非视距误差抑制

NLOS 误差的出现会严重影响定位的精度，假设可以获得足够多的定位所需信息，如 TOA、TDOA、DOA 等，且 LOS 测量的数量可以满足定位计算的要求，就可以识别 NLOS 测量，NLOS 测量误差也可以得到抑制。下面将阐述定位过程中 NLOS 误差抑制的方法。

1．LOS 路径检测方法

NLOS 传播对定位性能的影响可以从其物理特性来考虑。一般而言，NLOS 传播导致无线信号传播需要的时间较 LOS 传播相对长一些，从而导致 TOA 测量值偏大，测得的距离值包含正值偏差，这便导致计算的节点位置出现偏差。因此，可以检测最先到达的信号，以此计算TOA，从而提高测距的精确度。此时可以根据接收到的信号，将测距过程分为两种情况：可检测到直达径（Detected Direct Path，DDP）和无法检测到直达径（Undetected Direct Path，UDP）。在 DDP 情形下，可以将检测到的直达径用于计算 TOA，不包含 NLOS 误差，而 UDP 情形下无法检测到直达径，即 NLOS 情形，测距值包含 NLOS 误差。这种基于直达径检测的方法既可用于 NLOS 识别，也可以用于 NLOS 误差抑制。本节只关注抑制 NLOS 误差的方法，以 Heidari 等提出的方法为例，可先将信道冲激响应（Channel Impulse Response，CIR）使用带通滤波器进行滤波，再应用波峰检测算法检测第一条到达径，第一条到达径的到达时间作为 TOA 测量值，将测量值再减去 TOA 统计误差，结果即为最终 TOA 估计值。

2．统计方法

利用 NLOS 传播的特性，也可以使用统计方法，在 LOS 与 NLOS 混合场合中抑制 NLOS 传播对定位的影响。例如，可以计算由 NLOS 正值偏差导致位置误差的条件概率，然后导出相应位置的最大似然估计。

除此之外，有的 NLOS 误差抑制方法将定位问题转化为超定方程，然后求其（加权）最小二乘解，基于最小二乘法的抑制方法可以进一步分为丢弃识别出的 NLOS 测量、NLOS 测量参与位置计算两类。除了基于最大似然估计与最小二乘法两类 NLOS 误差抑制算法，还有基于约束优化、鲁棒统计、滤波算法等其他 NLOS 误差抑制方法。

NLOS 误差抑制方法比较如表 7-1 所示。

表 7-1　NLOS 误差抑制方法比较

NLOS 误差抑制方法	优　点	缺　点
最大似然估计	可提供渐进最优的定位方法	当观测数据与事先假定的概率模型不匹配时，性能下降得非常厉害
最小二乘法	计算复杂度低于最大似然估计方法，且一般不需要预先获得位置度量的统计信息	当位置解算方程欠定时，无法进行定位；通常未利用 NLOS 测量中包含的信息（RWLS 等算法除外）
约束优化方法	可根据地理场景信息，灵活地向优化方程中添加相应的约束条件，从而提高定位精度	计算复杂度通常较高，且复杂度随着约束条件的增加而不断增大
基于鲁棒统计方法	计算复杂度最低，易于实现	实际效果依赖于目标函数的选择，实际的地理场景会影响算法性能；需要一定大小的统计窗口，会有相应的延时；当测量中包含不多于 50% 的 NLOS 测量时，可提供较为稳健地估计结果
位置滤波	可递归地给出位置估计结果，可灵活地选择合适的滤波算法以适应不同的应用场合	某些滤波算法的计算复杂度较高；在滤波模型与实际系统不匹配时，性能会严重下降

7.3　CSS 定位应用实现

7.3.1　实验平台介绍

CSS 定位实验平台采用 Nanotron 公司 nanoLOC Development kit 2.0 开发套件。Nanotron 是世界一流的无线产品设计、制造与销售公司，成立于 1991 年，是 IEEE、ISO、EPC-Global 和 ZigBee 联盟活跃的成员。其主要产品为工作在免授权许可的 ISM 2.4 GHz 频段的 nanoLOC TRX，并且为蓬勃发展的 RTLS、传感器网络和工业控制市场制订了发展计划。

nanoLOC Development kit 2.0 开发平台基于 nanoLOC TRX 射频芯片，可用于开发基于 CSS 技术的通信、测距、定位等无线应用，其提供的软件、硬件及第三方工具可方便地应用于具有位置感知功能的无线应用嵌入式项目中。

1．硬件部分简介

图 7-11 所示为实验平台网络节点开发板，其硬件组成及其描述如表 7-2 所示。

实验平台各硬件部分之间的联系如图 7-12 所示。

1）射频芯片特性

nanoLOC 射频芯片是采用 Nanotron 独特线性调频扩频通信技术的高集成度混合信号芯片。利用 nanoLOC 测距功能能够精确地测量两个连接节点之间的距离，因此芯片能够支持包括 LBS、增强型 RFID，以及资产跟踪（2D/3D RTLS）在内的应用。测距是嵌入在正常通信过程中的，因此并不需要增加额外的电路、功率及带宽。

表 7-2   实验平台硬件组成及描述

组件	描述
nanoLOC 射频模块	包含 nanoLOC TRX 射频芯片及其工作所需的外部电路。该模块提供基本的 RF 功能，包括发送（TX）、接收（RX），以用于其基本的数字信号处理等，在天线连接器中还包含一个 ISM 带通滤波器用于对干扰信号滤波
ATmega128L 微控制器	基于 AVR 加强型 RISC 架构的低功耗的 CMOS 8 位微控制器，提供 128 KB 的 Flash 和 4 KB 的 SRAM。微控制器通过 SPI 接口驱动 nanoLOC TRX 收发器工作于 2.7 V 或者 5.5 V
光线传感器	将光信号转变为数字信号
电源接口	使用 2.1 mm 的电源连接线，可接入最大 3.0 V 的非平稳电流
电池盒接口	可接最大电压为 3.0 V 的电池盒
电源开关	连接和断开电源连接线或电池盒提供的电源，但不会断开 JTAG 连接的电源
电源指示灯	指示电源的通断状态
DC-DC 转换器	当电源提供 3.0 V 及以下的电力时，转换器用于将其转换为稳定的 3.3 V 电源提供给 ATmega128L 及 nanoLOC 射频模块（输入：1.0~3.0 V，输出 3.3 V）
收发器指示灯	灯亮时指示收发器处于活动状态
可编程 LED 灯	8 个用户可编程的 LED 灯，有红色、橘黄、金色 3 种颜色。这些 LED 灯正极通过 680 Ω 电阻接在 PORTC 口，负极接地
DE-9 串口接口	用于 RS-232 串行线接口
其他接口	引出其他未用的微控制器引脚，可用于测试和转接其他器件
复位按钮	用于对微控制器进行复位
可编程按键	开发板提供 3 个用户可编程按键，按键与微控制器 I/O 口相接，另一端接地
I/O 接口	ATmega128L 微控制器提供 6 个 I/O 口，每个 8 位，分别为 PORTA、PORTB、PORTC、PORTD、PORTE、PORTF，这些接口的引脚直连微控制器； PORTA 一部分连接光线传感器，剩下的针脚连接 RS-232 接口； PORTB 用于普通 I/O 接口； PORTC 连接 8 个用户可编程 LED 灯； PORTD 用于普通 I/O 接口； PORTE 一部分连接 ISP 接口，剩下的针脚连接 3 个可编程按键； PORTF 用于支援 ADC 输入和 ATmega128L 内建的 JTAG 接口
JTAG 接口	JTAG 接口用于程序调试和固件烧录
ISP（在线编程 In-System Programming）接口	SPI 接口用于支持片上在线编程（ISP），ISP 接口与 STK500® 评估板兼容
32.768 kHz 石英晶振	一个 32.768 kHz 的石英晶振用于计数/计时
7.3728 MHz 外部晶振	一个 7.3728 MHz 的外部精密晶振可用

在提供较高无线通信性能的同时，该芯片也提供了精确测距功能，能够用于开发测距系统和具有位置感知功能的无线传感器网络。

nanoLOC 提供了 3 个可自由调整中心频率的非重叠 2.4 GHz ISM 频道，支持多个独立物理层网络，并能够提高与现有 2.4 GHz 无线技术共存时的网络性能。

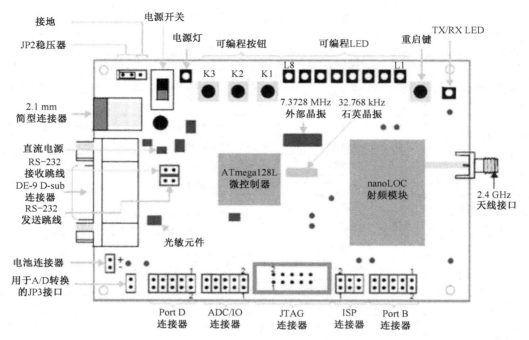

图 7-11　实验平台网络节点开发板

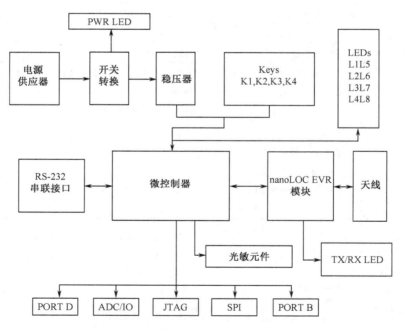

图 7-12　实验平台各硬件部分之间的联系

芯片的数据通信速率为 125 kbps～2 Mbps。由于芯片独特的线性调频脉冲特性，这对于射频天线的调试并不严格，因此极大简化了系统的安装与维护工作（即拿即放）。

芯片包含一个性能卓越的 MAC 控制器，提供对 CSMA/CA 和时分多址（Time Division Multiple Access，TDMA）接入协议的支持，并实现前向纠错（Forward Error Correction，FEC）和 128 位硬件加密。为了降低对微控制器和软件的要求，nanoLOC 射频芯片同时提供不规则的自动地址匹配和数据包重发功能。

射频芯片引脚图（示意）如图 7-13 所示。

芯片主要功能特性如下。

（1）单芯片 2.4 GHz 射频收发器，工作于 ISM 频段。

（2）集成 MAC 控制器，带 FEC 和 CRC 功能。

（3）自动重传和确认功能，同时自动进行地址匹配。

（4）仅需很少的外部元件。

（5）内置连接距离估算功能，同时支持独特测距能力，即高测距精度：室内 2 m/室外 1 m。

（6）低电流消耗：接收状态电流为 33 mA，发送状态电流为 30 mA @ 0 dBm，待机电流（RTC 激活）为 1.2 μA，低供电电压为 2.3～2.7 V。

（7）调制方式为线性调频扩频。

（8）媒体访问技术：FDMA 为 3 个非重叠信道，CSMA/CA/TDMA。

（9）可编程数据速率为 125 kbps～2 Mbps。

（10）可对外部 MCU 输出时钟为 32.768 kHz。

（11）集成高速 SPI 接口为 32 Mbps。

（12）可编程输出功率为 0～33 dBm。

（13）支持外部功率放大器。

（14）接收灵敏度为 97 dBm。

（15）RSSI 灵敏度为 95 dBm。

（16）带内载波干扰比为 3 dB @ 250 kbps & C =-80 dBm。

（17）工业级射频芯片的工作温度范围为-40℃～+85℃。

2）供电及稳压

开发板及射频模块都需要工作在 3.3 V 电压下。开发板使用了向上变换器，因此电源电压为 1.0～3.0 V，但不要超过 3.3 V。供电既可使用板载的电源模块，也可使用电池盒。

开发板提供的单片微功耗上行直流转换器在启动时需 0.8 V 电压，工作于 0.3 V 以下，在输入为 2.0 V 的情况下可输出 3.3 V 电压和 200 mA 的电流。

3）通信接口及 I/O 口

开发板提供的通信接口有与 PC 通信的异步串行口，用于编程与调试的 JTAG（Joint Test Action Group，联合测试工作组）口与 ISP 接口。同时，开发板提供了可编程按键、LED 灯、数字 I/O 口、LCD 屏幕等接口。

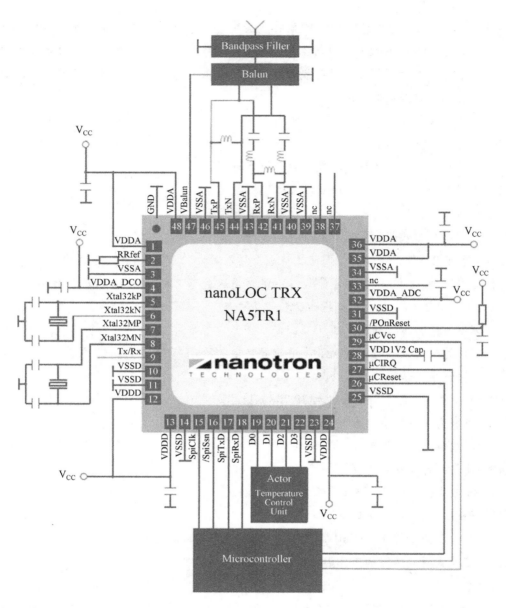

图 7-13　射频芯片引脚图（示意）

2. nanoLOC nTRX 芯片驱动模型

应用程序通过射频芯片的驱动 API 来调用射频芯片的功能。上层（包括应用层等）都是通过与下层收发消息来达到上下层之间通信的目的。通过使用芯片的驱动 API，应用层可以以非常简单的方式来配置芯片和调用射频芯片的功能，如地址匹配功能的开关、错误检测、调制方法、数据传输速率等。应用层的数据要通过硬件适配层发送给射频芯片，硬件适配层通过 SPI 通信接口与射频芯片进行通信。

nanoLOC 射频芯片的驱动中应包含的一些关键设置如下。

（1）提供与上层交互的方法。

（2）读写收发器的寄存器值。

（3）设置逻辑网络地址。

（4）开/关地址匹配功能。

（5）开/关广播或时基信号数据包。

（6）开/关接收机 CRC2 校验功能。

（7）设置 CRC2 校验方式来检测比特错误。

（8）设置 CSMA/CA 协议。

（9）开/关回避方案来避免冲突。

（10）开/关接收器的自动重传请求功能。

（11）设置传输输出功率。

（12）校准收发器晶振频率。

（13）设置信号频带宽度。

（14）选择信号频道（窄带传输）。

（15）读取测距值。

（16）手动启动/停止包传输。

（17）设置数据传输速率。

（18）开/关前向纠错功能。

芯片驱动模型结构如图 7-14 所示。

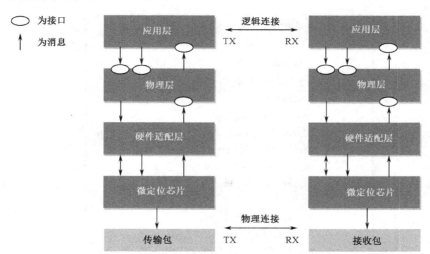

图 7-14　芯片驱动模型结构

1）命名规则

nanoLOC nTRX Driver API 使用了与 IEEE 802.15.4 相同的命名规则，如图 7-15 所示。处理下行消息的函数为 LayerNameSAP 和 LayerNameMESAP，处理上行消息的函数为 LayerName-Callback。每层的初始化函数为 LayerNameInit。

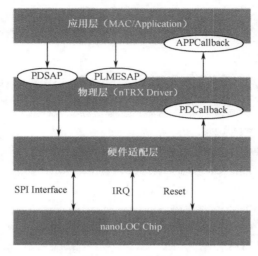

图 7-15　命名规则

2）通用消息

除了上面提到的通用服务接口，nanoLOC nTRX Driver API 还定义了一个通用结构体，用于层间传递消息。而各层自身的配置信息由各层自己定义的结构体进行操作与保存。通用结构体定义如图 7-16 所示。

```
Typedef struct
{
    MyByte8T prim;
    MyAddrT addr;
    MyByte8T len;
    MyByte8T data[128];
    MyByte8T status;
    MyWord16T Value;
#   ifdef CONFIG_NTRX_SNIFFER
    MyDword32T count;
    MyAddrT rxAddr;
    MyByte8T frameType;
    MyByte8T extBits;
#   endif /* CONFIG_NTRX_SNIFFER */
} MyMsgT;
```

图 7-16　通用结构体定义

3）硬件适配层

硬件适配层依赖于微控制器和硬件实现，用于与射频芯片进行交互，如图 7-17 所示。基于 AVR 的硬件适配层使用了 4 个函数，通过 SPI 总线及常规的中断服务来与射频芯片通信。

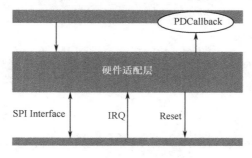

图 7-17　硬件适配层

4）物理层

如图 7-18 所示，物理层提供了两个下行 SAP、一个上行的回调函数。PDSAP 用于向下发送通用消息，PLMESAP 用于发送配置芯片所需的参数；上行回调函数用于读取接收到的数据包，并发送到应用层。

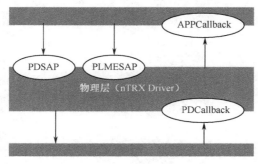

图 7-18　物理层

5）芯片配置

使用物理层 PLMESAP 向下层传递配置参数，函数原型为 void PLMESAP(MyMsgT　*msg)，芯片配置消息结构体如图 7-19 所示。

```
Typedef struct
{
    MyByte8T prim;
    MyAddrT addr;
    MyByte8T len;
    MyByte8T data[128];
    MyByte8T status;
    MyWord16T Value;
    MyByte8T attribute;
    MyByte8T extBits;
} MyMsgT;
```

图 7-19　芯片配置消息结构体

与图 7-19 所示结构体相关的原语 PLME_GET_REQUEST、PLME_SET_REQUEST、PLME_SET_CONFIRM 分别表示查询、设置 attribute 指明的属性和查询前一请求状态。可设置的属性值有逻辑信道、中心频率、自动重传次数、FEC 功能开关、发送信号输出功率、开/关地址匹配、访问实时时钟、配置芯片模式、开/关周期校验、设置 MAC 地址。

6）带宽和信号持续时间配置

通信占用带宽和信号的持续时间是对定位有重要影响的两个量。它们的配置信息位于头文件 congfig.h 中，如图 7-20 所示。

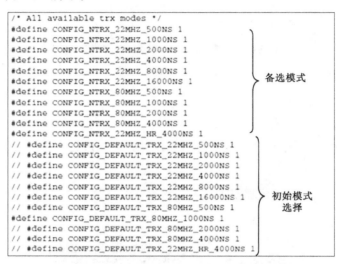

图 7-20　带宽和信号的持续时间配置

7）应用层

应用层调用处理下行数据的两个 SAP，并提供给下层，用于处理上行数据的回调函数的实现，如图 7-21 所示。

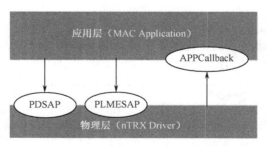

图 7-21　应用层

7.3.2　CSS 测距实验

CSS 测距实验通过计算两个节点间通信的时延，从而计算两个节点间的距离，两个节点间的测距也是使用 CSS 进行定位的基础。测距实验整体结构如图 7-22 所示。

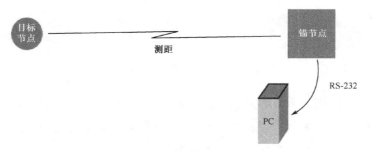

图 7-22　测距实验整体结构

1. 时延处理与测距方法

1) 时延处理

CSS 测距是基于无线电传输时间与无线电传播速度来求得距离值的。在给定的介质中，无线电的传播速度是已知的，因此，关键是得到无线电传播的时间值。nanoLOC 芯片使用测距数据包与硬件确认两种传输类型来获取两个时间度量值。

① 发射传播时延。数据包和硬件确认数据包从一个节点发送到另一个节点所需的传播时间即发射传播时延。在这个时间内，信号以已知的速度在空气中传播（光速）。测得这个时间延迟，便可根据已知的传播速度求得两个节点间的距离。

② 处理时延。在接收到数据包以后，硬件需要对数据包进行分析和处理，并生成确认数据包发送给对方节点，这个过程产生的时间延迟（处理时延）也需要进行测量，并用于节点间距离的计算。

以上两个时间值确定后便可使用确定的测距公式来求出两个 nanoLOC 节点间的距离值。

2) 测距方法

IEEE 802.15.4a 标准中给出了两种测量距离的方法。

一种方法为 SDS-TWR，测距原理见图 7-7，含义参照 7.1.5 节相关内容。

另一种方法称为非对等单次测距法，其原理如图 7-23 所示。

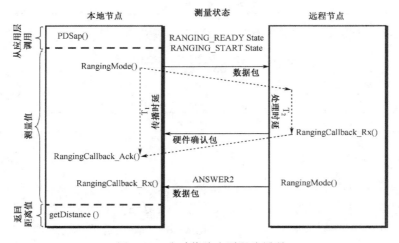

图 7-23　非对等单次测距法原理

3) 测距公式

在双边对等两次测距法中，两个节点间的距离为

$$d = \frac{T_1 - T_2 + T_3 - T_4}{4} \times c \tag{7-31}$$

其中，T_1 为本地节点到远程节点的来回时延；T_2 为远程节点的处理时延；T_3 为远程节点到本地节点的来回时延；T_4 为本地节点的处理时延；c 为信号的传播速度。

在非对等单次测距法中，两个节点间的距离为

$$d = \frac{T_1 - T_2}{2} \times c \tag{7-32}$$

2. 请求测距服务与获取测量结果

1) 请求测距服务

使用 nanoLOC 射频芯片进行测距的具体过程依赖于芯片驱动的具体实现，下面以前文提到的参考实现为例进行阐述。

芯片驱动模型的参考实现中，所有调用芯片功能的 API 位于物理层中。具体到嵌入式应用代码中，所有功能接口定义位于 phy.c 文件中，物理层提供的用于处理下行消息的函数会自动根据所请求的服务调用相应的功能实现。测距功能的具体实现位于 ntrxranging.c 文件中。

当应用需要进行测距时，需要向物理层发送消息，并在消息体的服务请求原语中注明请求测距的方法（双边对等两次测距还是非对等单次测距），并告诉物理层进行测距的远程节点的 MAC 地址。向物理层发送消息使用物理层提供的 SAP，方法为 void PDSap(MyMsgT *msg)。

进行双边对等两次测距时，相关消息体变量设置如表 7-3 所示。

表 7-3　双边对等两次测距的变量设置

变　　量	描　　述
MyByte8T prim	PD_RANGING_REQUEST
MyAddrT addr	测距目标的 MAC 地址

使用非对等单次测距时，相关消息体变量设置如表 7-4 所示。

表 7-4　非对等单次测距的变量设置

变　　量	描　　述
MyByte8T prim	PD_RANGING_FAST_REQUEST
MyAddrT addr	测距目标的 MAC 地址

2) 获取测量结果

为计算两节点间的距离，需要从本地节点获得 T_1、T_2、T_3、T_4（双边对等两次测距）或 T_1、T_2（非对等单次测距）的测量值。由前文测距方法原理可知，双边对等两次测距方法需要进行两次测距，即测量过程 ANSWER1 和 ANSWER2；而非对等单次测距方法仅进行第一次 ANSWER1 的测量过程。下面分别对两次测量过程和相应测量值的获取进行说明。

（1）第一次测量过程——ANSWER1，涉及的测量值有 T_1、T_2

应用层调用物理层 SAP，并发送测距服务请求后，物理层便调用 RangingMode( ) 函数，对给定的 MAC 地址所指的远程节点进行测距。RangingMode( ) 函数从本地节点向远程节点发送测距数据包，远程节点接收数据包后自动进行硬件确认，向本地节点发送确认包。整个过程耗时为 T_1，包括信号往返的传播时间和远程节点的处理时延。获取 T_1 值的过程如图 7-25 所示。

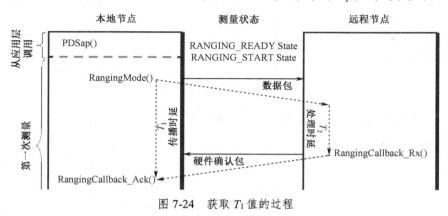

图 7-24　获取 T_1 值的过程

T_2 为第一次测量过程中远程节点的处理时延，需要远程节点发送给本地节点。函数 RangingMode( ) 将 T_2 的值通过数据包发送给本地节点。

通过发送数据包，本地节点获得了 T_2 测量值，这是第一次测量过程的结束，同时本地节点向远程节点发送硬件确认包，也开始了第二次测量过程（仅对于双边对等两次测量法）。T_2 测量值的获取过程如图 7-25 所示。

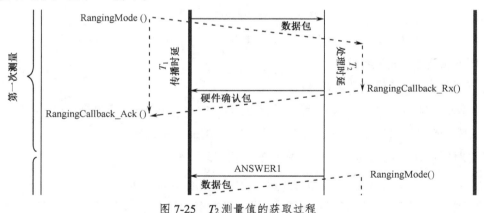

图 7-25　T_2 测量值的获取过程

（2）第二次测量过程——ANSWER2

远程节点向本地节点发送包含 T_2 测量值的数据包，本地节点接收后向远程节点发送硬件确认包，整个时延为 T_3。T_3 的值包括数据包的传播时延、远程节点的处理时延，以及硬件确认包的传播时延。最后，包含 T_3 测量值的数据包由远程节点发送给本地节点，本地节点向远程节点发送硬件确认包（被远程节点忽略）。T_3 测量值的获取过程如图 7-26 所示。

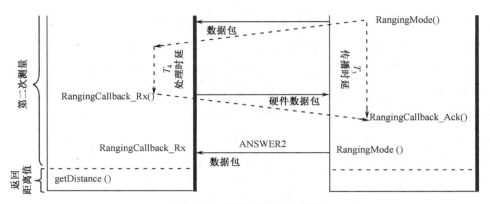

图 7-26 T_3 测量值的获取过程

T_4 为本地节点接收到包含 T_3 测量值数据包的处理时延，可由本地节点获得。T_4 测量值的获取过程如图 7-27 所示。

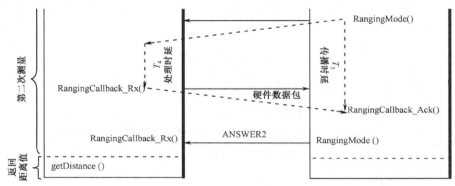

图 7-27 T_4 测量值的获取过程

获得 T_1、T_2、T_3、T_4 这 4 个测量值后，便可由公式计算本地节点与远程节点之间的距离，最后的距离由函数 **getDistance( )** 给出。

3）测距结果的成功与错误信息

一次测距结束后，物理层会收到表明测距成功或失败的消息。若测距成功，物理层便向应用层提交测距结果；若测距失败，物理层则向应用层提交错误信息。

双边对等两次测距成功消息体相关变量如表 7-5 所示。

表 7-5   双边对等两次测距成功消息体相关变量

变　　量	描　　述
MyByte8T prim	PD_RANGING_INDICATION
MyAddrT addr	测距目标的 MAC 地址
MyByte8T len	数据变量的数据长度
MyByte8T data[128]	距离值（从 getDistance()得到）和错误状态
MyByte8T status	不要求 PD_RANGING_ INDICATION
MyWord16T value	不要求 PD_RANGING_ INDICATION
MyByte8T attribute	不要求 PD_RANGING_ INDICATION

非对等单次测距成功消息体相关变量如表 7-6 所示。

表 7-6 非对等单次测距成功消息体相关变量

变 量	描 述
MyByte8T prim	PD_RANGING_FAST_INDICATION
MyAddrT addr	测距目标的 MAC 地址
MyByte8T len	数据变量的数据长度
MyByte8T data[128]	距离值（从 getDistance()得到）和错误状态
MyByte8T status	不要求 PD_RANGING_FAST_INDICATION
MyWord16T value	不要求 PD_RANGING_FAST_INDICATION
MyByte8T attribute	不要求 PD_RANGING_FAST_INDICATION

双边对等两次测距失败消息体相关变量如表 7-7 所示。

表 7-7 双边对等两次测距失败消息体相关变量

变 量	描 述
MyByte8T prim	PD_RANGING_INDICATION
MyAddrT addr	测距目标的 MAC 地址
MyByte8T len	数据变量的数据长度
MyByte8T data[128]	距离值（从 getDistance()得到）和错误状态
MyByte8T status	不要求 PD_RANGING_INDICATION
MyWord16T value	不要求 PD_RANGING_INDICATION
MyByte8T attribute	不要求 PD_RANGING_INDICATION

非对等单次测距失败消息体相关变量如表 7-8 所示。

表 7-8 非对等单次测距失败消息体相关变量

变 量	描 述
MyByte8T prim	PD_RANGING_FAST_INDICATION
MyAddrT addr	测距目标的 MAC 地址
MyByte8T len	数据变量的数据长度
MyByte8T data[128]	距离值（从 getDistance()得到）和错误状态
MyByte8T status	不要求 PD_RANGING_FAST_INDICATION
MyWord16T value	不要求 PD_RANGING_FAST_INDICATION
MyByte8T attribute	不要求 PD_RANGING_FAST_INDICATION

可能的错误消息包括以下几种。

① STAT_NO_ERROR——测距成功。

② STAT_NO_REMOTE_STATION——未收到硬件确认包。

③ STAT_NO_ANSWER1——未收到 ANSWER1 测量请求。

④ STAT_NO_ANSWER2——未收到 ANSWER2 测量请求。

⑤ STAT_PACKET_ERROR_TX——未收到远程节点的硬件确认包。

⑥ STAT_PACKET_ERROR_RX1——未收到远程节点的 ANSWER1 测量数据包。

⑦ STAT_PACKET_ERROR_RX2——未收到远程节点的 ANSWER2 测量数据包。

⑧ STAT_RANGING_VALUE_ERROR——测距结果不合法（value < 0）。

nanotron 提供的测距例程开发板按键及 LED 灯的作用如图 7-28 和图 7-29 所示。

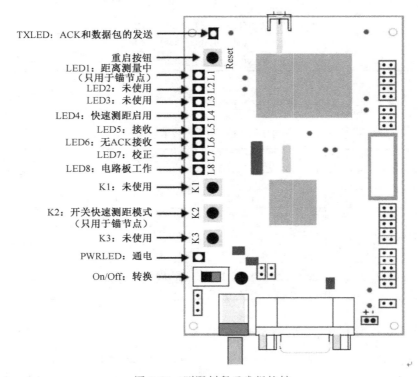

图 7-28　测距例程开发板按键

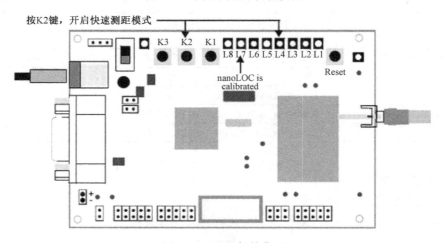

图 7-29　LED 灯的作用

nanotron 提供的测距例程上位机程序界面如图 7-30 所示。

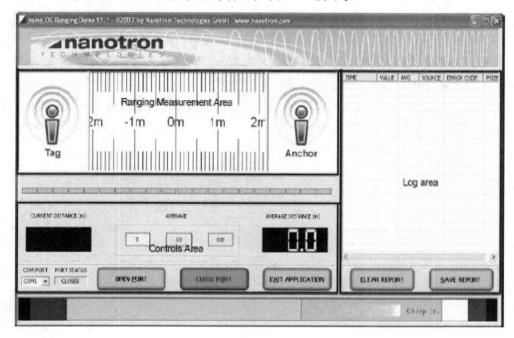

图形化显示平均测距尺寸

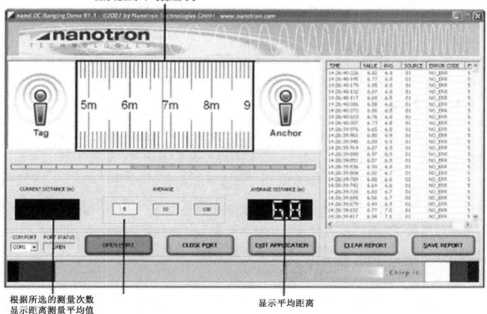

根据所选的测量次数
显示距离测量平均值

显示平均距离

图 7-30 测距例程上位机程序界面

7.3.3　CSS 定位实验

nanoLOC CSS 实验平台可设置若干已知位置坐标的锚节点，根据锚节点的坐标可在二维平面计算确定目标节点的位置。此处以前文提到的射频芯片驱动模型的参考实现为例，结合相应的嵌入式应用程序和上位机程序讲述 CSS 实验平台的定位实验。

定位实验中使用 4 个锚节点，定位一个目标节点。因此，实验中需要 5 个 nanoLOC 节点，以及一个负责联通 CSS 无线网络与 PC 的 USB 基站节点。涉及的程序主要有：运行于锚节点与目标节点的相应嵌入式应用程序，运行于 PC 的定位服务程序和定位客户程序。CSS 定位系统整体结构如图 7-31 所示。

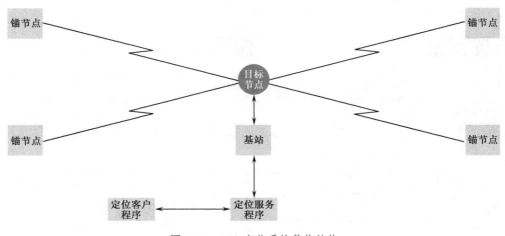

图 7-31　CSS 定位系统整体结构

1. 网络初始化和配置

实验中，nanoLOC CSS 无线网络是自配置的，网络可支持最多 16 个目标节点，目标节点的添加和删除不需手工配置网络。目标节点 MAC 地址的范围事先在定位服务程序中定义，在网络初始化时，与 PC 连接的基站自动搜寻所有可能的目标节点，若搜寻到某一目标节点存在，便将其 MAC 地址加入定位服务程序所维持的"活跃列表"。该列表进行动态更新，当某目标节点因为超出通信范围、关闭电源或其他原因而导致其不能与基站通信时，定位服务程序便将其 MAC 地址从"活跃列表"中删除。目标节点的 MAC 地址范围为 0x11~0x20。

锚节点的 MAC 地址可以手工设置，并提供给定位服务程序。在网络初始化时，所有锚节点的 MAC 地址都会发送给所有的在"活动列表"中的目标节点。在接下来的测距过程中，目标节点会向所有的锚节点进行测距，并收集到各节点的距离发送给定位服务程序，由此计算各节点相对于锚节点的位置，再根据锚节点的坐标值计算各目标节点的坐标。

锚节点可以通过定位客户程序的用户界面进行增删设置，网络最多可支持 15 个锚节点，其 MAC 地址范围为 0x01~0x0F。锚节点设置界面如图 7-32 所示。

各栏位说明如下。

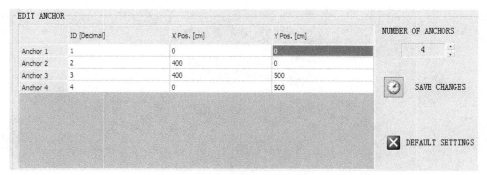

图 7-32 锚节点设置界面

① 第一栏为自动递增的值，该值会显示在定位界面中，代表锚节点的名称，在增加或删除锚节点时会自动增减。

② 第二栏为锚节点的 MAC 地址，可手动进行更改（不可为 0）。

③ 第三栏和第四栏为锚节点的 x 坐标值和 y 坐标值，可根据实验中锚节点的实际位置进行手动编辑。

无线网络的带宽、频段、信号持续时间等也应在网络初始化前完成配置。参考的驱动模型实现中，带宽与信号持续时间的设置位于 config.h 文件中，以宏定义形式声明若干可选的配置模式，修改配置后应将项目工程重新编译并烧录至锚节点和目标节点中，可选的配置模式如图 7-33 所示。

```
// #define CONFIG_DEFAULT_TRX_22MHZ_1000NS 1
// #define CONFIG_DEFAULT_TRX_22MHZ_2000NS 1
// #define CONFIG_DEFAULT_TRX_22MHZ_4000NS 1
// #define CONFIG_DEFAULT_TRX_80MHZ_500NS 1
#define CONFIG_DEFAULT_TRX_80MHZ_1000NS 1
// #define CONFIG_DEFAULT_TRX_80MHZ_2000NS 1
// #define CONFIG_DEFAULT_TRX_80MHZ_4000NS 1
```

图 7-33 可选的配置模式

综上可知，无线网络的初始化和配置过程如下。

① 定位服务程序从定位客户程序获得所有锚节点信息，然后经 USB 基站向所有可能的目标节点发送网络配置信息，发送的配置信息包括所有锚节点的 MAC 地址以及其他可选的特定消息，如图 7-34 所示。

② 所有活跃的目标节点在收到基站信息后自动向其发送硬件确认包，定位服务程序根据所收到的硬件确认包可以确定哪些目标节点是活跃的，并将这些活跃目标节点的 MAC 地址加入前文提到的"活跃列表"，如图 7-35 所示。

2．请求测距服务

① 网络初始化完成以后，定位客户程序可以向定位服务程序发送一个开始定位的请求，定位服务程序接收到该请求后便向所有的已知活跃的节点发送开始命令，如图 7-36 所示。

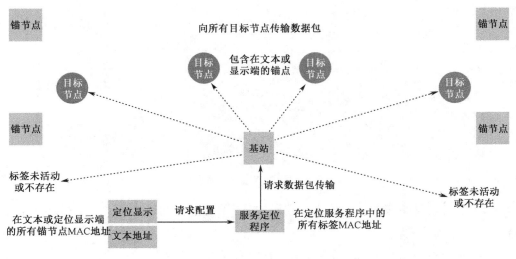

图 7-34　发送锚节点配置信息

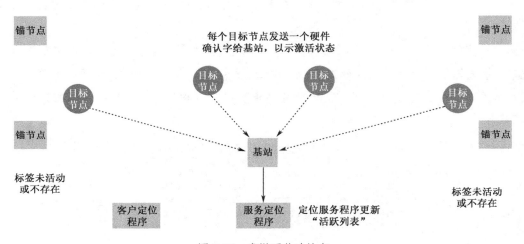

图 7-35　发送硬件确认包

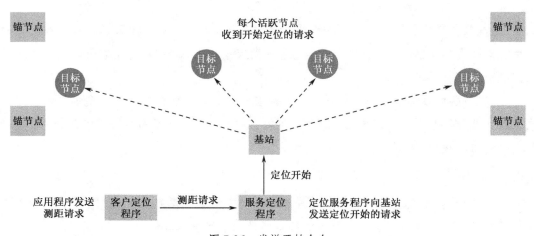

图 7-36　发送开始命令

② 各活跃节点接收到开始命令后，便根据定位服务程序所给出的锚节点 MAC 地址向各个锚节点发送测距请求，开始测量其与各锚节点之间的距离，如图 7-37 所示。

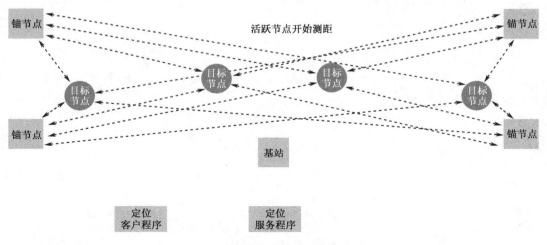

图 7-37　向锚节点发送测距请求并测距

3．计算与显示节点位置

① 当目标节点完成对各锚节点的测距后，便通过 USB 基站将测距结果发送给定位服务程序，定位服务程序再将这些测量数据发送给定位客户程序，如图 7-38 所示。

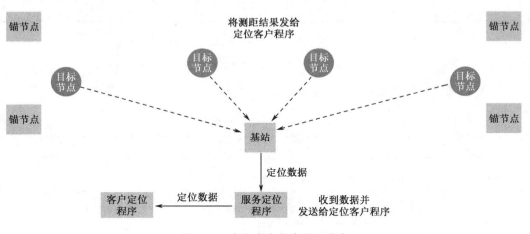

图 7-38　定位客户程序获取信息

② 定位客户程序根据接收到的各目标节点与各锚节点之间的距离，便可以计算各目标节点相对于锚节点的位置。在本实验中，目标节点的位置可以在用户图形界面实时显示出来，如图 7-39 所示。

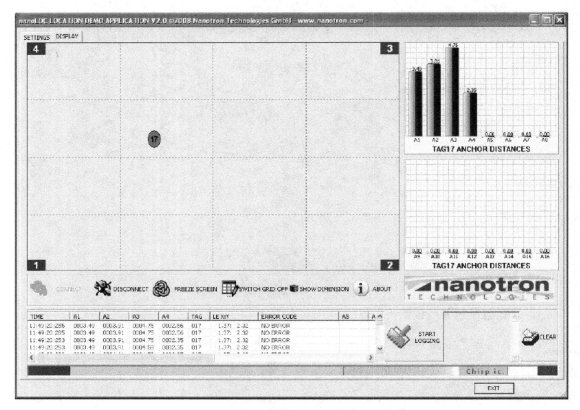

图 7-39 用户图形界面显示目标节点的位置

图 7-39 中可能出现的图标的含义如表 7-9 所示。

表 7-9 界面中各图标的含义

图　标	含　义
■	表示在 Edit Anchors 区域设置一个坐标为 x/y 的锚点
●	表示一个有效的位置标记，但没有基于 Setting 模块中平均计算的足够有效数据
●	表示一个有效的位置标记，它是目标节点的实时位置或目标节点的平均位置（在 Setting 中进行设置时）
●	表示一个无效的位置标记，超过 2 s 的数据对于定位是不可用的，使得定位无效
No tag	如果有超过 30 s 的数据无效，则认为这个目标节点失踪（如目标节点电量不足），并且从屏幕上消失

各目标节点的位置数据可以保存为日志文件，日志文件形式如图 7-40 所示。

```
Time              A1        A2        A3        A4        TAG    LE X:Y      Error Code
11:53:44:416      0003.64   0003.95   0004.82   0002.43   017    1.40:2.26   NO ERROR
11:53:44:385      0003.43   0003.95   0004.82   0002.43   017    1.40:2.26   NO ERROR
11:53:44:369      0003.43   0003.95   0004.82   0002.43   017    1.40:2.26   NO ERROR
11:53:44:369      0003.43   0003.95   0004.82   0002.50   017    1.40:2.26   NO ERROR
11:53:44:369      0003.43   0003.95   0004.50   0002.50   017    1.40:2.26   NO ERROR
11:53:44:354      0003.43   0003.95   0004.50   0002.50   017    1.38:2.26   NO ERROR
11:53:44:323      0003.52   0003.95   0004.50   0002.50   017    1.38:2.26   NO ERROR
11:53:44:323      0003.52   0003.95   0004.50   0002.50   017    1.35:2.27   NO ERROR
11:53:44:307      0003.52   0003.95   0004.50   0002.31   017    1.35:2.27   NO ERROR
11:53:44:307      0003.52   0003.95   0004.70   0002.31   017    1.35:2.27   NO ERROR
11:53:44:307      0003.52   0003.72   0004.70   0002.31   017    1.37:2.27   NO ERROR
11:53:44:260      0003.37   0003.72   0004.70   0002.31   017    1.37:2.27   NO ERROR
```

图 7-40　日志文件形式

该日志文件中保存的数据包括以下几部分。

① 时间：时间戳表示基站接收到该数据的时间，接收的时间间隔可以在定位客户程序的用户界面中进行设置。

② 锚节点编号（A1～A16）：该列数据表示目标节点到该编号的锚节点的距离值。

③ 目标节点编号（20 个目标节点）：该列表示目标节点的编号。

④ 目标节点位置坐标：该列数据表示目标节点的位置坐标，以 x/y 分别表示横、纵坐标，中间以 "：" 间隔。

⑤ 错误编码：该列表示在该次定位测量中有无错误发生。

习 题 7

1. 请尝试在 Matlab 中绘制中心频率为 2.45 GHz、带宽为 80 MHz 的 Chirp 信号。

2. 试阐述脉冲压缩原理及其对于无线测距的意义。

3. 试给出下扫频 Chirp 信号匹配滤波结果表达式，并结合题目 1 中信号参数在 Matlab 中进行仿真。

4. 试阐述高阶累积量理论，并推导 Chirp 信号三阶和四阶高阶累积量。

5. 试阐述 SDS-TWR 和 Half SDS-TWR 两种 TOA 测距方法的测量过程。

6. 实际测量中不可避免地会产生时钟偏差，试推导存在钟差时，SDS-TWR 和 Half SDS-TWR 两种 TOA 测距方法的误差与钟差的关系表达式，并比较二者的优劣。

参考文献

[1] WANG H, KAVEH M. Coherent signal-subspace processing for the detection and estimation of angle of arrivals of multiple wide-band sources[J]. IEEE Transactions on Acoustics, Speech and Signal Processing, 1985, ASSP-33(4): 823-831.

[2] FRIEDLANDER B, WEISS A J. Direction finding for wide-band signals using an interpolated array[J]. IEEE Transactions on Signal Processing, 1993, 41(4): 1618-1634.

[3] BELOUCHRANI A, AMIN M G. Time-frequency MUSIC[J]. IEEE Signal Processing. Lett, 1999, 6(5): 109-110.

[4] AMIN M G, BELOUCHRANI A, ZHANG Y M. The spatial ambiguity function and its applications[J]. IEEE Signal Processing. Letters, 2000, 7(6): 138-140.

[5] BAH P, PADMANABHAN V N. RADAR: an in-building RF-based user location and tracking system[C]// Proceedings IEEE INfocom 2000, TelA viv, Israel 2000: 775-784.

[6] LORINCZ K, WELSH W. Motetrack: a robust, decentralized app roach to RF-based location tracking[C]. LoCA 2005, Munich, Germany, 2005: 63-82.

[7] PRIYANTHA N B, CHAKRABORTY A, BALAKRISHNAN H. The cricket location-support system[C]. MobiCom 2000, Boston, MA, USA, 2000: 32-43.

[8] IEEE 802.15 WPAN Low Rate Alternative PHY Task Group 4a (TG 4a) [S'/OL]. http://www.ieee802.org/15/pub/TG4a.html. March 2009.

[9] SAHINOGLU Z, GEZICI S. Ranging in the IEEE 802. 15. 4a standard[C]. WAM ICON 2006, Clear water Beach, FL, USA, 2006.

[10] IEEE 802.15.4a channel modeling subgroup, IEEE802.15.4a channel model-Final report[R]. IEEE P802.15-04-0662-04-004a., Oct. 2005.

[11] LI X R, PAHLAVAN K. Super-resolution TOA estimation with diversity for indoor geolocation[J]. IEEE Transactions Wireless Commun, 2004, 3(1): 224-234.

[12] John Lampe, Rainer Hach, et al. DBO-CSS PHY Presentation for 802.15.4a[R]. IEEE P802.15-05-0126-01-004a., Mar, 2005.

[13] HINICH M J, WILSON G L. Time delay estimation using the cross bispectrum[J]. IEEE Transactions on Signal Processing, 1992, 40(1): 106-113.

[14] TUGNAIT J K. On time delay estimation with unknown spatially correlated gaussian noise using fourth order cumulants and CROSS eumulants[J]. IEEE Transactions on Signal Processing, 1991, 39(6): 1258-1267.

[15] BMCKSTEIN A M, SHAN T J, KAILATH T. Resolution of over lapping echoes[J]. IEEE Transactions on Acoustics, Speech, and Signal Processing, 1985, 33(6): 1357-1367.

[16] LO T, LITVA J, LEUNG H. A new approach for estimating indoor radio propagation characteristics[J]. IEEE Transactions on Antennas and Propagation, 1994, 42(10): 1369-1376.

[17] MORRISON G, FAROUCHE M. Super-resolution modeling of the indoor radio propagation channel[J]. IEEE Transactions on Vehicular Technology, 1998, 47(2): 649-657.

[18] PALLAS M, JOURDAIN G. Active high resolution time delay estimation for large BT signals[J]. IEEE Transactions on Signal Processing, 1991, 39(4): 781-788.

[19] DUMONT L, FAUOUCHE M, MORRISON G. Super-resolution of multipath channels in a spread spectrum location system[J]. IEEE Electronics Letters, 1994, 30(19): 1583-1584.

[20] SAAMISAARI H. TLS-ESPRIT in a time delay estimation[C]. IEEE Conference on Vehicular Technology. Phoenix: IEEE, 1997, 3, 1619-1623.

[21] DHARAMDIAL N, ADVE R, FARHA R. Multipath delay estimations using matrix pencil[C]. IEEE Wireless Communications and Networking Conference. New Orleans: IEEE, 2003, 1, 632-635.

[22] LI X R, PAHLAVAN K. Super-resolution TOA estimation with diversity for indoor geolocation[J]. IEEE Transactions on Wireless Communications, 2004, 3(1): 224-234.

[23] 宋毅锋. 基于线性调频信号的超宽带无线定位研究[D]. 成都：电子科技大学，2010.

[24] SAHINOGLU Z. Improving Range Accuracy of IEEE 802.15.4a Radios In the Presence of Clock Frequency Offsets[J]. IEEE Communications Letters, 2011, 15(2): 244-246.

[25] MA N, GOH J. Ambiguity-Function-Based Techniques to Estimate DOA of Broadband Chirp Signals[J]. IEEE Transactions on Signal Processing, 2006, 54(5): 1826-1839.

[26] CONG L, ZHUANG W H. Nonline-of-sight error mitigation in mobile location[J]. IEEE Trans.Wireless Commun., 2005, 4(2): 560-573.

[27] CHAN Y T, TSUI W Y, SO H C, et al. Time-of-arrival based localization under NLOS conditions[J]. IEEE Transactions on Vehicular. Technol, 2006, 55(1):17-24.

[28] WYLIE M P, HOLTZMAN J. The non-line of light problem in mobile location estimation[C']//Proceedings ot 5th IEEE International Conf. on Universal Personal Communications, 1996: 827-831.

[29] SCHROEDER J, GALLER S, Kyamakya K, et al. NLOS etection algorithms for ultra-wideband localization[C']//Proceedings ot 4th Workshop on Positioning, Navigation and Communication, 2007: 159-166.

[30] MAK L C, FURUKAWA T. A Time-of-Arrival-Based Positioning Technique With Non-Line-of-Sight Mitigation Using Low-frequency sound[J]. Adv. Robot., 2008, 22(5): 507-526.

[31] AL-JAZZAR J S, CAFFERY J. New algorithms for NLOS identification[C']. IST Mobile and Wireless Communications Summit, Dresden, Germany, 2005.

[32] CHEUNG K W, SO H C, MA W K, et al. Least squares algorithms for time-of-arrival based mobile location[J]. IEEE Transactions Signal Process., 2004, 52(4): 1121-1128.

[33] GUVENC I, CHONG C C, WATANABE F, et al. NLOS Identification and Weighted Least-squares Localization for UWB Systems Using Multipath Channel Statistics[J]. EURASIP J. Adv. Signal Process., 2008: 1-14.

[34] VENKATRAMAN S, CAFFERY J. A statistical approach to non-line-of-sight BS identification[C']. The 5th International Symposium on WPMC, 2002, 1: 296-300.

[35] GEZICI S, KOBAYASHI H, POOR H V. Non-parametric non-line-of-sight identification[C'], IEEE Vehicular Technology Conference, 2003, 4: 2544-2548.

[36] nanoNET Chirp Based Wireless Networks, 2007.

[37] nanoLOC TRX Transceiver (NA5 TR1)用户手册, 2006.

[38] V John Lampe. Chirp Spread Spectrum for Real Time Locating Systems. 2009.

[39] nanoNET Chirp Based Wireless Networks White Paper Version 1.04. 2007.

[40] Real Time Location Systems (RTLS) White Paper from Nanotron Technologies GmbH[R]. 2007.

[41] nanoLOC nTRX Driver Suite User Guide Version 2.2. 2008.

[42] nanoLOC Development Kit User Guide Version 2.0. 2008.

第 8 章 软件无线电定位

本章导读

✿ 软件无线电综述
✿ GNU Radio 环境搭建与 USRP
✿ 软件无线电定位应用

前面分别介绍了卫星定位、蜂窝通信网络定位、Wi-Fi 定位、ZigBee 定位、UWB 定位等技术，使用不同频率的波段、不同的调制解调技术和传输方式，使得这些定位系统的终端在各定位系统中不具有通用性。如果用户希望任何时间、任何地点了解定位信息，必须配备多种定位终端，这样就会因增加设备而带来诸多不便。同样，在无线通信系统中也出现了多种通信体制并存、各种标准层出不穷的现象，导致目前的通信设备型号林立、品种繁多。各种通信设备在工作频段、调制方式、加密、编码和通信协议等方面存在较大的差异。这种情况极大地限制了各通信系统之间的互通性和兼容性。这不仅浪费资源，还对产品技术的改进、升级造成了严重的阻碍。显然，以硬件为主的传统通信系统已经无法满足当前人们对通信的需求及解决目前通信领域所面临的问题。在这样的背景下，软件无线电技术应运而生。

8.1 软件无线电综述

8.1.1 软件无线电的起源与概念

软件无线电技术最早是由军事通信技术发展而来的。在 1991 年的海湾战争中，由于联军部队使用了多种不同制式的通信装备，使得不同国家甚至不同兵种之间的通信变得复杂和困难，严重影响了联军部队的协同作战能力。这些问题引起了美国军方的高度重视，DARPA 开始寻找一种互通性、兼容性远远好于现行无线电台的全新电台。在 1992 年 5 月的美国国家电信会议上，Joe Mitola 提出了"软件无线电"（Software Radio）的概念。

软件无线电概念的提出结合了美国军方对新一代通信系统的需求，使其受到美国军方的高度重视。DARPA 随即提出了著名的 Speakeasy 计划，研制了一种能够兼容多种通信波形的模块化通用电台，并获得了巨大的成功。在此基础上，美国国防部于 1997 年正式批准了联合战术无线电系统（Joint Tactical Radio System，JTRS）计划，同年 10 月，成立了 JPO（Joint Program Office，联合计划办公室），展开对软件无线电技术全面、系统的研究和对体系架构的标准化工作。1998 年，JPO 首次提出了软件通信架构（Software Communication Architecture，SCA），并于 2001 年发布 SCA V2.2，标志着软件无线电技术的理论体系趋于成熟。与此同时，随着民用移动通信技术的飞速发展，移动通信系统需要其基础设施具有良好的扩展性，以适应技术和相关应用的不断更新。在 3G 系统中，软件无线电技术被广泛应用于基站设备中。同时，软件无线电技术已经被纳入 4G 标准，成为 4G 通信标准中的核心技术。

目前，有关软件无线电的定义并不统一。Joe Mitola 认为，软件无线电是多频带无线电，具有宽带的天线、射频转换、A/D 和 D/A 变换，能够支持多个空中接口和协议，在理想状态下，所有方面都可以通过软件定义。随着科技的进步，对软件无线电的研究更加全面和深入，已不局限在电台上，而是涉及多种通信系统。因此，软件无线电论坛在 Joe Mitola 提出的概念的基础上，对软件无线电进行了新的定义：软件无线电是一种新型的无线体系结构，通过硬件和软件的结合，使无线网络和用户终端具有可重新配置能力。软件无线电提供了一种建立多模式、多频段、多功能无线设备的有效且相当经济的解决方案，可以通过软件升级实现功能提高。软件无线电可使整个系统（包括用户终端和网络）采用动态的软件编程对设备特性进行重配置。

由上述定义可以看出，软件无线电一般具有以下特点。

（1）具有很强的可重构性

可重构性是指系统具有随着用户需求不同而改变系统功能的能力，也就是通常的可编程性。这是作为软件无线电的必要条件。软件无线电系统在整体功能上可以模拟各种虚拟设备，这是系统级的重构，也可以是某些接口的重构，或者只是功能软件中某些算法的重构。这是传统的数字化设备无法比拟的，传统的数字化设备不具备系统级的重构，只有微弱的部分软件重构能力。

（2）具有很强的灵活性

灵活性是系统对可重构性的适应能力，与可重构性密切相关。软件无线电必须具有较高的灵活性，才能精确模拟各种虚拟设备，并通过改变软件编程或软件升级来实现多频带、多模式、多功能工作，如可以任意改变信道接入方式、改变调制方式、接收不同系统的信号等。这样，在原有系统结构上可以支持不断涌现的新技术、新功能。

（3）为了支持可重构性，就要采用模块化设计

软件无线电要求系统的各任务可分解成相对独立的软件和硬件模块，各模块要符合开放标准，通过接口以逻辑方式连接起来，完成系统的各项功能，从而使软件无线电能够保持较长的

使用寿命。

因此，软件无线电技术的核心思想是将宽带的 A/D 转换器尽可能地靠近射频天线，即尽可能早地将接收到的模拟信号转化为数字信号，最大限度地通过软件来实现通信系统的各项功能。

8.1.2　软件无线电系统结构

由图 8-1 所示的软件无线电系统结构可以看出，一个软件无线电系统包含 4 部分。其中，天线和射频前端为可编程硬件，在理想情况下，射频前端仅指 ADC/DAC 模块，但由于实际器件性能的限制，一般还包括数字下变频器（Digital Down Converter，DDC）、数字上变频器（Digital Up Converter，DUC）、直接数字频率合成（Direct Digital Synthesizer，DDS）和滤波器等。控制器和基带数字信号处理器一般由具备可编程能力的数字信号处理器件构成，主要有 GPP（General Purpose Processor，通用处理器）、DSP、FPGA（Field Programmable Gate Array，现场可编程逻辑门阵列）。

图 8-1　软件无线电系统结构

在软件无线电的通用硬件平台中，选用处理器件的重要指标是信号处理能力。在软件无线电系统中，信号处理算法的运算量是很大的，而且系统对算法要求具有较高的实时性。除此之外，软件无线电的信号处理算法还具有以下特点。

① 在进行信号处理时，处理器经常进行卷积、数字滤波、快速傅里叶变换、矩阵运算等操作，需要执行大量的乘积累加运算。

② 信号处理算法常具有某些特定模式，如数字滤波器中的连续移位。

③ 信号处理算法的大部分时间花在执行相对小循环的操作上。

④ 信号处理要求专门的接口，同时大量的数据交换需要有高速的数据吞吐能力。

⑤ 信号处理数值范围较宽，采用的数据格式以浮点形式为佳。

以上特点决定了软件无线电的信号处理器必须具备如下功能：大运算量的实时运算必须具有多个可并行执行的功能单元，并对常用的数字信号处理操作提供直接的硬件加速支持；强实时性决定了数字信号处理器不能有太多的动态特征，因此，对高速缓存机制、分支预测机制和终端响应机制的选择或采用具有一定的限制；在运算上，数字信号处理算法包含大量的简单运算和短小循环，数据运算高度重复，处理器应该设置片内存储器、单周期 MAC 功能单元和硬件"零开销循环"控制机制，以对算法需求提供必要的支持；在算法处理过程中，需要进行频繁的数据访问，以满足运算实时、快速的要求，数据地址的计算会随着访问的频繁度而线性增长，这样数据地址计算的速度和数据访问的速度要求较高，处理器应该有较高的存储器带宽、专门的地址计算单元和专用的寻址模式，用来对高效的数据访问提供必要的支持。

1. 数字信号处理器件的特点及功能

根据这些要求，将 GPP、DSP、FPGA 简要介绍如下。

（1）GPP

GPP 一般指的是服务器用和桌面计算机用 CPU（Central Processing Unit，中央处理器）芯片。它具有很高的性能，而且由操作系统支持，适合完成宽范围的处理工作，与任何一种编程语言都无关，应用极为灵活。但由于 GPP 是为通用计算机的广泛应用而设计的，其运行的程序对运算量和实时性要求并不严格。它追求各种应用程序执行性能的平衡，以达到总体性能的提升。因此，GPP 对于控制密集型应用可以提供有效的支持。

GPP 采用冯·诺依曼结构（如图 8-2 所示），只有一个存储器空间通过一组总线（一个地址总线和一个数据总线）连接到处理器内核。通常，做一次乘法会发生 4 次存储器访问，用掉至少 4 个指令周期。在高速运算时，往往会在传输通道上出现瓶颈效应。为了加快运行时的访问速度，目前高性能的 GPP 一般使用高速缓存直接连接到处理器内核，并使用控制逻辑来决定哪些数据和指令字存储在片内的高速缓存。大量超高速数据和程序缓存使用动态分配程序，在不同的线程下操作系统内核使用的 CPU 时间不同，操作系统不能保证软件无线电系统所需的执行时间，因此对于高性能 GPP 来说，执行时间的预测变得复杂和困难。

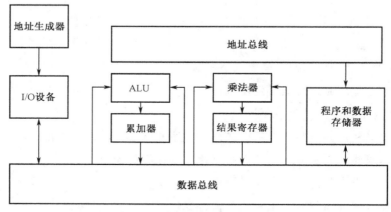

图 8-2　标准冯·诺依曼结构

GPP 通常采用浮点数据格式，其数据宽度可达 64 位，具有较好的精度。但 GPP 仅有常用寻址模式，数字信号处理所需的特殊寻址模式在 GPP 中是不常使用的，只能通过软件来实现。GPP 的指令集一般采用 RISC 指令集结构，具有简洁的结构和通用性，但是没有专门为数字信号处理设置的特殊指令。为了提高处理器指令执行的并行性，GPP 采用了单指令多数据（Single Instruction Multiple Data，SIMD）体制、超长指令字（Very Long Instruction Word，VLIW）结构和超标量体系结构。其中，SIMD 处理器把输入的长数据分解为多个较短的数据，然后由单指令并行地操作，从而提高处理海量、可分解数据的能力，而 VLIW 结构和超标量结构都可以使 GPP 在单个时钟周期内执行多条指令。

虽然 GPP 不是针对信号处理而设计的，但是它的通用性非常好，并且具有操作系统支持。GPP 平台和操作系统联合后可以完成所有的处理任务，实现完全的控制性，无线接口非常灵活。而且，GPP 系统可以采用常用的编程语言（C/C++）进行编程，不需要用户对系统进行详细的了解。但是，采用 GPP 实现软件无线电的限制因素也较为明显，最大的问题是确定代码的执行时间非常困难。为此，通常采用实时操作系统来解决。另一个限制因素是处理能力，虽然处理器的速度可达吉赫兹，但系统的总线速度和存储器是受限的。现在比较好的做法是采用 DSP 和 GPP 结合，GPP 用于监测和控制接口、低速率的基带处理，大的信号处理任务则通过 DSP 完成，以降低 PCI 总线上数据的流量，而且可以对 DSP 在线编程。

（2）DSP

DSP 是一种专门用来实现信号处理算法的微处理器芯片。根据使用方法的不同，DSP 可以分为专用 DSP 和通用 DSP。专用 DSP 只能用来实现某种特定的数字信号处理功能，更适合特殊的运算，如数字滤波、卷积、快速傅里叶变换（Fast Fourier Transform，FFT），具有较高的处理速度，但灵活性差。通用 DSP 芯片适合普通的 DSP 应用，类似 GPP，有完整的指令系统，通过软件来实现各种功能。后面提到的 DSP 指通用 DSP。

不同于 GPP 所采用的冯·诺依曼结构，DSP 一般采用哈佛结构，如图 8-3 所示。哈佛结构中有两个存储空间：程序存储空间和数据存储空间。处理器内核通过两套总线与这些存储空间相连，允许对存储器同时进行两个访问。这种安排使处理器的带宽加倍，适合高速运算。

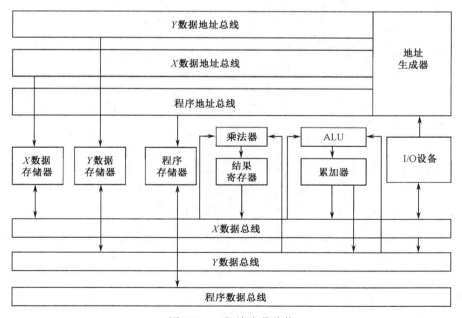

图 8-3 一般的哈佛结构

DSP 具有专用的硬件乘法器，这是 DSP 的特征之一。硬件乘法器的功能是在单周期内完成一次乘法运算。DSP 还增加了累加器、寄存器来处理多个乘积的和，而且通常比其他寄存器宽，以保证乘积累加运算结果不发生溢出。另外，DSP 可以用硬件实现更新计数器等例行操作，不用额外消耗任何时间，所以是一种零开销循环。

DSP 还可以分为定点 DSP 芯片和浮点 DSP 芯片。浮点 DSP 比定点 DSP 更容易编程，但是成本和功耗较高。定点 DSP 芯片的字长一般为 16 位或 24 位，浮点 DSP 芯片的字长一般为 32 位，累加器为 40 位。通常，精度越高，尺寸越大，引脚越多，存储器要求也越大，成本相应地会越大。

DSP 具有特殊的寻址模式。DSP 具有专门的地址生成器（见图 8-3），能产生信号处理算法需要的特殊寻址，如循环寻址和位翻转寻址。循环寻址对应流水 FIR（Finite Impulse Response，有限脉冲响应）滤波算法，位翻转寻址对应 FFT 算法。DSP 具有特殊设计的指令，有的一条指令可以完成几种操作，这将大大提高程序的运行效率。此外，DSP 执行程序的进程对程序员来说是透明的，因此容易预测处理每项工作的执行时间。

为了进一步提高处理能力，DSP 广泛采用流水线以减少指令执行时间，并使用多处理单元结构和各种并行处理机制。此外，SIMD、VLIW 和超标量技术在 DSP 中都有采用。

由此可知，DSP 在信号处理方面独具优势，而且成本较低，功耗较低，开发也非常方便。在现阶段，与 GPP 相比，DSP 的综合性能较强，使用范围较广，是软件无线电系统的主流选择之一。

（3）FPGA

FPGA 是具有可编程逻辑门的阵列，结构如图 8-4 所示，其逻辑功能可以进行重定义。

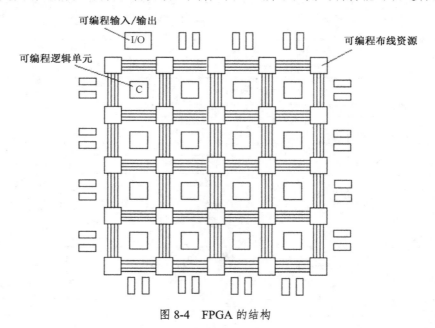

图 8-4　FPGA 的结构

FPGA 最初是作为专用集成电路（Application Specific Integrated Circuit，ASIC）领域中的一种半定制电路出现的，既解决了定制电路的不足，又克服了原有可编程器件门电路有限的缺点。设计人员可以通过传统的原理图输入法或者硬件描述语言，自由地设计一个数字系统。无论是高性能的 CPU，还是简单的组合电路，都可以用 FPGA 来实现。通过软件仿真，人们可以事先验证设计的正确性。

FPGA 一般采用 SRAM（Static Random-Access Memory，静态随机存取存储器）工艺，也有一些专用器件采用 Flash 工艺或反熔丝工艺等，其集成度很高，器件密度为数万门到数千万门不等。FPGA 通常包含 3 类可编程资源：可编程逻辑功能块、可编程输入/输出块和可编程布线资源。可编程逻辑功能块是实现用户功能的基本单元，它们通常排列成一个阵列，散布于整个芯片；可编程输入/输出块完成芯片上逻辑与外部封装间的接口，常围绕阵列排列于芯片四周；可编程布线资源包括各种长度的连接线段和一些可编程连接开关，将各可编程逻辑块或输入/输出块连接起来，构成特定功能的电路。布线资源通常分为两类：时钟布线资源和信号布线资源。时钟布线资源用于馈入高速时钟信号，信号布线资源用于连接逻辑块的输入/输出信号。这些布线资源具有一定的层次结构，短线用于连接相邻的逻辑块，中等长线用于连接间隔较远的逻辑块，长线用于在整个芯片上发送数据。

不同厂家生产的 FPGA 在可编程逻辑块的规模、内部互连线的结构和采用的可编程元件上存在较大差异，但其基本结构都基于查找表（Look-Up-Table，LUT）加寄存器结构。这也是 FPGA 有别于其他类型可编程器件的标志。

FPGA 的可重新配置能力很强，其配置一般在系统上电时完成。在工作期间，FPGA 的配置是不会发生变化的，所以在系统断电前，FPGA 的工作状态是不变的。这是因为 FPGA 是由存放在片内 RAM 中的程序来设置其工作状态的，工作时需要对片内 RAM 进行编程。加电时，FPGA 芯片将 EPROM（Erasable Programmable Read Only Memory，可擦除可编程只读存储器）中的数据读入片内编程 RAM。配置完成后，FPGA 进入工作状态。掉电后，FPGA 恢复成白片，内部逻辑关系消失。FPGA 的编程不需专用的 FPGA 编程器，只需通用的 EPROM、PROM（Programmable Read Only Memory，可编程只读存储器）编程器即可。当需要修改 FPGA 的功能时，只需换一片 EPROM 即可。同一片 FPGA，不同的编程数据可以产生不同的电路功能。

在软件无线电的应用中，FPGA 的主要优势在于：可以进行并行化，如在实现乘积累加运算（Multiply Accumulate，MAC）时，FPGA 可以采用流水线阵列乘法或分布式算法实现并行 MAC 运算，效率很高。这在很多信号处理算法（如滤波器）的实现上是很有利的。

2. 硬件平台的体系结构

GPP、DSP、FPGA 都是实现软件无线电的主流信号处理硬件，在具体应用时，设计人员应当考虑以下重要的选择标准。

① 可编程性，即对于所有的目标空间接口标准，器件均能重新配置以执行所期望的功能。

② 集成度，即在单个器件上集成多项功能，由此减小数字无线电子系统的规格，并降低硬件复杂度的能力。

③ 开发周期，即开发、实现及测试指定器件的数字无线电功能的时间。

④ 性能，即器件在要求的时间内完成指定功能的能力。

⑤ 功率，即器件完成指定功能的功率利用率。现在很多系统倾向于 GPP+DSP+FPGA，以整合这三种器件的特点。为了使各器件协调工作，我们需要继续了解其硬件平台的体系结构，即器件的连接方式。

1) 流水线结构

Joe Mitola 提出的理想软件无线电结构是一种流水线结构，包括天线、多频段射频转换、宽带 A/D 转换器和 D/A 转换器以及 DSP 处理器等，如图 8-5 所示。理想软件无线电要求将 A/D 转换、D/A 转换尽量向射频部分靠拢，同时用高速 DSP/GPP 代替传统的专用数字电路和低速 DSP/GPP，做 A/D 转换后的一系列处理，从而建立一个相对通用的硬件平台，通过软件实现不同的通信功能。

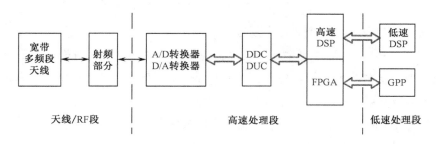

图 8-5　基于流水线结构的软件无线电系统

流水线结构与无线通信系统的逻辑结构一致，具有很高的效率。但它的主要缺点是各功能模块虽然独立，但相互间的耦合非常紧密，因此单个功能模块的独立程度不高。在这种结构中，如果接收机或发射机改变了，或者需要增加、替换或修改某个功能单元，就必须改变其他功能单元甚至是整个结构，因此该结构不具有开放性。

2) 总线式结构

总线式结构的软件无线电系统中，各功能单元是通过总线连接起来的，并通过总线交换数据及控制命令，如图 8-6 所示。

软件无线电要求通信系统具有较高的实时处理能力，只有采用先进的标准化总线结构，才能发挥其适应性广、升级换代简便的特点。软件无线电总线式结构具有以下特点。

① 支持多处理器系统。软件无线电是在高、中频上对信号进行采样，数据运算量非常大，要求很高的处理速度，目前任何单片的 DSP 都难以胜任，因此软件无线电总线应能保证多 DSP 的并行处理，共享系统资源。

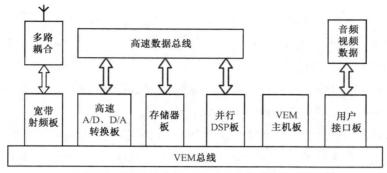

图 8-6　基于 VEM 总线结构的软件无线电系统

②　具有宽带高速的特性。为保证大量数据的传输，软件无线电总线具有极高的数据传输和 I/O 吞吐能力，总线传输速率超过 500 MBps，支持 32 位或 64 位数据和地址总线。

③　具有良好的机械和电磁特性。总线能够在恶劣的通信环境中正常工作，保证一定的通信性能。

目前，有许多工业总线标准可供选择，如 VME（VersaModule Eurocard）总线、PCI 总线、Fastbus、Multibus 和 Futurebus 等，并且已有许多基于这些总线的通用模块可供选择。在符合要求的系统总线中，VME 总线技术最成熟、通用性最好，因此得到了最广泛的支持，它可以提供多 CPU 并行处理，支持独立的 32 位数据总线和地址总线，总线速率达 320 Mbps。

本质上，在任何时刻，总线上只能有一个功能单元传输数据。当有多个功能单元需要传输数据时，总线仲裁器只能响应某一请求，因此总线结构是竞争和时分的。总线结构的优点在于实现起来简单。在无线通信系统中，相邻功能模块间的数据流为接力机制，因此，总线的时分特性将使带宽过窄、控制很复杂，吞吐率低。

3）交换式网络结构

清华大学在 863 软件无线电项目中提出了一种基于交换网络的软件无线电系统，如图 8-7 所示。

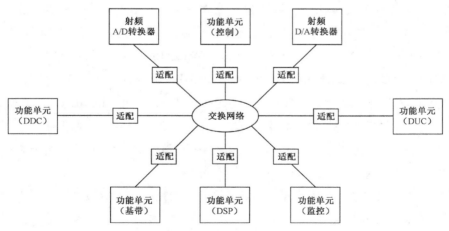

图 8-7　基于交换网络结构的软件无线电系统

各模块之间通过适配和交换网络进行数据包的交换。各模块之间遵循相同接口和协议，这样不仅模块之间耦合很弱，还可以方便地实现数据的广播和选播，扩展性好。硬件平台中用 PC 来完成交换机的功能。在实现某种具体的通信系统时，可以具体考虑如何配置各功能板的功能，功能板之间可以通过建立虚拟电路来进行通信，因此这种结构灵活性好，可以适应多种无线电通信系统，并已证明具有良好的吞吐率和实时性能。

以上讨论的几种硬件体系结构各有优点和缺点，对它们各自性能的比较很有必要，比较的指标主要包括时延、带宽、硬件复杂度和伸缩性等方面，如表 8-1 所示。

表 8-1 不同软件无线电结构的比较

结 构	效率	时延	带宽	硬件复杂度	伸缩性	通用性
流水线结构	最高	短	窄	简单	差	差
总线结构	低	最长	最窄	最简单	好	好
交换式结构	高	长	宽	复杂	好	好

8.1.3 软件无线电软件体系结构

软件无线电中的软件应该具有良好的开放性，采用模块化、结构化设计，方便升级，以便能够最大限度地满足未来无线通信系统多模式、多制式的需求。下面介绍几种具体的软件体系结构，包括总线式体系结构、分层体系结构和 SLATS 体系结构，它们的共同特点是结构上分层化、功能上模块化，其不同之处在于层次的具体划分、功能模块之间的接口等。

1. 总线式体系结构

在软件无线电多工作方式实现构成中，要求能实时加入新的功能软件，从而通过软件资源分配的办法来实现软件的功能重组，这就要求将通信协议及软件标准化、通用化。一种可用方案是根据软件到软件的应用编程接口 API 来区分软件模块，采用 CORBA 技术在各模块间无缝地共享应用数据，提供一种"软件总线"。利用接口定义语言（Java 语言的一个子集），每个软件包被提供一个信息传输接口到对象请求代理（Object Request Broker，ORB），被确定数量的对象用 CORBA（Common Object Request Broker Architecture，公共对象请求代理体系结构）接口来实现插拔。CORBA 是由对象管理组织（Object Management Group，OMG）制定的标准，基于"软件总线"的思想，建立一个标准、开放、易用的体系结构。软件总线类似硬件总线的作用，只要将应用软件按标准设计成模块，插入总线即可集成运行，从而支持分布式的计算环境。这种思想与软件无线电中软件可重用性是一致的。

软件无线电的核心思想是"重配置性"（Reconfigurable），主要体现在软件的可重用性，这是整个系统的重要指标和研究方向。目前，国外正在研究软件无线电系统中软件的即插即用技术，并提出了基于 Java/CORBA 制定的软件无线电软件体系结构。该软件体系定义了一个运行环境，该运行环境由总线层、操作系统、核心框架服务和基本应用、CORBA 中间件服务和基本应用组成，实现具体应用的软件包括调制解调（负责各种信号处理）、链路网络协议、安全应用等，如图8-8所示。

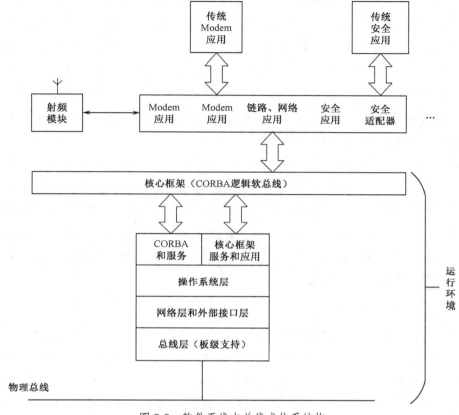

图 8-8　软件无线电总线式体系结构

2．分层体系结构

软件无线电的分层体系结构如图8-9所示，采用硬件分页的方法来重构无线电功能，与通过软件对内存进行分页管理相类似。

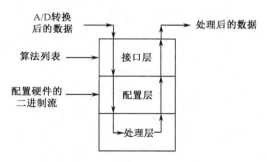

图 8-9　软件无线电的分层体系结构

分层体系结构基于流处理的工作方式，可使模块间的接口得到极大的简化，并能有效地进行资源分配和复杂的数据处理，保持对硬件的重用性。流是一个指定长度的含有数据或控制信息的信息包，而流处理是指每个处理模块只能处理全部任务中的一部分，处理完这部分任务后需将数据和控制信息传递到下一个处理模块进行另一部分任务的处理，直到全部任务完成为止。

在分层体系结构中，无线电的功能实现以层划分，数据包在每层中加上报头后再传给下一层，在最后一层处理完毕，信息将通过本层返回。该体系结构分为三层：接口层、配置层和处理层。它们均是基于流处理的，应用软件设置在三层之上。接口层是无线电硬件与外部的接口，负责协调各种信息资源的输入和输出。配置层存有配置处理层硬件的二进制代码，负责接收接口层传来的信息包，并在该信息包的报头上加入配置信息，然后传给处理层。处理层是由一系列称为处理模块的可重构模块组成的，负责接收来自配置层的信息包，并对信息包中的数据进行处理，是真正进行数据处理的功能实体。

处理层是软件无线电的核心，由一套线性相关的处理模块组成，每个处理模块都能通过重新配置来完成指定的功能，而不需要打断与主流水线的同步。

分层体系结构提供了一个开放的结构来实现可重构平台的软件无线电系统。它的主要优点在于使硬件有极大的可重用性，只要在硬件上设置相应的参数，就能实现指定的功能，建立起类似软件函数库的硬件函数库。另外，分层体系结构还有很好的信息流属性，使各层之间的接口非常简单，提高了系统的灵活性。

3．SLATS 体系结构

SLATS 体系结构的基本思想是把系统分为多个子系统，每个子系统执行特定的通信功能，如调制、解调、编码译码等。这些子系统可以动态地增加和减少，与它联系的通信功能及通信参数都可以动态地配置。系统输入和输出的数据被分为一个个数据块，当一个数据块达到某子系统时，该子系统就开始运行，并把处理完的数据块发送到下一个子系统。每个子系统有多个I/O 接口，可以动态地配置为可用或不可用，如图 8-10 所示。

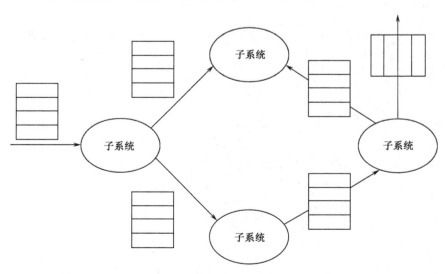

图 8-10　SLATS 体系结构

8.2 GNU Radio 环境搭建与 USRP

8.2.1 GNU Radio 简介

GNU Radio 起源于 1998 年，是一个学习、构建和应用软件无线电技术的工具包，由 Eric Blossom 开发。现在 GNU Radio 已是一个官方的开源项目，按照 GNU GPL 规范发行。作为完全开放源代码的软件无线电项目，GNU Radio 致力于为软件无线电的研究和产品开发提供一个良好的平台，将软件的思想扩展到传统的硬件领域。与其他软件无线电系统相比，完全开源和可重配置是 GNU Radio 的最大特点，它自身有丰富的信号处理模块，研究者也可以编写源码模块，然后加载到工具包中，实现想要的功能。

GNU Radio 整体结构清晰，灵活性强，功能强大，由 Python 语言、C++语言、汇编语言共同编写。Python 语言是一种面向对象的高级编程语言，是对象化的脚本语言，代码简单，无须编译，直接解释执行。Python 语言主要用来编写 GNU Radio 的顶层模块，如人机交互界面、顶层调用模块等。C++语言主要用其对象化的思想来实现各种数字信号处理模块，尤其是时间敏感信号的处理模块，如 FFT、FTR 等。汇编语言主要用来编写底层的驱动程序模块，包括 FPGA 和 AD/DA 的配置等。

GNU Radio 的应用实例是用一种"流图机制"实现的，由 Python 语言创建流图，使顶层的模块通过 Swig 胶合剂调用底层的信号处理模块，实现各种功能，如图 8-11 所示。

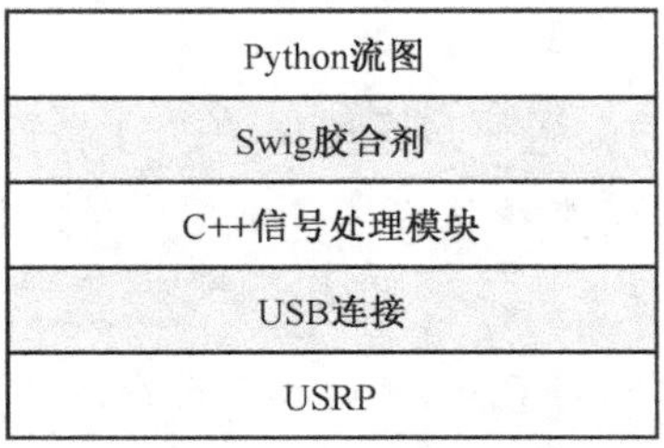

图 8-11　GNU Radio 的框架结构

流图（Flow Graph）由节点（Endpoint）和边（Edge）组成，节点即为信号处理模块，边代表模块之间的数据流，这样就类似于硬件中信号经各种器件单元处理后流动。流图中总共有 3 种模块：信号源模块（Source Block）、信号终端模块（Sink Block）、一般信号处理模块（Processing Block）。信号源模块只有输出端口，信号终端模块只有输入端口，一般信号处理模块两种端口都有。对于具体的应用，所需模块和模块间的连接关系是固定的，所以说这种流图模块机制有利于 GNU Radio 的扩展，体现了其强大功能和灵活性。

在系统初始化时，首先根据特定的应用查找所需的信号处理模块，然后创建流图，调用该应用所需的所有模块，得到流图的节点和边，最后调用类 basic_flow_graph 中的函数 connect( )

连接好各模块，这样就构建了一个抽象的流图实例。basic_flow_graph 是构建流图的基类，其中定义了构建抽象流图的节点、边和连接函数等。节点有两个属性：模块（block）和端口（port）；边也有两种属性：端源（src）和终端（dst）。basic_flow_graph 仅有一个属性：边表（edge_list），用来保存流图中用到的所有边，初始化时它只是一个空表。调用 basic_flow_graph 中的函数 connect()和 disconnect()就改变了边表的内容。

以上仅仅是建立好了一个抽象流图，只是一个虚拟的连接，要实现相应的信号处理还需要实现流图的物理连接。物理连接就是把所有模块的输入端和输出端都连接到相应的数据缓冲区，模块从输入端数据缓冲区中取出数据，处理后存入输出端缓冲区。流图的物理连接的连接函数是在类 flow_graph 中定义的。flow_graph 继承了基类 basic_flow_graph，同时增加了两个属性：blocks 和 scheduler。blocks 数据类型是 Python 的列表，保存流图中使用的所有模块。scheduler 是一个很重要的控制变量，直接控制流图中的模块调度。flow_graph 中定义的创建物理连接函数有_setup_connections( )、_assign_details( )、_assign_buffers( )、_connet_inputs( )等。可以说，basic_flow_graph 定义了一个抽象的流图，从概念上描述了那些模块，以及它们之间的逻辑关系，没有实际的物理存在，而 flow_graph 就描述了一个真实的数据流图。

物理连接建立好后，就等待开始调度运行了，这就需要调用函数 start()。start()函数也是在 flow_graph 中定义的。它首先调用_setup_connections()函数建立物理连接，然后声明一个调度控制变量 scheduler，依照所建立的流图，为每个模块生成相应的线程，从源开始调度执行每个模块。

8.2.2　Ubuntu 下安装 GNU Radio

安装 GNU Radio 有两种方法，即使用预编译的二进制安装包和使用源代码进行编译。如果只是想了解 GNU Radio 的功能，直接使用二进制安装包就足够了，而且安装过程相对简单。但由于 GNU Radio 发展迅速，因此二进制安装包可能无法及时得到更新。如果希望了解最新的 GNU Radio 功能，或者希望自己对 GNU Radio 进行修改，建议使用源代码进行编译。另外，Fedora 和 Ubuntu 用户可以直接使用脚本安装，将极大地减轻安装工作。下面将简单介绍。

1．使用 build-gnuradio 脚本

build-gnuradio 是 Marcus Leech 为 Fedora 和 Ubuntu 系统提供的一个安装脚本，安装操作极其简单：打开终端窗口，选择一个希望存储源文件的目录，执行如下命令（安装过程中需要一定的权限）。

```
$ wget http://www.sbrac.org/files/build-gnuradio&&chmoda+x./build-gnuradio&&./build- gnuradio
```

这条命令将下载 build-gnuradio 安装程序，并赋予可执行属性。大多数情况下，执行这条命令将完成安装过程中的所有工作，并可以得到其源代码，以方便自己进行修改。推荐使用这种安装方法。

2．使用预编译的二进制安装包

使用预编译的二进制安装包也非常简单，但安装前务必检查所安装的版本是否是较新的。在 Ubuntu 系统下，可以直接使用如下命令。

```
$ apt-get install gnuradio
```

如果系统提示找不到这个文件，就可以从 Ettus Research 网站上获得源代码。

3．使用源代码进行编译

使用源代码进行编译安装是一项非常复杂的工作，根据不同的系统环境，需要提前安装所需的开发工具、库、GUI 等。具体可以参考 GNU Radio 网站上给出的安装指南。

安装完成后，可以打开 GNU Radio 提供的良好图形界面（GNU Radio Companion，GRC），如图 8-12 所示，其中包括丰富的数字处理模块资源，为开发学习者提供了良好的工作环境。

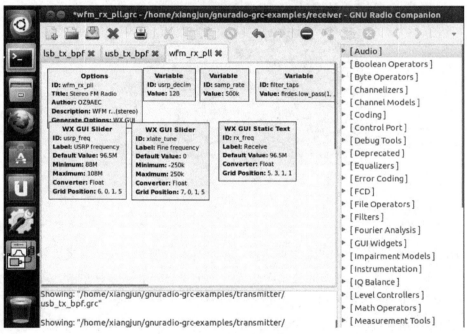

图 8-12　GRC 图形化用户界面

8.2.3　USRP 简介

USRP（Universal Software Radio Peripheral）是 Matt Ettus 专门为 GNU Radio 的应用开发的硬件平台，是连接 GNU Radio 和射频前端的桥梁，是无线通信系统的数字基带和中频部分，功能强大而且十分灵活，目前最新版本是 USRP2。USRP 的设计理念是让主机处理所有波形相关的部分，而只把高速信号处理部分交由硬件执行，这样保证了系统的灵活性，便于系统扩展。一个典型的 USRP 产品系列包括两部分：一个带有高速信号处理的 FPGA 母板和一个或多个覆盖不同频率范围的可调换的子板。靠子板最近的芯片有两个，主要实现 A/D 或 D/A 变换，每个芯片上有两路高速的 ADC 和两路高速的 DAC。这 4 个输入和 4 个输出通道都连接到一个 FPGA（Altera Cyclone EP1C12）上，FPGA 通过 USB 接口芯片 Cypress FX2 连接到 PC 上。可以说，FPGA 是 USRP 的控制协调中心，主要实现数字下变频的功能，控制协调 ADC/DAC 与 USB 接口之间的数据交换，如图 8-13 所示。灵活的硬件、开源的软件和经验丰富的用户社区群使 USRP2 成为软件无线电开发的理想外设。

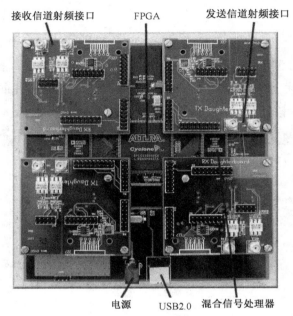

图 8-13　USRP2 实物

1．USRP2 母板

基于 USRP 的成功经验，USRP2 以更高速度和更高的精度，允许使用更宽波段的信号，增加了信号的动态范围。针对 DSP 应用优化了的 FPGA 可以在高采样率下处理复杂波形。千兆以太网络接口，使应用程序可以使用 USRP2 的同时发送或接收 50 MHz 的射频带宽。在 USRP2 中，FPGA 出现了诸如数字上变频器和数字下变频器等高速采样处理器。较低采样率的操作可在计算机主机上，甚至可以在具有 32 位 RISC 微处理器和有很大用户设计自由空间的 FPGA 上完成。更大的 FPGA 使得 USRP2 可以在没有计算机主机的情况下作为一个独立的系统运行。USRP2 的配置和固件被存储在一个 SD 闪存卡中，不需特别的硬件就可以轻松编程，如图 8-14 所示。USRP2 母板由 FPGA 模块、ADC 和 DAC 模块、网口模块、程序加载 CPLD（Complex Programmable Logic Device，复杂可编程逻辑器件）模块、电源和时钟管理模块、MIMO 接口模块等组成，模块间协调工作，共同实现中频与基带的转换。

基于 USRP1，USRP2 增加了以下特点。

① 千兆以太网接口。

② 25 MHz 的瞬时射频带宽。

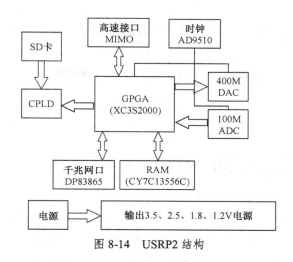

图 8-14　USRP2 结构

③ Xilinx Spartan 3-2000 FPGA。

④ 两路 100 MHz 14 位 ADC。

⑤ 两路 400 MHz 16 位 DAC。

⑥ 1 MB 的高速 SRAM。

⑦ 锁定到 10 MHz 的外部参考时钟。

⑧ 1 pps（每秒一个脉冲）的输入。

⑨ 配置存储在标准 SD 卡中。

⑩ 多个系统锁定在一起，用于 MIMO。

⑪ 与 USRP 子板兼容。

2．USRP 子板

母板有 4 个插槽，可以插入两个基本接收子板和两个基本发送子板，或者两个 RFX 板子。子板是用来装载 RF 接收接口或调谐器和射频发射机的。有两个标注为 TXA 和 TXB 的插槽用于连接两个发送子板，相应地，有两个标注为 RXA 和 RXB 的接收子板插槽。每个子板插槽可以访问 4 个高速 ADC/DAC（其中的两个 DAC 输出用于发送，ADC 输入用于接收），这使得每个使用单采样的子板有两个独立的射频部分和两个天线。如果使用复正交采样，每个板子可支持一个单一的射频部分，整个系统有两个采样。通常，每个子板有两个 SMA 连接器，通常使用它们连接输入或输出信号。USRP 母板上没有提供抗混叠或重建滤波器，这样可以在子板频率规划时获得最大的灵活性。每个子板有一个板载 I²C 的 EEPROM 使系统能够识别子板，这使得主机软件能够根据所安装的子板自动设置合适的系统。EEPROM 也可以保存一些校准值，如直流偏置或者 IQ 不平衡。如果这个 EEPROM 没有被编程，每次 USRP 软件运行时会打印一个警告消息。

3．USRP 支持的软件

USRP 硬件现在已经获得了多个软件平台的支持，主要包括 GNU Radio、LabVIEW、

Simulink 和 OSSIE（Open Source SCA Implementation Embedded）。其中，GNU Radio 是 USRP1 和 USRP2 硬件上主流的软件平台；LabVIEW 用于 LabVIEW 的 USRP 驱动，目前也在广泛使用；Simulink 5.0 版（R2010b）通信工具集支持 USRP2；OSSIE 是使用 USRP1 和 USRP2 工作的 JTRS SCA 的一个实现。

8.3　软件无线电定位应用

软件无线电是把硬件作为无线通信的通用平台，尽可能地脱离通信体制、信号波形和通信功能，尽可能多地由软件来实现，这样的无线通信系统具有很好的通用性、灵活性，系统升级也变得非常容易。软件无线电有这么多的特点和优越性，在通信领域（如个人移动通信、军事通信、卫星通信及数字电视）中都有极广泛的应用。目前，软件无线电已经可以实现包括 UWB、Wi-Fi、GPS 在内的各种室内、室外定位；而且通过软件配置，理论上可以满足不同的定位需要，特别是结合智能天线（Smart Antenna）后，软件无线电在定位方面得到了新的发展。

8.3.1　智能天线基础

智能天线是在软件无线电基础上提出的天线设计新概念，是数字波束形成（Digital Beam Forming，DBF）技术与软件无线电技术完美结合的产物。一方面，软件无线电技术为智能天线的实现提供了一条有效可行的技术路径；另一方面，智能天线也为软件无线电技术的发展起到了推动作用。软件无线电技术与智能天线相互渗透、相互促进，不仅将在未来无线通信中获得广泛应用，也将推广到其他无线电技术领域，如电子战、卫星有效载荷等。下面介绍智能天线的基本原理——线阵波束形成。

设有一个 N 元等距接收线阵（如图 8-15 所示），阵元间的间隔为 d，接收的感兴趣信号的波达方向与阵列法线方向的顺时针夹角为 θ，阵列天线所接收信号对应 N 个输出：$x_1(t), x_2(t), \cdots, x_N(t)$。

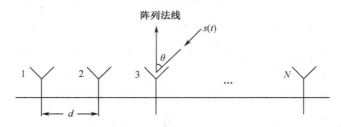

图 8-15　N 元等距线阵几何结构

用接收信号向量 $x(t)$ 表示此 N 个输出，即令

$$\boldsymbol{x}(t) = \begin{bmatrix} x_1(t) \\ x_2(t) \\ \vdots \\ x_N(t) \end{bmatrix} \tag{8-1}$$

接收信号矢量中的所需信号的复包络用 $s(t)$ 表示，噪声用 $n_i(t)$ 表示。以第 1 个阵元为参考，各阵元接收的信号分别如下。

第 1 个阵元为

$$x_1(t) = s(t)\mathrm{e}^{\mathrm{j}\omega t} + n_1(t)$$

第 i 个阵元为

$$x_i(t) = s\left(t - \frac{(i-1)d\sin\theta}{c}\right)\mathrm{e}^{\mathrm{j}\omega t}\mathrm{e}^{\mathrm{j}\omega\frac{(i-1)d\sin\theta}{c}} + n_i(t)$$

另

$$\Delta t_i = \frac{(i-1)d\sin\theta}{c}, \quad \Delta t_{\max} = \frac{(N-1)d\sin\theta}{c}$$

在 $\Delta t_{\max}$ 时间内，信号的复包络 $s(t)$ 的变化很小时可忽略不计，则

$$\begin{aligned} x_i(t) &= s(t)\mathrm{e}^{\mathrm{j}\omega t}\mathrm{e}^{\mathrm{j}\omega\frac{(i-1)d\sin\theta}{c}} + n_i(t) \\ &= s(t)\mathrm{e}^{\mathrm{j}\omega t}\mathrm{e}^{\frac{\mathrm{j}2\pi(i-1)d\sin\theta}{\lambda}} + n_i(t) \end{aligned} \tag{8-2}$$

通常，在对信号进行分析与处理时，其研究对象为信号的复包络，对于阵列信号来说也是如此，即用阵列天线接收信号的复包络来表示阵列天线接收信号的参数化数据模型。为分析方便，还是分别用 $\boldsymbol{x}(t)$ 和 $x_i(t)$ 表示阵列天线接收信号的复包络向量与第 i 个阵元接收信号的复包络，$n_i(t)$ 表示噪声，并且将阵列天线接收信号的复包络简称为阵列天线接收信号向量，第 i 个阵元接收信号的复包络简称为第 i 个阵元接收的信号，则阵列天线接收信号的矢量为

$$\begin{aligned} \boldsymbol{x}(t) &= \begin{bmatrix} x_1(t) \\ x_2(t) \\ \vdots \\ x_N(t) \end{bmatrix} = \begin{bmatrix} 1 \\ \mathrm{e}^{\frac{\mathrm{j}2\pi d\sin\theta}{\lambda}} \\ \vdots \\ \mathrm{e}^{\frac{\mathrm{j}2(N-1)\pi d\sin\theta}{\lambda}} \end{bmatrix} s(t) + \begin{bmatrix} n_1(t) \\ n_2(t) \\ \vdots \\ n_N(t) \end{bmatrix} \\ &= \begin{bmatrix} a_1(\theta) \\ a_2(\theta) \\ \vdots \\ a_N(\theta) \end{bmatrix} + \begin{bmatrix} n_1(t) \\ n_2(t) \\ \vdots \\ n_N(t) \end{bmatrix} = \boldsymbol{a}(t)s(t) + \boldsymbol{n}(t) \end{aligned} \tag{8-3}$$

其中

$$a(t) = \left[1, \mathrm{e}^{\frac{\mathrm{j}2\pi d\sin\theta}{\lambda}}, \cdots, \mathrm{e}^{\frac{\mathrm{j}2\pi(N-1)d\sin\theta}{\lambda}} \right]^{\mathrm{T}}$$

波的传播方向信息由矢量 $a(\theta)$ 表示，因此被称为方向矢量或导向矢量；λ 为载波波长；$n(t)$ 为噪声矢量，各阵元上噪声分量相互独立，一般服从高斯分布。

实际在对阵列信号进行处理时，通常都是在数字域进行的。将某时刻对 N 个阵元接收信号同时进行采样得到的数据称为一次快拍数据，阵列信号的处理对象为不同时刻得到的 M 次快拍数据。第 i 次快拍数据用 $x(t_i)$ 表示，第 M 次快拍数据用 $X(t)$ 表示，则

$$
\begin{aligned}
X(t) &= \left[x(t_1)x(t_2)\cdots x(t_M) \right] \\
&= \begin{bmatrix} x_1(t_1)\cdots x_1(t_M) \\ \vdots \qquad \vdots \\ x_N(t_1)\cdots x_N(t_M) \end{bmatrix}
\end{aligned}
\tag{8-4}
$$

其中，第 i 次快拍数据为

$$
x(t_i) = \begin{bmatrix} a_1(\theta) \\ a_2(\theta) \\ \vdots \\ a_N(\theta) \end{bmatrix} s(t_i) + \begin{bmatrix} n_1(t_i) \\ n_2(t_i) \\ \vdots \\ n_N(t_i) \end{bmatrix} = a(\theta)s(t_i) + n(t_i)
\tag{8-5}
$$

以上几个表达式就是按照接收信源为单信源时，阵列信号的一般参数化数据模型。值得注意的是，一次快拍中，各阵元的噪声相互独立，不同快拍同一阵元的噪声也相互独立。也就是说，对 N 个阵元接收的信号进行 M 次快拍，则阵元上的 $M \times N$ 个噪声分量都是相互独立的。在进行分析时，一般假设服从均值为零、方差为 σ^2 的独立高斯分布。

阵列几何结构与上相同（见图 8-15），如果有 P 个信号照射到 N 元等距线阵上，其到达方向分别为 θ_i（$i = 1, 2, \cdots, P$），运用叠加原理，允许多个不同方向、不同频率的传播波同时出现而无交互作用，则阵列天线接收信号矢量为

$$x(t) = A(\theta)s(t) + n(t) \tag{8-6}$$

其中

$$
\begin{aligned}
A(\theta) &= [a(\theta_1), a(\theta_2), \cdots, a(\theta_P)] \\
s(t) &= [s_1(t), s_2(t), \cdots, s_P(t)]^{\mathrm{T}}
\end{aligned}
$$

$A(\theta)$ 称为方向矩阵。

对接收数据进行 M 次快拍，第 i 次快拍数据为

$$x(t_i) = A(\theta)s(t_i) + n(t_i) \quad (i = 1, 2, \cdots, M) \tag{8-7}$$

式(8-6)和式(8-7)就是接收信源为多信源时，阵列信号的一般参数化数据模型。

8.3.2　基于阵列天线的角度估计技术

上面给出了阵列天线接收信号模型,阵列信号处理的一个重要研究内容就是对信号入射角度的估计,这也是无线定位系统中的一项重要技术。

1. 信号子空间与噪声子空间

由上面的推导可知,若有 P 个信号照射到 N 元等距线阵上,其到达方向分别为 θ_i ($i=1,2,\cdots,P$),则阵列天线接收信号矢量为

$$x(t) = A(\theta)s(t) + n(t) \tag{8-8}$$

其中,$A(\theta)=[a(\theta_1),a(\theta_2),\cdots,a(\theta_P)]$ 为方向矩阵;$s(t)=[s_1(t),s_2(t),\cdots,s_P(t)]^{\mathrm{T}}$ 为信号向量。如此,式(8-8)可表示为

$$x(t) = \sum_{i=1}^{P} s_i(t)a(\theta_i) + n(t) \tag{8-9}$$

式(8-9)说明,在无噪声条件下,$x(t) \in \mathrm{span}\{a(\theta_1),a(\theta_2),\cdots,a(\theta_P)\}$,定义 $\mathrm{span}\{a(\theta_1),a(\theta_2),\cdots,a(\theta_P)\}$ 为信号子空间,记为 $\boldsymbol{S}_N^P$,它是 N 维线性空间中的 P 维子空间。$\boldsymbol{S}_N^P$ 的正交补空间称为噪声子空间,记为 $\boldsymbol{N}_N^{N-P}$。特别地,对于等距线阵来说,方向向量 $A(\theta)$ 可表达为

$$A(\theta) = \left[1, \mathrm{e}^{\frac{\mathrm{j}2\pi d\sin\theta}{\lambda}}, \cdots, \mathrm{e}^{\frac{\mathrm{j}2\pi(N-1)d\sin\theta}{\lambda}}\right]^{\mathrm{T}}$$
$$= [1, z, \cdots, z^{N-1}]^{\mathrm{T}} \tag{8-10}$$

其中

$$z = \mathrm{e}^{\frac{\mathrm{j}2\pi d\sin\theta}{\lambda}} \tag{8-11}$$

显然,方向矩阵 $A(\theta)$ 为范德蒙(Vandermonde)矩阵。而范德蒙矩阵为满秩的充要条件是:当 $i \neq j$ 时,$z_i \neq z_j$。这样,对于有 P 个信号的等距线阵来说,方向矩阵 $A(\theta)$ 为满秩的充要条件可表达为:$d \leqslant \dfrac{\lambda}{2}$,$a(\theta_i)$ 和 $a(\theta_j)$ 线性无关。

因此,对于等距线阵来说,有以下结论。

① 在接收信号无噪声条件下,当方向矩阵 $A(\theta)$ 为满秩时,信号子空间由 P 个线性无关的方向向量组成。

② 当已知信号子空间或噪声子空间时,可以根据下面的定理对信号的波达方向进行估计。

【定理】 $a(\theta)$ 在 $\boldsymbol{N}_N^{N-P}$ 上投影矢量长度等于零的充要条件为 $\theta \in \{\theta_1,\theta_2,\cdots,\theta_P\}$。$a(\theta)$ 在 $\boldsymbol{S}_N^P$ 上投影矢量就是自己本身的充要条件为 $\theta \in \{\theta_1,\theta_2,\cdots,\theta_P\}$。

用 $a(\theta)$ 为搜索矢量,向 $\boldsymbol{S}_N^P$(或者 $\boldsymbol{N}_N^{N-P}$)上做投影,最大值(最小值)对应的角度就是信号的波达方向。

由上面的讨论可知，对信号的波达方向进行估计时，关键是准确构造出信号子空间与噪声子空间。由于 θ_i 未知，采用上面的方法构造信号子空间与噪声子空间是不可行的。另外，上面假设接收信号无噪声，而实际接收的信号是有噪声的。这样，对信号的波达方向问题就转换为怎样利用接收的带噪信号构造出信号子空间与噪声子空间的问题，而这要用到接收信号向量的二阶统计特性的相关矩阵知识。

2. 接收信号向量的相关矩阵与特性

阵列天线接收信号向量 $x(t)$ 的相关矩阵为

$$
\begin{aligned}
R_{xx} &= E[x(t)x^H(t)] \\
&= A(\theta)E[s(t)s^H(t)]A^H(t) + \sigma_n^2 I \\
&= A(\theta)R_S A^H(\theta) + \sigma_n^2 I \\
&= R_{SS} + R_{nn}
\end{aligned}
\tag{8-12}
$$

其中，上角标 H 表示共轭转置运算。

相关矩阵 R_{xx} 在阵列信号处理上有重要的意义，反映了信号环境、阵列结构等重要性质，构成了优化加权的唯一依据，也决定了全部信号的频域谱结构和空域谱结构，下面将分析其主要特性。

考虑到 $a(k)$ 和 $n(k)$ 是统计独立的，可以把 R_{xx} 分解成信号 R_{SS} 和噪声 R_{nn} 两部分，其中

$$
R_{SS} = A(\theta)R_S A^H(\theta)
$$
$$
R_{nn} = E[n(t)n^H(t)] = \sigma_n^2 I
$$

R_S 被称为信号的相关矩阵，即

$$
R_S = E[s(t)s^H(t)] = \mathrm{diag}[\sigma_{s_1}^2, \sigma_{s_2}^2, \cdots, \sigma_{s_P}^2]
$$
$$
\mathrm{Rank}[R_S] = P
$$

相关矩阵 R_{xx} 具有下列特性。

① 厄米特矩阵（Hermitian Matrix）特性，即

$$
R_{xx}^H = R_{xx}
\tag{8-13}
$$

② 非负定性，即对任何非零向量 ω 均有

$$
\omega^H R_{xx} \omega \geq 0
\tag{8-14}
$$

同样，R_{SS}、R_{nn}、R_S 也具有以上特性。

R_{SS} 为非负定性厄米特矩阵，因此有 N 个非负特征值，即

$$
\lambda_{s_1} \geq \lambda_{s_2} \geq \cdots \geq \lambda_{s_N} \geq 0
\tag{8-15}
$$

且有相应的 N 个归一化正交的特征矢量 $q_i (i=1,2,\cdots,N)$ 满足

$$
R_{SS} q_i = \lambda_{s_i} q_i \qquad (i=1,2,\cdots,N)
\tag{8-16}
$$

及

$$q_i^H q_i = \begin{cases} 1, & i = j \\ 0, & i \neq j \end{cases} \tag{8-17}$$

特征向量构成的矩阵 $Q = [q_1, q_2, \cdots, q_N]$ 满足

$$QQ^H = Q^H Q = I$$
$$= \sum_{i=1}^{N} \lambda_{s_i} q_i q_i^H \tag{8-18}$$

因此，R_{SS} 可以表示为

$$R_{SS} = Q\Lambda Q^H = \sum_{i=1}^{N} \lambda_{s_i} q_i q_i^H \tag{8-19}$$

其中，$\Lambda = \mathrm{diag}[\lambda_{s_1}, \lambda_{s_2}, \cdots, \lambda_{s_N}]$ 为特征值构成的对角矩阵。

当 P 个信号源互不相关且 $N > P$ 时，R_{SS} 的 N 个特征之中有 P 个特征值大于 0，有 $N-P$ 个特征值等于 0，即

$$\lambda_{s_1} \geq \lambda_{s_2} \geq \cdots \geq \lambda_{s_P} \geq 0$$
$$\lambda_{s_{P+1}} = \cdots = \lambda_{s_N} = 0 \tag{8-20}$$

则

$$R_{SS} = \sum_{i=1}^{N} \lambda_{s_i} q_i q_i^H \tag{8-21}$$

噪声相关矩阵 R_{nn} 可表示为

$$R_{nn} = \sigma^2 I$$
$$= \sum_{i=1}^{N} \sigma^2 q_i q_i^H \tag{8-22}$$

同样，对阵列接收线号矢量 $x(t)$ 的相关矩阵 R_{xx} 进行特征分解，其特征值与特征向量分别为 λ_i 和 v_i $(i = 1, 2, \cdots, N)$，则

$$R_{xx} v_i = \lambda_i v_i \quad (i = 1, 2, \cdots, N) \tag{8-23}$$

即

$$(R_{xx} - \lambda_i I) v_i = 0 \quad (i = 1, 2, \cdots, N) \tag{8-24}$$

所以

$$| R_{xx} - \lambda_i I | = 0 \tag{8-25}$$

进一步有

$$| R_{xx} - \lambda_i I | = | AR_S A^H + \sigma^2 I - \lambda_i I | = 0 \tag{8-26}$$

式(8-26)说明，$\boldsymbol{R}_{SS} = \boldsymbol{A}(\theta)\boldsymbol{R}_S\boldsymbol{A}^H(\theta)$ 的 N 个特征值中 P 个不等于零的特征值为 $\lambda_i - \sigma^2$，其余 $N-P$ 个特征值为 0。各阵元接收的信号中的噪声是不相关的，因此 $\boldsymbol{R}_{xx}$ 有 N 个非零特征值 λ_i。这样，$\boldsymbol{R}_{xx}$ 的 N 个非零特征值中的 $N-P$ 个非零特征的大小一定等于噪声相关矩阵 $\boldsymbol{R}_{nn}$ 的特征值 σ^2，且值小于其余 P 个特征值。

将 $\boldsymbol{R}_{xx}$ 的 N 个特征值从大到小排序，有

$$\lambda_1 \geqslant \lambda_2 \geqslant \cdots \geqslant \lambda_P > \lambda_{P+1} = \lambda_{P+2} = \cdots \lambda_N = \sigma^2 \tag{8-27}$$

在实际中是使用有限个数据样本来估计自相关矩阵 $\boldsymbol{R}_{xx}$ 的，所有对应噪声功率的特征值并不相同，而是一组差别不大的值。随着用以估计 $\boldsymbol{R}_{xx}$ 的样本数增加，表征它们离散程度的方差逐渐减小，它们将会转变为一组很接近的值。最小特征值的重数 $N-P$ 一旦确定，就可以确定信号的估计个数。

$\boldsymbol{R}_{xx}$ 的 $N-P$ 个小特征值 σ^2 对应的特征向量为 $\boldsymbol{v}_i(i = P+1, P+2, \cdots, N)$，则

$$\boldsymbol{R}_{xx}\boldsymbol{v}_i = \sigma^2\boldsymbol{v}_i \quad (i = P+1, P+2, \cdots, N) \tag{8-28}$$

即

$$\boldsymbol{A}\boldsymbol{R}_S\boldsymbol{A}^H\boldsymbol{v}_i + \sigma^2\boldsymbol{v}_i = \sigma^2\boldsymbol{v}_i \tag{8-29}$$

所以

$$\boldsymbol{A}\boldsymbol{R}_S\boldsymbol{A}^H\boldsymbol{v}_i = 0 \tag{8-30}$$

同样

$$\boldsymbol{v}_i^H\boldsymbol{A}\boldsymbol{R}_S\boldsymbol{A}^H\boldsymbol{v}_i = 0 \tag{8-31}$$

即

$$[\boldsymbol{A}^H\boldsymbol{v}_i]^H\boldsymbol{R}_S\boldsymbol{A}^H\boldsymbol{v}_i = 0 \tag{8-32}$$

由于 $\boldsymbol{R}_S$ 正定，所以 $\boldsymbol{A}^H\boldsymbol{v}_i = 0 (i = P+1, P+2, \cdots, N)$，即 $[\boldsymbol{a}(\theta_1), \boldsymbol{a}(\theta_2), \cdots, \boldsymbol{a}(\theta_P)]^H\boldsymbol{v}_i = 0$，这样可得到

$$\boldsymbol{a}^H(\theta_j)\boldsymbol{v}_i = 0 \quad (j = 1, 2, \cdots, P; \ i = P+1, P+2, \cdots, N) \tag{8-33}$$

式(8-33)说明，对 $\boldsymbol{R}_{xx}$ 进行特征分解，其中 $N-P$ 个小特征值对应的特征矢量 $\boldsymbol{v}_i$ 与 $\boldsymbol{a}(\theta_j)$ 正交，而 $\boldsymbol{a}(\theta_j)$ 为信号子空间的基矢量，说明 $\boldsymbol{v}_i$ 不属于信号子空间，而属于噪声子空间。由于 $\boldsymbol{v}_i$ $(i = P+1, P+2, \cdots, N)$ 是 $\boldsymbol{R}_{xx}$ 的特征矢量，互不相关，则噪声子空间 $\boldsymbol{N}_N^{N-P}$ 可由它生成，信号子空间 $\boldsymbol{S}_N^P$ 由 $\boldsymbol{v}_i(i = 1, 2, \cdots, N)$ 生成，即

$$\boldsymbol{N}_N^{N-P} = \text{span}\{\boldsymbol{v}_{P+1}, \boldsymbol{v}_{P+2}, \cdots, \boldsymbol{v}_N\} \tag{8-34}$$

$$\begin{aligned} \boldsymbol{S}_N^P &= \text{span}\{\boldsymbol{a}(\theta_1), \boldsymbol{a}(\theta_2), \cdots, \boldsymbol{a}(\theta_P)\} \\ &= \text{span}\{\boldsymbol{v}_1, \boldsymbol{v}_2, \cdots, \boldsymbol{v}_P\} \end{aligned} \tag{8-35}$$

以上讨论说明，信号子空间与噪声子空间可利用对相关矩阵 $\boldsymbol{R}_{xx}$ 进行特征分解得到。另外，

还需强调的是，以上讨论是建立在 P 个信号源不相关基础上的。在一般情况下，这一条件都是满足的。但如果信号源中存在相关信号，那么 S 会发生秩亏缺，其结果是阵列信号相关矩阵 R_{xx} 的最大特征值数目小于信源数，而不能正确地构成信号子空间。

如果信号相干，其相关系数等于 1；两信号独立，其相关系数等于 0。相关系数在 0 和 1 之间的两个信号称为相关信号，相关信号不造成秩亏缺，但相关系数接近 1 时，会使其中一个特征值接近于 0，即接近奇异。

3. 信号子空间 S_N^P 与噪声子空间 N_N^{N-P} 的建立

已知 N 元阵列接收的一批数据 $x(t_i)$（$i=1,2,\cdots,N$）。首先，计算相关矩阵

$$
\begin{aligned}
R_{xx} &= E[x(t)x^{\mathrm{H}}(t)] \\
&= \frac{1}{M}\sum_{i=1}^{M} x(t_i)^{\mathrm{H}} x(t_i) \\
&= A(\theta)R_S A^{\mathrm{H}}(\theta) + \sigma_n^2 I
\end{aligned}
\tag{8-36}
$$

其中

$$
R_S = E\begin{bmatrix} s_1(t)s_1^*(t) & \cdots & s_1(t)s_P^*(t) \\ & \vdots & \\ s_P(t)s_1^*(t) & \cdots & s_P(t)s_P^*(t) \end{bmatrix}
\tag{8-37}
$$

假定有 P 个信源，信号与信号、信号与噪声不相关，且噪声是白噪声，则 R_S 的秩等于 P（为满秩）。

由于 $v_{P+1}, v_{P+2}, \cdots, v_N$ 与信号子空间的基矢量正交，可由 $v_{P+1}, v_{P+2}, \cdots, v_N$ 生成噪声子空间 N_N^{N-P}，而由 $v_1, v_2, \cdots, v_p$ 生成信号子空间 S_N^P。

8.3.3 基于软件无线电的 AOA 估测实例

本节将设计并实现一个基于软件无线电的实时 AOA 估测平台，其主要硬件包括一个线性天线阵列（包括 4 根相互独立的射频接收天线）、ADC 模块、信号处理模块，其中信号处理模块使用 MUSIC 算法来实现 AOA 估测。最后，在一个微波暗室里对系统性能进行测试。

1. 硬件配置

系统硬件设计框图如图 8-16 所示。将 4 个偶极子天线配置为一个均匀线性阵列（Uniform Linear Array，ULA），然后将天线连接到一个四端口的射频选择器，并将射频选择器的输出端连接到射频接收器。系统中的射频接收器是相互独立的，也就是说，每个射频接收器都有各自的本地振荡器（Local Oscillator，LO）。这意味着，即使当所有的 LO 都连接到一个相同的时钟源，其初始相位也有可能不同，因此需要一种机制来校准所有射频接收器的相位差异。

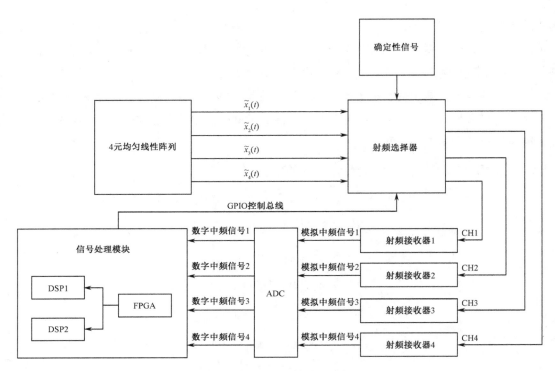

图 8-16　系统硬件设计框图

为此，设计一个 4 端口的射频选择器，选择接收信号或校准信号作为输入，其原理如图 8-17 所示，分路器将一个确定性信号复制为 4 个同相的校准信号 $\tilde{y}_1(t) \sim \tilde{y}_4(t)$，因此 AOA 估算器能够获得射频接收器之间的相位差。信号 $\tilde{x}_1(t) \sim \tilde{x}_4(t)$ 代表接收到的信号。

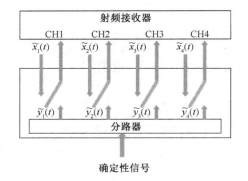

图 8-17　4 端口射频选择器原理

软件定义无线电（Software Defined Radio，SDR）平台实物图如图 8-18 所示。其中，射频接收器能够将输入的模拟信号下变频为 30 MHz 的中频模拟信号。接着，高速 ADC 模块具有最大采样频率 105 MHz，将中频模拟信号数字化，然后传到信号处理模块。信号处理模块包括一块 FPGA（Virtex-4）和两个 DSP（TMS320C6416）。其中，FPGA 被用来将数字中频信号转为基带信号，DSP 用来处理相位校准和根据采集的信息进行 AOA 估算。另外，信号处理模块通过 GPIO（General Purpose Input Output，通用输入/输出）接口控制射频选择器。

图 8-18　软件定义无线电平台实物图

2．相位校准

使用未调制载波作为校准信号，校准信号 $\tilde{y}_1(t) \sim \tilde{y}_4(t)$ 首先被射频接收器下变频为 30 MHz 的中频信号，中频信号通过 DDC 成为基带信号，第 k 条信道上的基带校准信号可表示为

$$y_k[n] = \alpha \mathrm{e}^{\mathrm{j}\theta_k} + w_k[n] \tag{8-38}$$

其中，n 表示离散时间样本；α 为衰减系数，包括路径损耗和增益；θ_k 代表第 k 条信道的信道相位；$w_k[n]$ 代表加性噪声。

射频接收器的本地振荡器是相互独立的，因此各信道的信道相位各不相同。首先估计各信道的相位差异，将其校准后再进行 DOA 估算。

记 $\boldsymbol{y}_k = \left[y_k[0], y_k[1], \cdots, y_k[N-1] \right]^{\mathrm{T}}$ 为第 k 条信道的一个 N 维向量，其中 N 为观察样本数，并将 y_1 作为参考信道。根据射频接收器的特性，在样本观察时间内，相位变化几乎为 0。参考信道与其他信道的相位差可以表示为

$$\tilde{\theta}_k = \theta_1 - \theta_k = \mathrm{arct}\left(\frac{y_k^{\mathrm{T}} y_1}{y_k^{\mathrm{T}} y_k} \right) \quad (k = 2, 3, 4) \tag{8-39}$$

图 8-19 为用 Mathworks Simulink 设计的相位估计模型。DSP1 给 DSP2 提供了 3 个相位估计值，用来校准之后天线阵列接收的信号。

图 8-20 所示显示了信道相位校准后的结果。

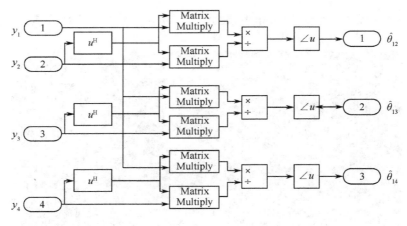

图 8-19　相位估计模型（DSP1）

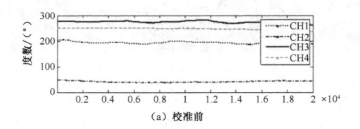

（a）校准前

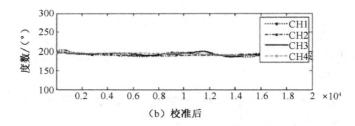

（b）校准后

图 8-20　信道相位校准

3. MUSIC 算法

假设 ULA 接收到 p 个载波频率为 ω_c 的窄带远场信号，其入射方向记为 $\{\theta_1, \theta_2, \cdots, \theta_p\}$。第 k 个天线收到的基带信号可以表示为

$$x_k[n] = \sum_{l=1}^{p} s_l[n] \mathrm{e}^{-\mathrm{j}\frac{\omega_c(k-1)d\sin\theta_l}{c}} + w_k[n] \tag{8-40}$$

其中，$s_l[n]$ 为信号的第 1 个波阵面；d 为各天线之间的距离；c 为光速。

用向量形式可将式 (8-40) 表示为

$$R[n] = \sum_{l=0}^{p} a[\theta_l] s_l[n] + w[n] \tag{8-41}$$

其中，$\boldsymbol{R}[n] = [x_1, x_2, x_3, x_4]^{\mathrm{T}}$ 是一个四维向量；$\boldsymbol{a}[\theta_l] = [1, \mathrm{e}^{-\mathrm{j}\omega_c\tau_l}, \mathrm{e}^{-\mathrm{j}2\omega_c\tau_l}, \mathrm{e}^{-\mathrm{j}3\omega_c\tau_l}]^{\mathrm{T}}$ 是方向为 θ_l 的导向向量，$\tau_l = \dfrac{d\sin\theta_l}{c}$。

相关系数矩阵 $\boldsymbol{R} = E\{r[n]r^{\mathrm{H}}[n]\}$ 可以通过对接收到的信号采样值进行平均得到，即

$$\boldsymbol{R} = \frac{1}{N}\sum_{n=0}^{N-1} r[n]r^{\mathrm{H}}[n] \tag{8-42}$$

矩阵 $\boldsymbol{R}$ 通过特征分解，表示为

$$\boldsymbol{R} = \boldsymbol{E}_s\boldsymbol{D}_s\boldsymbol{E}_s^{\mathrm{H}} + \boldsymbol{E}_n\boldsymbol{D}_n\boldsymbol{E}_n^{\mathrm{H}} \tag{8-43}$$

其中，$\boldsymbol{E}_s$ 表示信号子空间；$\boldsymbol{E}_n$ 表示噪声子空间；$\boldsymbol{D}_s$ 和 $\boldsymbol{D}_n$ 分别为以 $\boldsymbol{E}_s$、$\boldsymbol{E}_n$ 的特征值为对角元素的对角矩阵。

ULA 的空间频谱为

$$S(\theta) = [\boldsymbol{a}^{\mathrm{H}}(\theta)\boldsymbol{E}_n\boldsymbol{E}_n^{\mathrm{H}}\boldsymbol{a}(\theta)]^{-1} \tag{8-44}$$

其中，θ 的变化范围为 $[-90°, 90°]$，$S(\theta)$ 的最大值即信号入射角度。

图 8-21 为 Mathworks Simulink 中设计的 AOA 估算模型，即 DSP2 的算法模型。

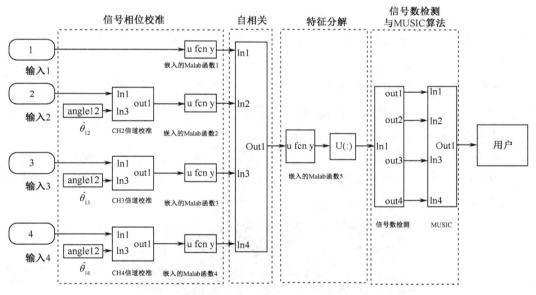

图 8-21　AOA 估算模型（DSP2）

4. 微波暗室测量

为了确定 AOA 估算器的性能，需要在微波暗室里进行一些测试。图 8-22 给出了系统操作流程，其具体步骤如下。

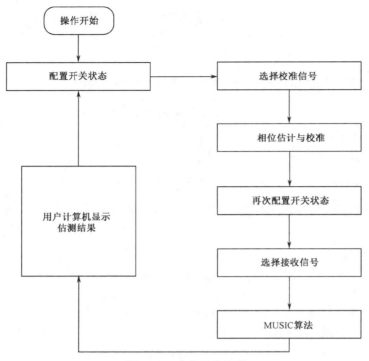

图 8-22　系统操作流程

① 信号处理模块通过 GPIO 总线发送控制信号进行选择配置。此时，校准信号作为信源。

② DSP1 估计并校准所有射频接收器的相位差异。

③ 信号处理模块重新配置选择开关。此时，天线接收信号作为信源。

④ DSP2 执行 MUSIC 算法，进行 DOA 估算。

⑤ 空间频谱和 AOA 估测结果显示在主机上。

⑥ 为了保持系统的稳定性，在下一次 AOA 估算之前再一次执行相位校准。

图 8-23 为微波暗室内的实验装置。ULA 被放置在距离两个发射源 2 m 远的地方，两个独立的信号源由 Agilent 信号发生器产生。

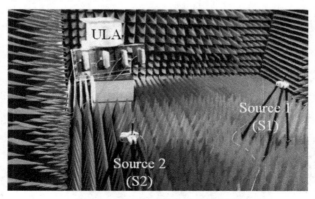

图 8-23　微波暗室内的实验装置

图 8-24 为基于软件无线电的 AOA 估计硬件实物图。

图 8-24　基于软件无线电的 AOA 估计硬件实物图

表 8-2 列出了实验参数。

表 8-2　实验参数

参　数	参数值	参　数	参数值
实际信源数	2	实际到达角度（S1, S2）	(35, -15)
中心频率	500 MHz	观测采样数 N	500000
天线间距	30 cm	接收的信号强度（S1, S2）	(-65 dBm, -72 dBm)

图 8-25 给出的实验结果显示，测试的信号源数量为 2，两个信号源的信号峰值分别出现在信号空间频谱的 37.27° 和 -18.63°。

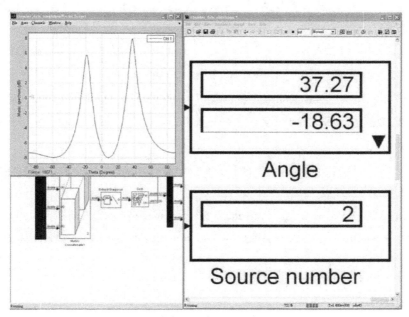

图 8-25　AOA 估计结果

习 题 8

1. 概述软件无线电技术的起源。
2. 软件无线电技术的特点有哪些？
3. 软件无线电系统结构一般包括哪几部分？
4. 软件无线电的信号处理算法有哪些特点？
5. 比较软件无线电中 GPP、DSP 和 FPGA 各自的优点和缺点。
6. 软件无线电的硬件平台的体系结构一般有哪些？
7. 软件无线电的软件平台的体系结构一般有哪些？各自有什么优点？
8. 描述 GNU Radio 的流程机制。
9. USRP 中母板和子板分别有什么作用？
10. 概述智能天线在软件无线电技术发展中的作用。

参考文献

[1] 杨小牛，楼才义，徐建良．软件无线电原理与应用[M]．北京：电子工业出版社，2001．

[2] 向新．软件无线电原理与技术[M]．西安：西安电子科技大学出版社，2008．

[3] 陈祝明．软件无线电技术基础[M]．北京：高等教育出版社，2007．

[4] 田孝华，周义建．无线电定位理论与技术[M]．北京：国防工业出版社，2011．

[5] 王彦，曹鹏，齐伟，等．软件无线电技术发展综述[J]．测控技术，2004, 23(增刊): 139-141．

[6] 杨小牛．软件无线电技术与实现[J]．中国数据通信，2004(6): 121．

[7] MITOLA J. The software radio architecture[J]. IEEE Communications Magazine，1995, 33(5): 26-38.

[8] LACKEY R I, UPMAL D W. Speakeasy: the military software radio[J]. IEEE Communications Magazine, 1995, 33(5): 56-61.

[9] SCHMIDT R O. Multiple emitter location and signal parameter estimation[J]. IEEE Antennas and Propagation, 1986, 34(3): 276-280.

[10] HUA M C, HSU C H, LIU H C. Implementation of Direction-of-Arrival Estimator on Software Defined Radio Platform[C']//Proceedings ot. Communication Systems, Networks & Digital Signal Processing (CSNDSP), 2012 8th International Symposium, 2012, 1-4.